전파전자항해학

이은방 · 이윤석
박영수 · 김종성 공저

도서출판 상학당

이 책의 머리말

전파전자항해는 전파, 전자기술을 활용하여 해상에서 선박을 주어진 목적에 맞게 안전하고 효율성 높게 공간적으로 이동하는 행위로 정의할 수 있다. 전파가 항해에 활용되면서 선박 안전도의 향상은 물론 항해사에게 편리성을 제공해주고 있다. 종래의 인간의 오감과 경험기반 아날로그 항해에서 항법시스템과 정보기반 디지털 항해로 패러다임이 변하고 있다.

IT와 네트워크 기술의 발전에 힘입어 항법장치들과 지원장치들이 단일 시스템으로 집적화, 구조화되고 있으며 항해사들이 꿈꾸었던 이상적인 항법 시스템에 가까워지고 있다. 이러한 전파항해의 환경변화에 맞추어 미래의 항해사에게 요구되는 전파, 전자에 대한 지식은 물론 전파전자항법 시스템의 원리, 구조, 운용기법 등을 교수하는 데 새로운 교재가 필요하다는 데 공감하여 저자들의 경험과 지식, 지혜를 모아 《전파전자항해학》을 출간하게 되었다.

이 책은 3개의 장으로 구성되어 있으며 제1장에서는 전파항법 시스템을 이해하고 사용하는 데 요구되는 전파기초이론을 간단하게 소개하였고, 제2장에서는 전파항법의 기초개념을 설명하고 레이더, 쌍곡선 항법 시스템, 위성항법 시스템에 대하여 다루었다. 제3장에서는 전자, IT, 통신기술이 접목된 전자해도 시스템, 자동식별 시스템, 종합항법 시스템, 항해 데이터 기록 시스템을 전자항해지원 시스템이란 제목으로 소개하였다.

학부과정에서 이론 강의 3학점과 실습 3학점 정도의 교과목의 교재로 사용할 수 있고, 해기사 면허시험을 준비하는 참고서로도 활용될 수 있도록 편성하였다. 이 책이 안전항해를 위한 작은 초석이 되기를 기대해본다.

저자들의 지식과 경험 부족으로 계획했던 것보다는 미흡하여 많은 아쉬움이 남지만, 독자들에게 넓은 이해를 구하고 싶다. 고견과 지혜를 보태어 주면 지속적으로 보완하여 더 멋진 교재가 되도록 최선의 노력할 것을 약속 드린다. 이 교재를 집필하면서 참고문헌의 도움이 컸고 직접 · 간접으로 영향을 준 많은 분들과 자료가 있었다. 참고문헌의 저자는 물론 도움을 주신 모든 분들에게 깊은 감사를 드리며 오대양을 누비는 항해사들의 안전항해를 기원한다.

2010년 1월

아치섬에서 저자 일동

이 책의 **차 례**

제1장 전파기초이론

1. 전기의 기초 11

1.1 물질의 구성과 전하 11
1.2 옴의 법칙 12
1.3 직류와 교류 13
1.4 전기와 자기 14
1.5 전자기유도 15

2. 전파의 발견 17

2.1 전자기파 정의 17
2.2 전파의 발견사 17
2.3 전파의 성질 20

3. 전파 종류 21

3.1 파동의 표시 21
3.2 주파수에 의한 분류 22

4. 전파의 전파 24

4.1 안테나 24
4.2 전파의 전달 모드 27

5. 전파와 생활 29

5.1 생활 속의 전파 29
5.2 전자파의 영향과 대책 29

제 2 장 전파항법 시스템

1. 전파항해 33

1.1 항해와 정보 33
1.2 항해와 전파 35
1.3 전파항해의 변천 36

2. 레이더 항법 시스템 39

2.1 소 개 39
2.2 간략한 역사 40
2.3 레이더 전파의 특성 42
2.4 레이더 수평선에 영향을 주는 대기요소 47
2.5 레이더 수평선에 영향을 주는 기상요소 53
2.6 기본적인 레이더 시스템 55
2.7 레이더 물표의 측정과 표시, 탐지에 영향을 미치는 요소 66
2.8 상대운동과 진운동 지시방식 79
2.9 거리와 방위측정 86
2.10 레이더 작동 제어 88
2.11 충돌 피항 100
2.12 레이더 항해 104
2.13 레이더 항해 보조장비 114
2.14 레이더 위치결정 방법 117
2.15 ARPA의 운용 121
2.16 레이더 견시 150

3. 쌍곡선 항법장치 154

3.1 쌍곡선 항법의 원리 154
3.2 쌍곡선 항법 시스템의 종류 160
3.3 Loran C 162
3.4 Decca 171
3.5 사용상 주의사항 177

4. 위성항법장치 179

4.1 위성항법 시스템의 발달 179
4.2 위성항법장치의 원리와 구성 179
4.3 위성항법장치의 종류 190

제 3 장 전자항해지원 시스템

1. 전자해도시스템(ECDIS) 229

1.1 전자해도 시스템의 개요 229
1.2 전자해도 237
1.3 전자해도시스템 운용 239
1.4 운영자세 244

2. 자동식별장치(AIS) 245

2.1 AIS 도입 배경 245
2.2 AIS 목적과 구성 개념 247
2.3 AIS 동작 특성 250
2.4 AIS의 운용 254
2.5 AIS의 응용 280

3. E-Navigation 286

3.1 E-Navigation의 개요 286
3.2 집약관리 시스템의 종류 288

4. INS(Integral Navigation System) 298

4.1 INS의 개요 298
4.2 INS의 구성 요소 299
4.3 INS의 주요 장비 304

5. 항해자료기록기(VDR) 312

5.1 목 적 312
5.2 적 용 312
5.3 관련규칙 312
5.4 정 의 313
5.5 작동요건 313
5.6 작 동 317
5.7 상호연결 317

■ 참고문헌 / 320
■ 찾아보기 / 321

제1장

전파기초이론

1. 전기의 기초
2. 전파의 발견
3. 전파 종류
4. 전파의 전파
5. 전파와 생활

1. 전기의 기초

1.1 물질의 구성과 전하

물질의 기본인 원자는 [그림 1-1]에서와 같이 원자핵과 전자로 구성되어 있다. 원자는 원자핵에 양전기를 띠는 양자(proton)와 원자핵 외각의 음전기를 갖는 전자가 있어 전체적으로는 중성으로 되어 있다. 그러나 원자핵과 전자의 결합력은 비교적 낮아 외부 에너지에 의해 궤도를 이탈하여 자유전자가 될 수 있다. 이러한 전자의 이동으로 전류가 생기게 된다.

물질의 성질인 전기를 띠는 기본 단위를 전하(electric charge)라 하며 전하에는 음성(−), 양성(+)의 성질을 가지는 음전하와 양전하가 있다. 같은 종류의 전하는 서로 반발하고 다른 종류의 전하는 끌어당기게 되어 척력과 인력이 작용한다.

두 전하 q_1, q_2 사이에 작용하는 힘은 쿨롱의 법칙에 의해 다음 식으로 구조화할 수 있다.

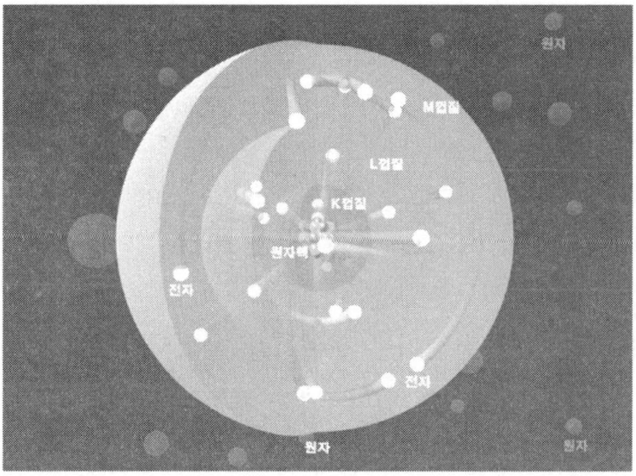

[그림 1-1] 원자의 구조

$$F = K\frac{q_1 q_2}{r^2}$$

여기서, 힘(F)의 단위는 N이고 K는 상수로 9.0×10^9이며 r은 두 전하 사이의 거리(m)이다.

1.2 옴의 법칙

[그림 1-2]에서처럼 자유전자의 흐름을 발생하게 하려면 전위차를 발생시켜 기전력을 인가하면 전류가 흐른다. 흐르는 전류의 세기(I)는 전위차의 크기(V)와 전자의 흐름을 방해하는 저항(R)의 함수로 결정된다. 옴(Ohm)의 법칙에 의하면 이들 3요소의 관계는 다음 식으로 표시할 수 있다.

$$I = \frac{V}{R}$$

여기서 전류(I) 단위는 A, 저항(R)은 Ω, 전위차는 V이다.

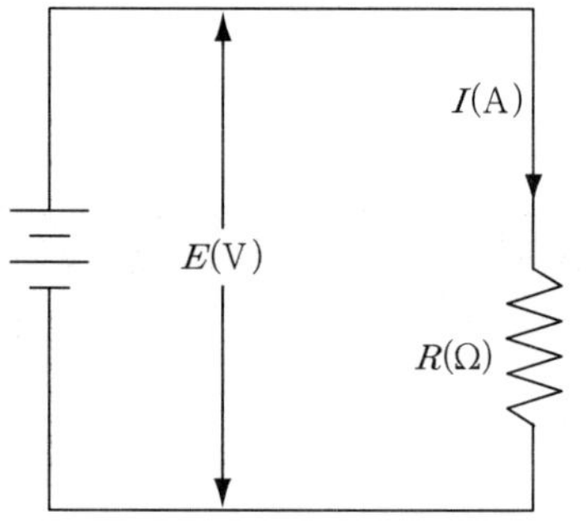

[그림 1-2] 간단한 회로도

[그림 1-3]에서와 같이 건전지는 전위차를 발생시켜 전류를 흐르게 하여 기전력을 발생하는 소자라고 할 수 있다.

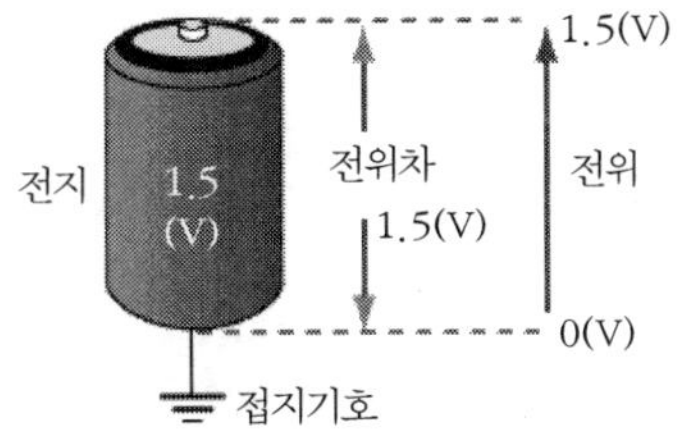

[그림 1-3] 건전지와 전위

물질에 흐르는 전류는 발열작용, 화학작용, 자기작용이 발생하여 〈표 1-1〉에서와 같이 우리들의 생활에 널리 활용되고 있다.

〈표 1-1〉 전류작용의 응용분야

작용의 종류	응용분야
발열작용	전기다리미, 전등, 전기장판, 전기난로 등
화학작용	건전지, 전도금, 전기분해, 축전지 등
자기작용	Radar, 전파항해장비, 전자석, 전동기, 발전기 등

1.3 직류와 교류

전류가 흐르는 방향의 형태에 따라 직류(Direct Current)와 교류(Alternating Current)로 구별할 수 있는 데 직류는 전기회로에서 항상 일정한 방향으로 흐르는 전류를 말하며, 교류는 일정한 시간마다 방향이 반대방향으로 바뀌는 전류이다. 가정에서 사용되는 전류는 60Hz 교류전기이며 건전지는 직류전기에 해당된다. 직류 및 교류전기의 전압의 파형 [그림 1-4]와 같다.

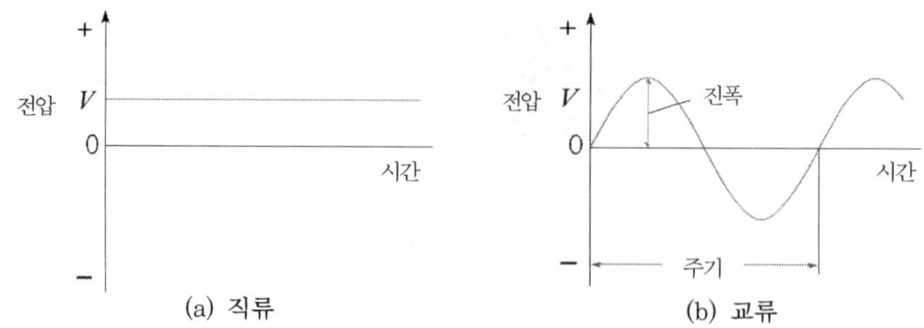

[그림 1-4] 직류 및 교류 전압 파형

사용상 직류 및 교류의 장점을 요약하면 〈표 1-2〉와 같다.

〈표 1-2〉 직류와 교류의 차이

직 류	교 류
• 저장이 가능 • 소형으로 안전하게 사용	• 전압의 크기 변화하기 쉬움 • 전압의 차단이 용이 • 유도작용을 활용 • 송전시 전력손실이 적음

1.4 전기와 자기

전기(電氣)는 전자에 의해 생기는 전기에너지이고, 자기(磁氣)는 자석을 밀고 당기는 힘이다. 전하는 전기적인 힘이 작용하는 전기장을 형성하고 자석은 자기적인 힘이 작용하는 자기장을 만든다. 같은 성질의 전하 사이에는 척력이, 다른 성질의 전하 간에는 인력이 작용하며 자기력은 같은 극끼리는 척력이 다른 극 사이에는 인력이 작용한다(그림 1-5 참조).

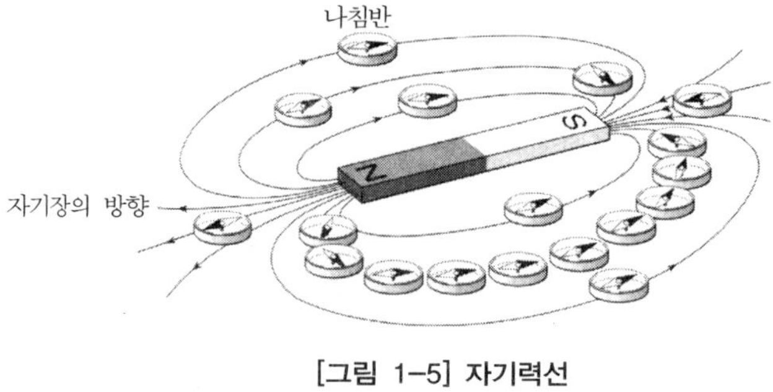

[그림 1-5] 자기력선

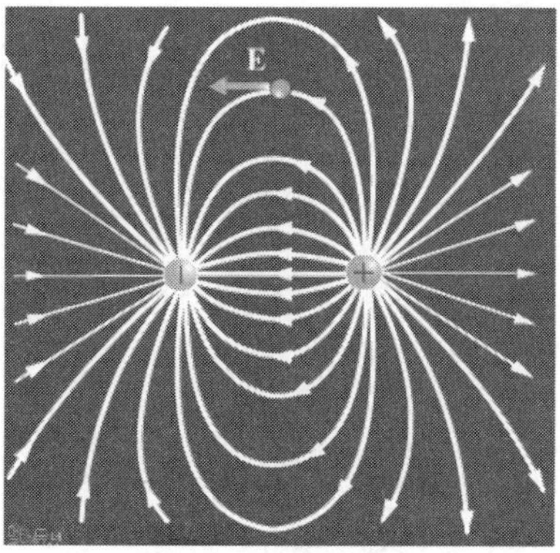

[그림 1-6] 전기력선

전기력과 자기력이 작용하는 방향을 보이는 전기력선과 자기력선은 [그림 1-6]과 같은 일정한 방향을 가지고 있다. 즉 전기력선은 +전하에서 시작하여 −전하 혹은 무한원에서 끝나며 자기력선은 N극에서 발생하여 S극으로 끝나는 방향을 가진다.

1.5 전자기유도

전기장과 자기장은 얼핏 보면 전혀 성질이 다른 힘이 작용하는 공간으로 보이나 상호간에 밀접한 관계성을 가지고 있다. 자기장이 변하면 전기가 발생하고 전기장이 변하면 자기가 발생한다.

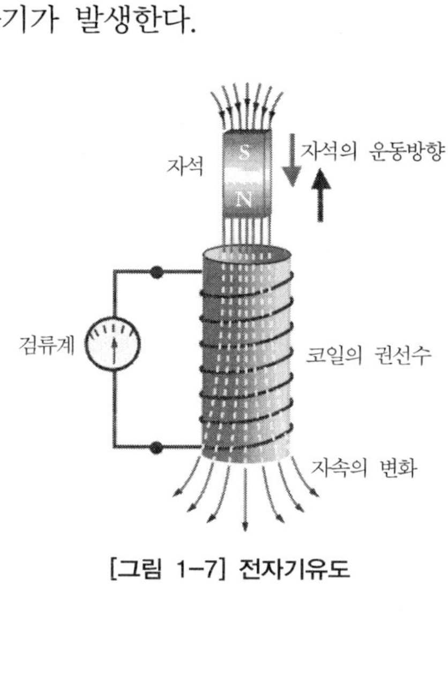

[그림 1-7] 전자기유도

[그림 1-7]과 같이 코일에 자석을 가까운 방향 또는 먼 방향으로 움직이면 코일 안에서 전자가 움직이게 하는 유도기전력이 발생하여 전류가 흐르게 된다. 전기장과 자기장의 관계는 [그림 1-8]과 같이 +전하가 움직이는 방향으로 엄지손가락을 세우고 네 손가락을 움켜쥐면 네 손가락이 감는 방향으로 자기장이 생긴다.

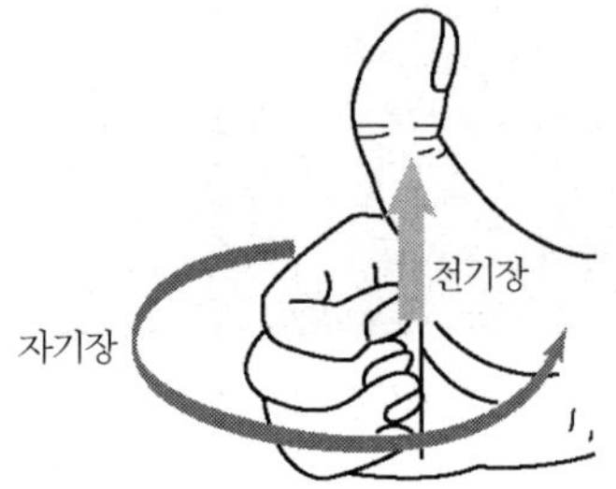

[그림 1-8] 전기장과 자기장의 방향

2. 전파의 발견

2.1 전자기파 정의

전파의 원래 명칭은 전기자기파(電氣磁氣波)로 간단히 전자파(電磁波, electro magnetic wave) 또는 전파라고 한다. [그림 1-9]에서와 같이 전파는 전기장이 직각방향으로 자기장을 유도하고 다시 자기장은 직각방향으로 전기장을 유도하면서 전파해나간다.

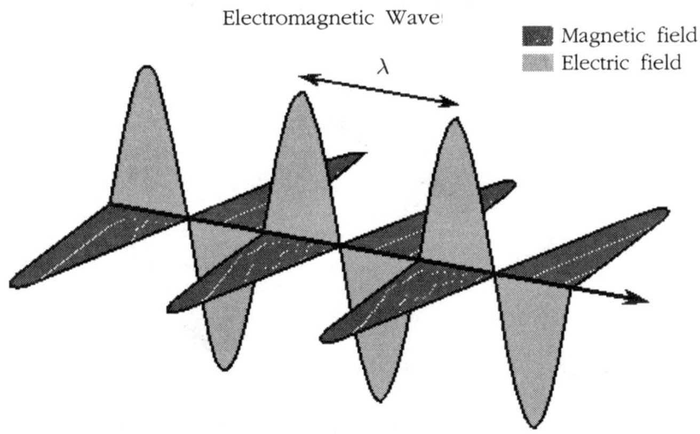

[그림 1-9] 전기장과 자기장이 교번하며 진행하는 전파

2.2 전파의 발견사

전파의 발견에는 여러 학자들이 영향을 주었지만 패러데이, 맥스웰, 헤르츠의 역할이 크다. 패러데이는 전기장과 자기장의 개념을 만들어 장의 변화가 전기현상과 자기현상의 근원이라고 생각하였고, 맥스웰은 전기장이 변화하면 자기장이 생기고, 자기장이 변화하면 전기장이 생긴다는 생각을 수학적으로 표현한 맥스웰 방정식을 고안하여 전파의 존재를 예언하였다.

2.2.1 패러데이

영국의 화학자이자 물리학자인 패러데이(Micahel Faraday)는 코일 속에 자석을 출입시키면 전류가 발생한다는 것을 확인하여 전자기유도를 발견하였다. 어떤 회로의 유도기전력(ε)의 크기는 식에서와 같이 회로를 통과하는 자기선속 Φ_B의 시간변화율에 비례한다.

$$\varepsilon = \frac{d\Phi_B}{dt}$$

[그림 1-10]에서와 같이 자석을 코일 속으로 넣었다 뺐다 하면 자기장(B) · dA(면적), 즉 자기선속이 변하게 되며 이 변화율에 비례하여 회로에 전류가 흐르게 된다. 또한 코일에 흐르는 전류의 변화를 주면 자기가 만들어진다. 이러한 현상은 물리적인 힘을 이용하여 전기를 만드는 발전기의 기본 원리이다.

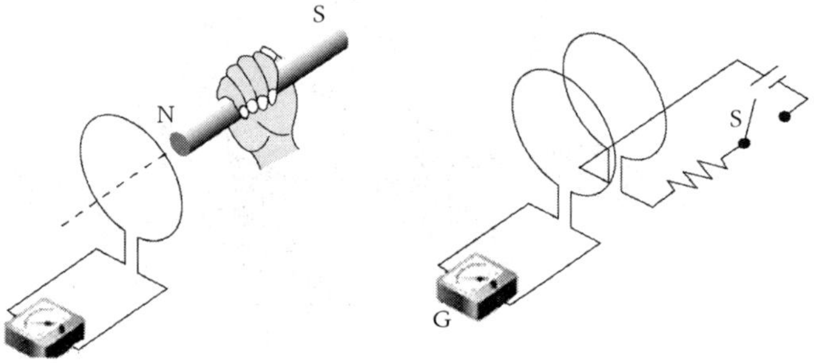

[그림 1-10] 발전기의 기본 원리

2.2.2 맥스웰

암페어(Ampere), 가우스(Gauss), 패러데이의 전자기장에 관한 이론을 바탕으로 전기와 자기에 관한 법칙을 일괄적으로 표현하는 다음의 4가지 식으로 구성된 맥스웰 방정식(Maxwell's equations)을 만들었다.

$$\oint E \cdot dA = \varepsilon \cdot q\text{(가우스 법칙)}$$

$$\oint B \cdot dA = 0\text{(자기장에 대한 가우스 법칙)}$$

$$\oint B \cdot ds = \mu \cdot i \text{(암페어 법칙)}$$

$$\oint E \cdot ds = -\frac{d\Phi_{\_B}}{dt} \text{(패러데이 법칙)}$$

[그림 1-11] 맥스웰

또한 맥스웰(James Clerk Maxwell) 방정식에서 유도한 파동방정식을 토대로 전자기파의 존재를 예언하였으며 이론적으로 도출한 전자기파의 속도가 실험을 통해서 측정된 빛의 속도와 비슷한 것을 인식하고 빛도 전자기파의 일부라고 주장하였다.

2.2.3 헤르츠

[그림 1-12]와 같은 스파크 장치로 전자기파를 만들고, 안테나를 이용해서 전자기파를 검출하였으며, 그 전자기파의 파장과 진동수를 측정하여 전자기파의 진행 속도가 빛의 속도임을 보이므로 맥스웰의 이론을 증명하였다. 실험적으로 전자기파의 존재를 확인하므로 전파시대를 여는데 크게 공헌하여 헤르츠(Heinrich Rudolf Hertz) 이름을 기리기 위해 1초 동안에 진동하는 수를 Hz 단위로 사용하고 있다.

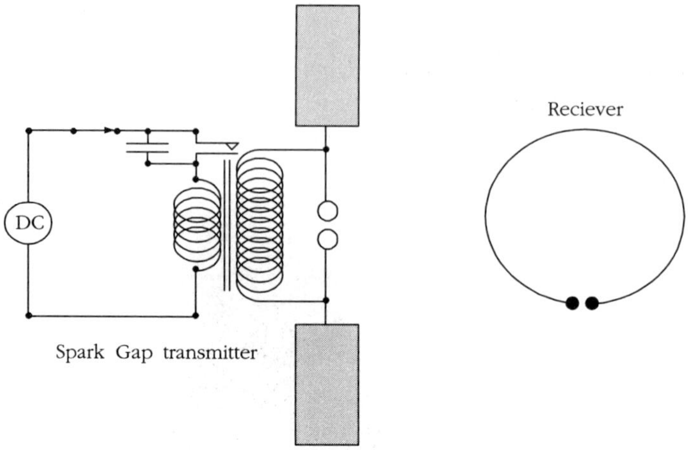

[그림 1-12] 헤르츠의 실험장치 개념도

2.3 전파의 성질

맥스웰 방정식으로 설명되는 전파는 다음과 같은 성질을 가지고 있다.

① 전파는 균일한 매질 내에서는 일정한 속도로 직진하며 진공 속에서 속도는 광속과 같다.

② 전파는 전파해나가는 과정 중에 주파수가 일정하게 유지된다.

③ 전파는 파원에서 멀어짐에 따라 진폭이 감소한다.

④ 전파는 성질이 다른 매질의 경계면에서 반사하며 투과하는 전파는 굴절한다.

3. 전파 종류

3.1 파동의 표시

전파는 진행방향과 진폭의 변동방향이 직각인 횡파로 파동의 표시는 진폭(A), 파장(λ), 주기(T), 주파수(f)로 표시할 수 있다. [그림 1-13]과 같은 연이어 진동하는 연속파(continuous wave)인 정현파는 한 점에서 파동의 변화는 $y = A\sin(2\pi ft)$로 표현할 수 있다.

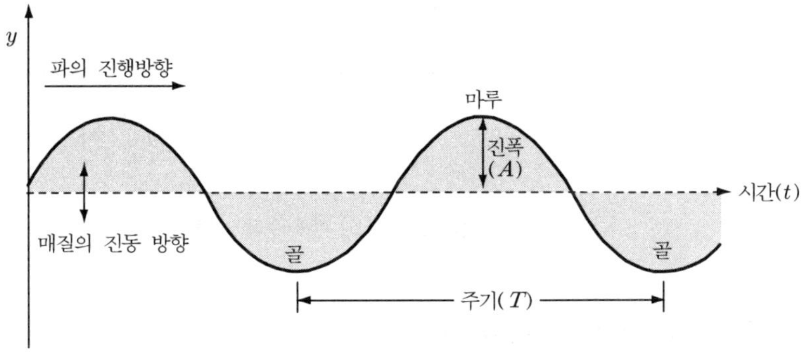

[그림 1-13] 연속 파동의 표시

또한 지속시간이 짧고 주기가 일정하게 반복되는 [그림 1-14]와 같은 펄스(pulse)파는 펄스폭, 주기, 1초 동안에 펄스의 발생회수인 펄스 반복주파수(Pulse Recurrence Frequency)로 표시할 수 있다.

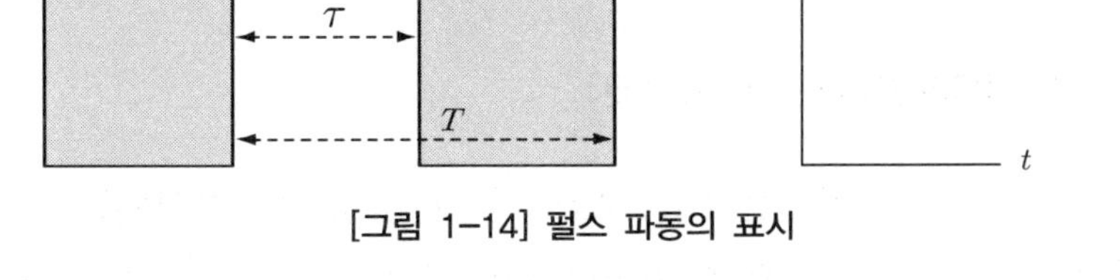

[그림 1-14] 펄스 파동의 표시

3.2 주파수에 의한 분류

전자기파의 성질은 주파수에 의해 결정된다. 주파수가 높으면 직진성이 강하나 감쇠가 심해져 멀리까지 전파되기 어렵다. 주파수를 10배 단위로 구분하여 주파수 대역을 부르는 이름이 붙여져 있다.

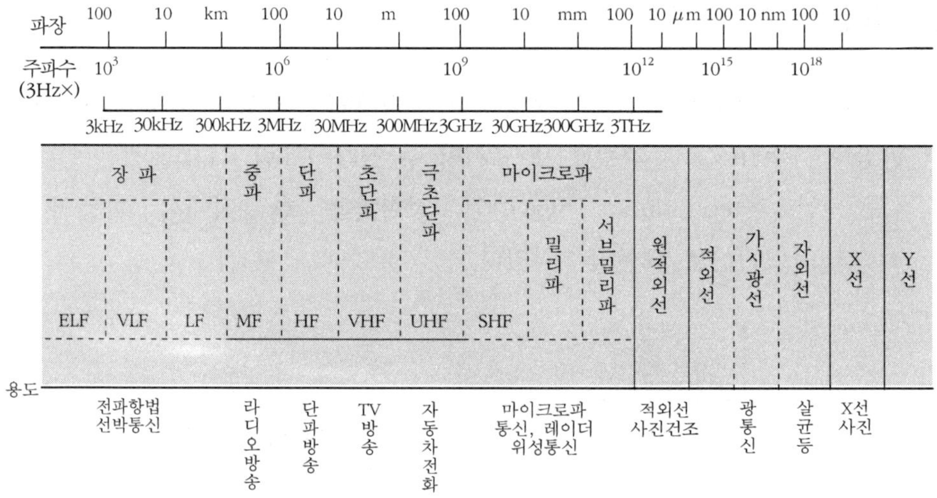

[그림 1-15] 주파수에 의한 분류

3.2.1 초장파(3～30kHz)

파장이 10～100km로 긴 파장의 전파로 주로 지표면을 따라 전파되며 오메가 항법장치(10.2kHz)가 사용되었다.

3.2.2 장파(30～300kHz)

파장이 1～10km 전파로 비교적 먼 곳까지 전파되는 성질이 있으며 Loran C, Decca 항법장치에 사용되고 있다.

3.2.3 중파(300kHz～3MHz)

파장이 100～1000m 전파로 지상에서 약 100km에 형성되는 전리층 E층에 반사되어 전파된다. 라디오 방송이나 선박이나 항공기 통신용에 사용되고 있다.

3.2.4 단파(3~30MHz)

파장이 10~100m의 전파로 상공 약 200~400km에 형성되는 전리층 F층에 반사되어 지구의 반대편까지 전달되는 성질이 있다. 장거리통신이 가능하므로 원양어선 통신이나 국제선 항공기 통신에 사용되고 있다.

3.2.5 초단파(30~300MHz)

파장이 1~10m의 전파로 전리층에서 반사가 약하고 직진하는 성질이 있다. 산이나 건물 같은 장애물이 있어도 회절하여 전파되므로 TV 방송, FM 방송, 근거리 이동통신에 사용되고 있다.

3.2.6 극초단파(300M~3GHz)

파장이 10cm~1m 전파로 직진성이 매우 강하고 전송 가능한 정보량이 많고 소형 안테나로 송수신이 가능하므로 휴대전화에 사용되고 있다.

3.2.7 마이크로파(3G~30GHz)

파장이 1~10cm 전파로 전송 가능한 정보량이 매우 높고 직진성이 매우 강하다. 위성통신이나 방송, 선박용 레이더에 사용되고 있다.

3.2.8 밀리파(30~300GHz)

파장이 1mm~1cm로 매우 짧은 파장으로 빛과 같이 강한 직진성이 있으며 비나 안개의 영향을 강하게 받으므로 근거리 통신, 자동차 충돌방지 장치 등에 사용되고 있다.

3.2.9 서브밀리파(300G~3THz)

파장이 0.1~1mm의 전파로서 빛의 영역 주파수 대역에 해당하는 전파로 극히 제한된 범위에 사용되는 미개척 주파수 대역이다.

4. 전파의 전파

4.1 안테나

송신기(회로)내에서 만들어진 교류가 공간에 전파의 형태로 퍼져나가는 것을 전파의 복사라고 하는 데 이러한 복사를 잘 일으키도록 고안된 장치가 안테나이다. 안테나의 주요 특성은 어느 방향으로 전파를 복사 또는 수신하는지의 효율성을 나타내는 지향성과 동일한 송신전력으로 정해진 방향과 거리에서 전파크기 비율인 이득으로 나타낼 수 있다. 안테나의 종류는 형상으로 분류하면 선형 안테나, 어레이안테나, 개구면 안테나가 있는데 각각의 주파수, 이득, 안테나명은 〈표 1-3〉과 같다.

〈표 1-3〉 안테나 분류

분류	주파수	이득	안테나명
선형 안테나	저	저	다이폴
			모노폴
			루프
			전송선로형
어레이 안테나	중~고	중~고	야기안테나
			2차원 어레이
			구면 어레이
개구면 안테나	마이크로파	고	코너리플렉터
			파라볼라 안테나
			혼안테나
			유전체형

4.1.1 다이폴 안테나

선형 안테나의 기본으로 송신기에서 나온 두 개의 서로 극이 다른 도선을 구부려서 전체 길이를 $\lambda/2$ 되게 만든 안테나이다. 이러한 다이폴 안테나들을 조합하여 만든 배열 안테나가 야기안테나로서 과거 TV 수신용 안테나로 사용하였다.

4.1.2 모노폴 안테나

다이폴 안테나와 유사하나 [그림 1-16]처럼 한쪽을 도체 대신 Ground로 대치된 형태이다. 특히 바람에 잘 견디도록 유연성을 갖게 한 지휘봉 모양의 안테나를 채찍(whip) 안테나라고 하며 로란 안테나로 많이 사용되고 있다.

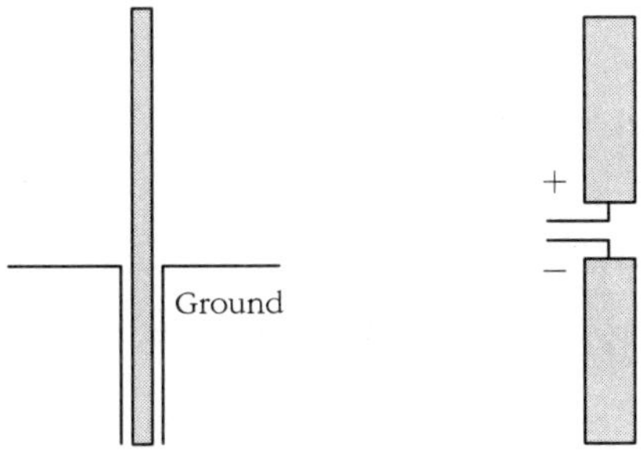

[그림 1-16] 모노폴 안테나

4.1.3 루프 안테나

도선을 정사각형, 직사각형, 삼각형 및 원형으로 감은 형태로 지향성 안테나이다. 유도되는 전압이 루프면과 전파의 진행방향에 따라 다르므로 방향탐지용으로 사용될 수 있어 RDF(Radio Direction Finder) 안테나로 사용되고 있다.

[그림 1-17] 루프 안테나

4.1.4 혼 안테나

대표적인 개구면 안테나로 도파관 형태로 [그림 1-18]처럼 도파관 마지막 부분이 사각형 또는 원형으로 벌어진 형상을 하고 있다. 특성이 균일하고 이득이 높아 비교적 큰 전력용으로 사용되고 있다.

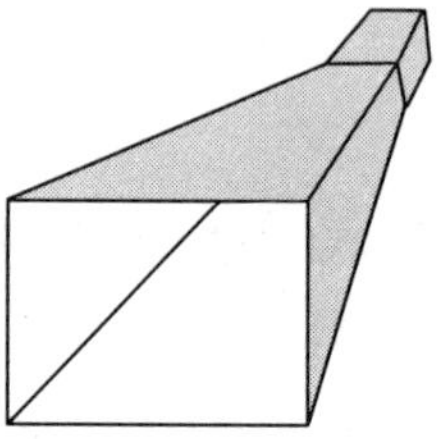

[그림 1-18] 혼 안테나

4.1.5 파라볼라 안테나

[그림 1-19]처럼 고깔 모양이며 이득이 높고 파라볼 면에 수직으로 입사된 전자파는 반사되어 쌍곡선의 초점부위에 모아지며 위성통신용으로 많이 사용되고 있다.

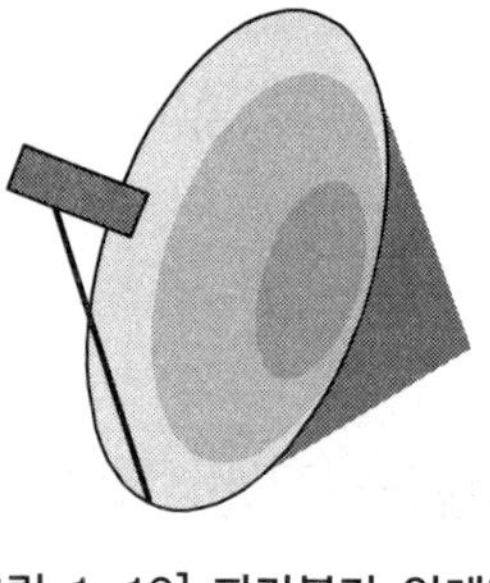

[그림 1-19] 파라볼라 안테나

4.1.6 슬롯 안테나

도판관의 옆면에 여러 가지 형태의 구멍(slot)을 뚫어서 만든 것으로 큰 전력을 다룰 수 있어서 선박용에 많이 사용되고 있다. 슬롯의 개수, 모양, 거리 등 다양한 변수를 조절하여 배열 안테나처럼 다양한 특성을 만들어 낼 수 있다.

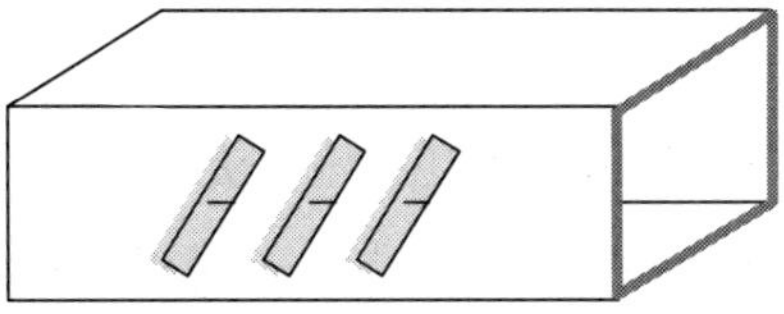

[그림 1-20] 슬롯 안테나

4.2 전파의 전달 모드

전파는 자유공간이나 도관을 통해 전달될 수 있다. 전파는 크게 지구표면을 따라 퍼지는 지상파(ground wave), 공간으로 퍼지는 공간파(sky wave)로 나누고 지상파는 지표의 표면을 따라 전달되는 지표파(surface wave)와 직접 또는 반사하여 수신 안테나에 전달되는 직접파(space wave)로 나누어진다. 일반적으로 저주파의 경우 지상파는 대지를 따라 회절하여 비교적 감쇠가 적고, 공간파는 전리층으로부터 반사되기 때문에 보다 멀리 퍼져나갈 수 있다.

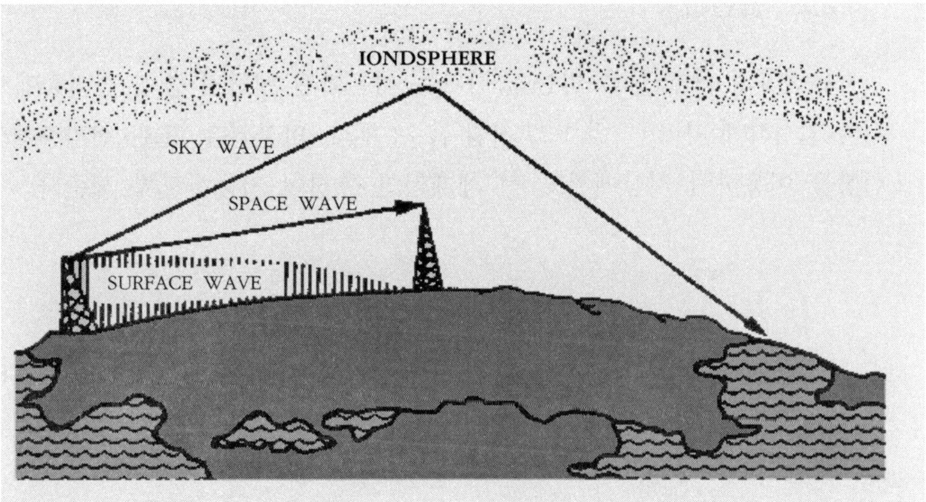

[그림 1-21] 전파 전달 모드

4.2.1 지상파

복사된 전파가 지표면을 따라서 또는 지표면 근방을 옮겨가는 것 같은 전파를 지상파라 한다. 지상파는 전달되고 있는 지형의 특성에 따라 변하게 된다. 특히 매질이 다른 해안선을 지날 때 해상용 전파항해 시스템에 오차를 야기하는 원인이 되기도 한다. 전파의 속력의 영향으로 지표면에서 회절현상은 전파의 진행방향이 바꾸며 지표면에 에너지가 유도되어 감쇠현상이 많이 일어난다. 회절과 감쇠의 크기는 전파가 지나는 지표면의 전기적 특성에 따르며 회절은 주파수가 낮은 전파에서 크며 감쇠는 주파수가 커지면 증가하는 경향이 있다. 전파의 지상파의 도달거리(D)는 다음 식으로 표시할 수 있다.

$$D = 2.22(\sqrt{h_1} + \sqrt{h_2})\text{mile}$$

h_1, h_2는 각각 송수신기의 높이(m)

4.2.2 공간파

자유전자의 큰 영향을 받는 공간파는 이온화된 에너지 층인 전리층에서 주파수와 입사각에 따라 [그림 1-22]처럼 흡수, 투과, 반사된다. 또한 전리층에서 굴절현상을 이용하여 지상에서도 전 세계적인 통신이 가능하도록 해준다.

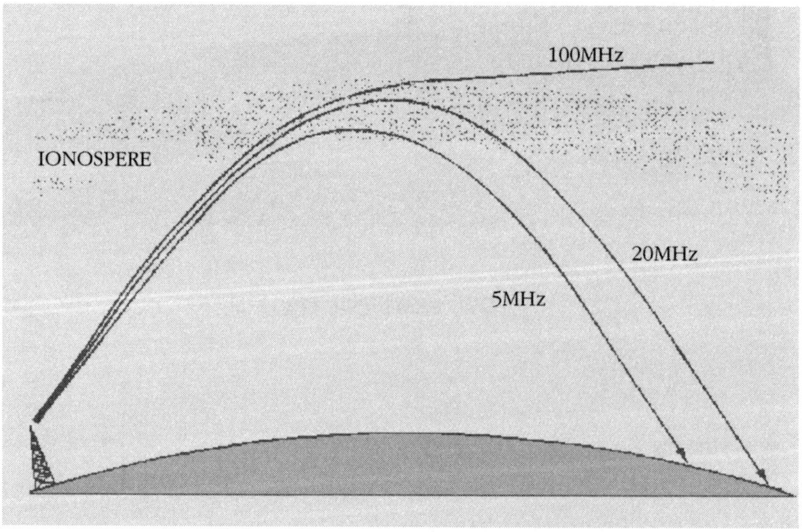

[그림 1-22] 전리층에서 공중파의 전달 모드

5. 전파와 생활

5.1 생활 속의 전파

현대인은 의지와 관계없이 전파의 영향권 내에서 생활하고 있다. 하루를 휴대폰의 모닝콜로 시작하여 출근길에는 자동차의 내비게이션의 도움을 받고 언제 어디서든지 DMB를 본다. 고속도로를 달릴 때면 하이패스가 작동되며 대중교통을 이용할 때도 무선인식장치인 교통카드는 필수가 되었다. 일터에는 무선 랜 인프라가 구축되어 네트워크로 항상 세상과 소통할 수 있다. 뿐만 아니라 RFID를 물류의 혁신, 조기 및 원격진료 등 열거하기 조차 힘들 정도로 전파는 우리 생활 속에 아주 가까이 들어와 있다. 미래의 유비쿼터스 시대에는 전파가 가장 중심적인 매체가 될 것이며 활용영역과 새로운 가치는 전파기술의 발달로 더욱 확대되어 갈 전망이다. 얼마나 생활의 윤택과 복지를 향유하느냐는 전파기술의 올바른 이해와 활용에 달려 있다고 해도 과언이 아니다.

전파가 주는 생활의 혜택을 충분히 누리지만 부정적인 영향도 간과해서는 안된다. 전자/전파 시스템의 사용기회가 늘어나면서 전자파에 과다한 노출로 신체 및 정신 건강의 악영향문제, 유무선 통신 시스템의 고도화에 따른 통신정보의 홍수에서 오는 사생활 침해문제, 전파자원의 무분별 사용으로 야기될 수 있는 전파자원관리 문제 등 해결해야 할 과제도 있다. 전파에 대한 지식습득과 이해는 특정한 전문가에 국한된 것이 아니라 현대를 살아가는 우리 모두의 생활상식으로 정착되어 바람직한 전파생활문화를 구축하는 것이 필요하다.

5.2 전자파의 영향과 대책

5.2.1 전자파의 영향

전기장과 자기장이 교번하면서 공간을 전파하는 전자파는 방송 및 통신에 사용되는 전파, 적외선, 가시광선에 이르기까지 폭넓은 스펙트럼을 가지고 있다.

전자파에 지나치게 노출되면 인체에 나쁜 영향을 줄 수 있는 데 일반적으로 4가지로 대별할 수 있다. 첫째는 전자파가 가지고 있는 에너지의 열작용, 둘째는 전자파가 일으키는 유도전류에 의한 자극작용, 셋째는 급격한 스파크 방전으로 의한 쇼크 및 화상작용, 마지막으로 미약한 전자기파에 오랜 기간 동안 누적되어 영향을 주는 누적작용 등이 있다.

열작용, 자극작용, 화상작용에 의한 신체영향은 과학적이고 객관적으로 평가할 수 있으나 누적작용에 의한 신체영향의 평가는 간단하지 않다. 주로 보고되는 주관적인 증상으로는 뇌 자극에 의한 암 발병, 호르몬 배출의 변화, 치매 같은 신경퇴화성 질병 등이 있다. 특히 많은 시간 사용하는 휴대전화에 의한 증상으로 두통, 불쾌감, 집중력 저하, 어지러움, 메스꺼움, 수면장애 등이 보고되고 있어 전자파의 영향권에 살고 있다고 볼 수 있다.

5.2.2 전자파의 대책

전자파는 전자기 에너지의 흐름으로 태양광선, 방사성 물질, 전기가 사용되는 제품에서 발생한다. 전기제품에 방출되는 전자파를 제한하고 있지만 생활주변에서 자주 사용하는 전기제품에서 나오는 전자파의 영향은 피하기 어렵다. 특히 선박의 선교에는 전기, 전파를 사용하는 각종 항법 및 통신장비가 많아 전자파의 영향을 무시할 수 없다. 이러한 생활 속의 전자파의 피해를 줄이기 위한 아래의 예방 수칙을 습관화하는 것이 필요하다.

① 컴퓨터 작업시 모니터와 안면거리는 60~80cm 떨어진다.

② 전자기기를 켜놓았을 때는 가능한 멀리 떨어지고 사용하지 않을 때는 플러그를 뺀다.

③ 전기담요와 히터는 전자파가 강하므로 잠자기 전에 미리 열을 내고 잘 때는 전원을 끈다.

④ 휴대폰은 전자파가 방출되므로 사용할 때 안테나를 최대한 길게 빼고 사용시간을 줄인다.

⑤ 교류전원을 사용하는 지하철에서는 승강장의 승차위치에서 물러나 기다린다.

⑥ 고압선이 지나는 전선에서는 최소한 60cm 떨어진다.

⑦ TV나 컴퓨터 모니터에 전자파 방지 필터나 보안기를 사용한다.

제2장

전파항법 시스템

1. 전파항해
2. 레이더 항법 시스템
3. 쌍곡선 항법장치
4. 위성항법장치

1. 전파항해

1.1 항해와 정보

해상에서 선박을 공간적으로 안전하게 이동하는 전통적 항해 의미에 부가하여 시간, 비용 등 효율성이 추가되어 의미가 고도화되고 있다. 선위정보를 얻는 방법에 따라 지문항해, 천문항해, 전파항해로 구분하는 종래의 항해 범주도 종합적인 정보항해로 통합되는 경향이 있다. 정성적이고 아날로그적인 정보에 의한 의사결정에서 정량적인 정보에 의한 디지털 항해로 집적화, 통합화가 가속되어 E-Navigation이란 새로운 개념이 출현하게 되었다.

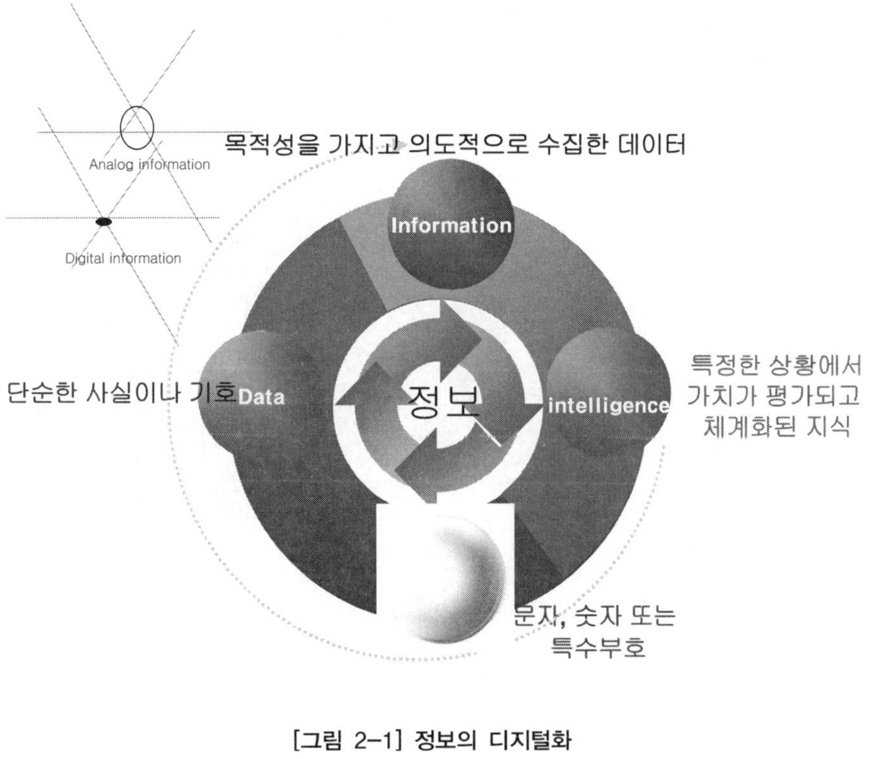

[그림 2-1] 정보의 디지털화

항해의 의미가 고도화됨에 따라 안전하고 효율적인 선박의 운항을 위해서는 더 많은 정보가 요구되고 있다. 적시성, 정확성이 높은 항해정보 획득과 공유를 위한 항법장치 및 항로표지의 개발과 성능개선이 지속적으로 이루어지고 있다. 항해정보별 관련 선박의 하부 시스템을 분류하면 아래와 같다.

① 선위정보 : Radar, Loran-C, GNSS, DGPS …
② 선속정보 : EM-Log, Doppler Log …
③ 수심정보 : Echo Sounder, Doppler Log …
④ 방위정보 : Magnetic Compass, Gyro Compass …
⑤ 지리정보 : Chart, ECDIS …
⑥ 안전정보 : Navtex, GMDSS, AIS, EPIRB, VDR, VHF …
⑦ 기상정보 : Weather Fax, 풍향/풍속계 …
⑧ 보안정보 : Ship Security Alert System, AIS …

항해사는 종래의 경험기반 항해에서 다양한 항해 Data, Information, Intelligence를 구조화하여 정확한 항해의사결정을 수행하는 정보관리자로 역할이 증대되고 있다.

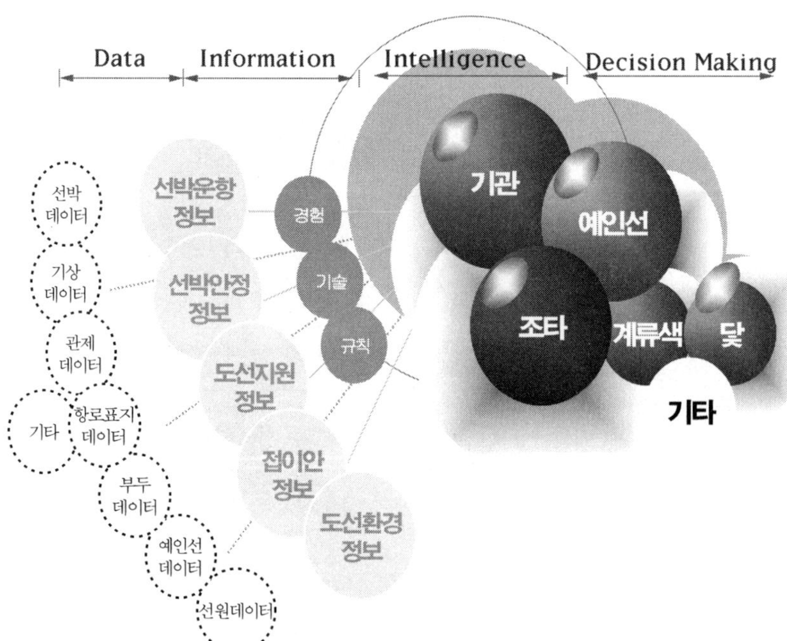

[그림 2-2] 항해의사결정 과정

1.2 항해와 전파

해상에서 선박교통이 시작된 이래로 보다 정확한 선박의 위치를 얻는 것은 모든 항해사의 꿈이었다. 항해행위를 지속적으로 선위정보를 측정하는 것이라고 정의할 수 있을 정도로 선위정보는 선박의 안전확보는 물론 효율적인 항해를 위해서 중요하다. 인간의 오감에 의존하여 항해위험요소를 식별하고 회피하면서 선위를 확보했던 경험기반의 항해는 항해해역이 글로벌화되고 선박이 고속화, 대형화되면서 여러 가지 한계가 따를 수밖에 없었다.

자연환경에 구속되지 않고 언제, 어디서, 누구나 쉽게 이용 가능한 항법장치에 대한 꿈은 전파라는 매체가 항법에 도입되면서 실현되기 시작하였다. 전파가 가지고 있는 직진성, 등속성, 반사성, 고속성과 같은 특성은 정밀도 높은 선위측정은 물론 정량적인 충돌회피 기술제공, 선박 간 또는 선박과 육상국 간의 통신, 안전항해에 필요한 정보의 제공 등에 폭넓게 활용되고 있다. 특히 인공위성기술의 발달과 더불어 컴퓨터와 네트워크 기술의 발달은 항법장치의 통합화, 집적화가 이루어져 선박항법의 새로운 패러다임을 가속화하고 있다.

전파는 일상생활은 뿐만 아니라 항해분야에서도 없어서는 안되는 필수 매체로 성공적인 선박항해의 수행여부는 전파기술의 이해와 전파항법 시스템의 운영에 달려있다 할 정도로 그 중요도가 높아지고 있다. 항해 시스템에 사용되는 전파의 특성을 요약하면 〈표 2-1〉과 같다.

〈표 2-1〉 항해 시스템에 사용되는 전파의 특성

전파항법 시스템 종류	사용주파수	전파의 활용방법	비고
Omega	10～14kHz	전파의 도달시간차 측정	공간 연속파
Decca	70～130kHz	전파의 도달시간차 측정	지표 연속파
Loran C	100kHz	전파의 도달시간차 측정	펄스파
RDF	200～3,300kHz	전파의 도래 방향 측정	펄스파
GPS	1575.42MHz 1227.6MHz	전파의 도달시간 측정 정보전송	연속파
RADAR	3000MHz 9375MHz	전파의 도달시간 측정	펄스
AIS	161.975MHz 162.025MHz	정보전송	연속파

전파의 등속성과 직진성을 이용하여 전파도달시간차를 측정하여 쌍곡선의 위치선으로 선위를 계산하는 오메가, 데카, 로란은 위치측정범위에 따라 주파수를 다르게 하였으나 전파의 전파거리가 멀어짐에 따라 굴절, 다경로 전파, 환경에 따른 매질의 불균일성, 전리층의 영향 등으로 선위오차가 발생하는 원인이 되기도 하였다. Radar에서는 전파의 등속성, 직진성, 반사성을 활용하여 물체에서 반사되어 오는 전파의 도래 방향과 전파의 도달시간을 측정하여 반사체의 방위와 거리를 활용하여 선위를 계산하고 있다.

동일 출력으로 물체의 탐지거리를 크게하고 분해능을 개선하기 위해서 일반화물선에서는 두 종류의 주파수, 3000MHz(X-band), 9375MHz(X-band)가 전파가 사용되고 있다. GPS와 AIS에는 전파가 암호와 정보를 실어서 전달해주는 역할을 하고 있다.

전파의 성질 중 선위측정에 긍정적인 요소(직진성, 등속성, 반사성)만 있는 것이 아니므로 부정적인 요소(굴절, 매질의 성질에 종속성, 다경로 전파)가 원인이 되어 모든 전파항법장치는 정도의 차이는 있어도 오차를 수반할 수밖에 없다. DGPS 등 전파항법장치의 오차를 줄이기 위한 여러 가지 기술과 방안이 도입되고 있지만 항해사가 이러한 전파의 특성을 잘 이해하고 사용하는 것이 바람직하다.

1.3 전파항해의 변천

전파항법 시스템이 가져야 되는 이상적인 요건은 첫째 오차가 적고 신뢰성이 있을 것, 둘째 모든 해역에서 사용할 수 있을 것, 셋째 측정시기에 제한 없이 언제든지 사용이 가능할 것, 넷째 자연현상, 즉 주야나 천후에 종속됨 없이 사용가능할 것, 다섯째 사용방법 간단하고 신속하게 결과 도출이 가능할 것, 여섯째 시스템 운용에 경제성이 있을 것, 일곱째 다른 항해 시스템과 호환성 및 집적화가 용이할 것 등을 나열할 수 있을 것이다.

전파항해의 역사는 모든 항해사의 욕구이기도 한 위의 요건들을 충족해가는 방향으로 전파항법 시스템이 개선되고 또는 새로운 시스템의 출현으로 지속적으로 발전되어 오고 있다. 여기서 전파항법 시스템의 발전사를 간단히 소개하고자 한다.

선박항해에 전파항해 시스템이 도입된 것은 1910년경 무선방위측정기(radio

direction finder)가 처음이다. 육상송신국 또는 선박으로부터 전파가 도래하는 방위를 측정하는 무선방위측정기는 종래까지 육상의 물표를 시각 방위로 측정하여 선위측정법보다 측정 가능한 거리가 확장되었고 안개, 비 등 천후와 주·야간에 관계없이 이용이 가능해졌다. 선위측정 활용 이외에도 시보 등 음성신호 수신, 조난주파수의 전파방향을 탐지하여 조난선박구조 그리고 원양어업에서 자선들이 모선의 식별 등에 사용되었다. 그러나 육상송신국에서 멀리 떨어질수록 전파의 굴절에 의한 방위오차가 커지고 새로운 전파항법 시스템의 출현으로 활용도가 떨어져가고 있으며 소형 어선 등 극히 제한적으로 사용되고 있는 실정이다.

선박항해의 안전도를 획기적으로 높인 전파항해 시스템은 RADAR(Radio Detection And Ranging)일 것이다. 전파에 의한 물표를 탐지하고 그 방향과 거리를 측정하기 위한 연구는 1920, 1930년 미국과 영국에서 군용으로 활발히 진행되어 1934년 영국에서 최초로 군용 레이더가 시작되었다. 현재와 같은 PPI 방식의 레이더는 1941년 완성되어 주로 군사목적으로 사용되었다. 화물선, 어선 등에 사용되기 시작한 것은 2차 대전 후이고, 1948년 해상에 있어서의 인명안전을 위한 국제회의에서 공식적으로 각국 정부에 레이더 장비의 개선 등에 대한 협조하도록 권고하였다.

이러한 노력으로 1960년대에는 레이더 스크린에 표시되는 타 선박들에 대한 움직임을 자동적으로 분석하여 제공해주는 ARPA(Automatic Radar Plotting Aids) 기능이 레이더에 추가되어 해상에서 충돌방지에 큰 역할을 하고 있다. 최근에는 IT, 네트워크 기술이 발달되어 다른 항법 시스템과 집적화되고 편리성 제고를 위한 여러 기능들이 추가되고 있다. 레이더는 전파를 송신하고 수신하는 송수신 장치가 있어야 하므로 장비가 고가이고 출력이 제한될 수밖에 없는 한계도 있다.

1942년에 미국에서 넓은 해역에서 사용할 수 있는 쌍곡선 항법장치인 Loran (Long Range Navigation) A 개발되어 군사적으로 처음 사용하였고 Loran B, Loran C전후에는 민간용으로 개방되고 성능개선이 이루어져 로란 A, B, C, D 로란족이 제안되었고 현재 상선용으로 Loran C가 사용되고 있다. 다른 고정도 항법장치의 개발로 최근에는 E-Loran 개념이 도입되어 GPS 백업항법 등 새로운 활용을 모색하고 있다.

1944년 영국에서 Decca 방식의 새로운 쌍곡선 항법장치가 개발되어 유럽을 중심으로 사용하였으나 2000년부터 국이 폐쇄되었다. 1968년부터 미국에서 8개 송신국으로 전 세계 해역에서 사용가능한 쌍곡선 항법장치의 연구가 개발되어 야심적인 Omega 시스템이 개발되었으나 항법장치로는 이름값을 못하고 1997년 국이 폐쇄되어 역사 속으로 사라졌다.

세계 최초 인공위성이 1957년 발사되면서 위성을 이용한 항법장치에 대한 관심과의 연구가 활발해져 1964년 미국 해군에 의해 NNSS(Navy Navigation Satellite System) 개발되어 사용되기 시작하였다. 이 시스템은 도플러 효과를 이용하고 궤도에 위성 숫자가 적어 고속으로 이동하는 물체와 사용 시기에 제한을 받았다.

NNSS가 실용화된 이후 이러한 두 가지 약점을 보완하고 범세계적으로 사용이 가능한 고정밀도의 항법장치에 대한 연구결과 1995년에 미국에서 GPS(Global Positioning System)을 완성하였다. 2000년에는 민간부분에 첨가 되었던 고의잡음(selective availability)이 제거되었으며 DGPS 등 GPS 보정 시스템이 개발되어 선위정보의 정밀도가 한층 높아졌다.

한편 1995년 (구)소련에서는 GLONASS(GLObal NAvigation Satellite System)을 개발하였다. 2013년 개발완성을 목표로 유럽을 중심으로 Galileo 위성항법 시스템을 개발하고 있다.

전파항법은 전통적인 레이더나 위성항법 시스템과 같은 선위측정장비에 부가하여 IT 기술의 발전으로 전자해도표시시스템(ECDIS), 선박의 정보를 공유할 수는 선박 자동식별장치(AIS) 등 각종 항법지원 시스템에 출현하면서 전파나 전자기술의 이용하여 항해에 필요한 종합적인 디지털 정보를 바탕으로 선박을 항해하는 E-Navigation 개념으로 발전하고 있다.

2. 레이더 항법 시스템

2.1 소 개

레이더(RADAR)는 무선탐지 및 거리측정의 약어로서 상당히 멀리 떨어진 거리의 목표물을 추적하고 탐지하기 위해서 고안된 전자 장비이다. 레이더의 기본 원리는 간단한데 매우 짧은 파장의 전파(광속과 같다)를 발사시켜 전파는 목표물에 반사되고 메아리처럼 되돌아온다는 원리를 이용하였다.

레이더는 우리가 일상에서 관측할 수 있는 메아리 현상을 이용하였다. 이 원리를 설명하면 선박의 기적이 대양 한 가운데서 울린다면, 그 소리의 파장은 울려 퍼지면서 사라질 것이다. 그러나 그 기적이 절벽과 같은 물체 근처에서 울려 퍼지면 그 소리의 파장은 메아리로 선박에 다시 돌아오게 되는 것이다.

레이더에 의해 발사된 전자기 신호의 형성은 목표물로부터 얻은 정보의 유형에 따라 다르다. 해상에서 항해를 위해 고안된 레이더는 펄스 변조를 이용한다. 펄스 변조 레이더는 발사된 전파가 목표물로부터 반사되어 되돌아오는 시간을 구하여 목표물까지의 거리를 측정할 수 있다. 지향성 안테나는 펄스파를 송신하고 반사된 전파를 수신하기 위해 사용되며, 그렇게 함으로써 목표물의 방위와 방향을 측정할 수 있다.

일단 시간과 방위가 구해지면 목표물 또는 반사된 신호는 계산되어 레이더 화면상에 표시된다. 레이더 지시화면은 사용자에게 자선을 기준으로 목표물의 상대적인 위치를 볼 수 있도록 그 기능을 제공한다. 목표물을 탐지하고 추적하는 것은 레이더 자체의 전파를 활용한다는 점에서 효과적인 장치이다. 이것은 목표물로부터 발사되는 전파를 이용하지 않는다는 것이며, 먼 거리에서 목표물을 탐지하는 능력과 그 위치의 정확성은 레이더의 주요한 이점이 된다.

일반적으로 해상에서 레이더 시스템을 사용하기 위해서 국제적인 기준을 따라 분류되는 주파수의 종류를 2개의 그룹으로 나누었다. 첫 번째 그룹은 전파의 파장이 3cm이고 주파수의 범위가 9300~9500MHz인 X-band 이다. 두 번째 그룹은 전파의 파장이 10cm이고 주파수의 범위가 2900~3100MHz인 S-band이다.

해상 레이더의 기본적인 요구조건으로는 지향성의 송신과 수신이다. 이것은 좁은 수평 빔을 만들어 얻을 수 있다. 전파의 에너지를 집중시키기 위해서 물리학적으로 잘 알려진 원리로서 좁은 빔과 파장이 몇 cm 이내로 하여야 한다.

펄스 변조 레이더에 의해 송신되는 주파수는 같은 크기의 펄스가 연속적으로 이루어진다. 지연시간은 1μs 또는 이보다 작다. 각 펄스 사이에 분리된 지연시간은 매우 짧지만 전파가 송신되지 않는 시간에 비해 상대적으로 긴 시간이다. 펄스 변조 레이더와 펄스 변조의 의미는 주파수의 송신방법을 의미한다.

목표물의 거리를 측정하기 위해서는 한 개의 펄스파가 목표물에 반사되어 돌아오는 시간이 필요하게 된다. 이 한 주기는 다음 펄스파가 송신되기 전까지 완전히 종료되어야 한다. 그 이유는 송신되는 펄스파는 상대적으로 송신되지 않은 긴 시간에 분리되어야 한다. 반면에, 송신은 전에 송신한 펄스파의 반사파가 수신되는 동안에 이루어져야 한다. 동일한 안테나로 송수신을 함으로써 상대적으로 약한 반사파는 강한 송신 펄스파에 의해 막히게 될 것이다.

2.2 간략한 역사

목표물의 거리측정 및 탐지를 위해 사용되는 레이더 장치는 시간과 기상의 영향으로부터 자유롭다는 점에서 2차 세계대전 중 기술개발 및 과학적인 발견 중에서 가장 중요한 것 중 하나로 꼽힌다.

레이더의 기본적인 개념은 19세기 과학계에 의해 고안된 전자기 방사에 대한 실험장치로 거슬러 올라갈 수 있다. 18세기 초 영국의 물리학자인 Michael Faraday는 전류가 자기장을 형성하고, 이 자기장에 있는 에너지는 전류가 멈췄을 때 회로로 돌아간다는 사실을 설명했다. 1864년 스코틀랜드의 물리학자인 James Maxwell은 전파와 빛이 실제로 동일한 기본법칙에 의해 제어되지만 다른 주파수를 가진 전자파라는 사실을 설명하는 전자기장의 일반 방정식을 공식화했다. 그는 어떤 전기적 교란이 기존 위치에서부터 상당한 거리에까지 영향을 미칠 수 있다는 것과 이 전자기력이 빛의 속도에 따라 이동하는 파동의 형태 내에서 기존의 위치에서 바깥쪽으로 이동한다는 사실을 수학적으로 입증했다.

Maxwell의 결론이 내려진 당시에는 전자파를 탐지할 수 있는 사용가능한 수단이 존재하지 않았고 Maxwell 이론이 증명받을 1886년까지도 그러했으며, 독일의 물리학자인 Heinrich Hertz가 Maxwell의 일반 방정식의 정당성을 확인하기 위해 노력했다. Hertz는 전자파가 일직선상에서 이동하고 그것들은 마치 빛의 파장이 거울에 의해서 반사되는 것과 같이 금속 물체에 반사될 수 있다는 사실을 보여주었다.

1904년 독일의 공학자인 Christian Hulsmeyer는 선박을 탐지할 수 있는 장치로 특허를 출원했다. 이 장치는 독일 해군에게 소개되어졌지만, 아마도 그 장치의 매우 제한된 거리라는 한계점 때문에 흥미를 유발하는 것에는 실패했다. 1922년 Guglielmo Marconi는 Hertz의 업적에 대한 관심을 이끌어 냈으며 Hertz의 실험을 되풀이 하여 마침내 현재 우리가 해상 레이더로 알고 있는 것의 원리를 제안했다.

레이더 효과에 의한 첫 관측은 1922년 Washington D.C.에 있는 해군조사연구소(NRL)에 있는 Alvert 박사에 의해 진행되었는데 전파 송신기와 수신기 사이로 지나가는 선박이 송신기로 돌아가는 어떤 전파를 반사하는 것을 관측했다. 1930년 NRL에서 실시된 추가 실험에서는 송신기 안테나로부터 정횡 방향으로 지나가는 항공기가 신호의 변동을 유발한다는 사실도 알아냈다. 항공기와 선박의 위치 추적을 목적으로 하는 레이더의 중요성은 과학자들과 공학자들이 송신과 발신에 대한 단일 안테나를 개발했을 때 비로소 입증되게 되었다.

그 당시 정치 또는 군사적으로 우세한 미국, 영국, 소비에트 연방, 프랑스, 이탈리아, 독일과 일본이 성공도를 변화시키면서 레이더로 실험을 시작했다. 1930년대 동안 항공기의 탐지를 위해 전파의 반사를 이용하려는 시도가 몇몇의 국가에서 이루어졌고 대부분 이러한 나라들은 1939년 전쟁 시초에 군에서 사용을 위한 작동 가능한 레이더 장비를 생산할 수 있었다.

2차 대전 초 독일은 레이더 장비에서 더 많은 진보를 이루었으며, 연합군이 항공기에 대항한 방어를 위해 지상과 공중에서 레이더 장비를 사용하였다. 초기 경보장치로서 기능을 제공한 레이더의 능력은 영국과 독일에 방어 장비로써 점차 그 가치를 인정받았다.

비록 전쟁 초기 레이더가 방어 무기로써 사용되었지만 시간이 지나면서 또한 공격적인 목적으로 사용되게 되었다. 1941년 중반까지 레이더는 일정한 방위와 고도 내에서 자동으로 항공기의 위치를 추적하고, 이후에는 일정한 범위 내에서 자동으로 물체의 위치를 추적하는데 사용되었다.

전쟁 이전에 개발되고 입증된 레이더의 모든 시스템들은 VHF파내에 있었다. 1939년 후반 영국의 물리학자는 고주파수에서 작동되는 마그네트론 발진기를 개발했다. 그것은 제로 마이크로파 레이더로 이루어진 마그네트론이었는데 현대 레이더의 시초가 되는 기술적인 진보였다.

전쟁 이후 레이더 기술의 진보는 다른 곳으로 향했고 1950년대에는 새롭고 더 진보된 레이더 시스템이 나타나기 시작했으며 그 예로 일반 선원들이 이용하게 되었다는 점이다. 비록 레이더 기술이 처음에는 군대에 의해서 개발되었다 할지라도 레이더의 이점은 일반적으로도 많이 사용되어졌는데 그것의 대표적인 예는 항해의 안전성에 도움을 주는 것이었다. 레이더에서 사용되는 동일한 기본적 원리들은 거의 수세기전에 발견되었으며 그들이 제공한 기본적인 데이터들은, 즉 목표물의 방위나 거리와 같은 것들은 여전히 오늘날 현대 해상 레이더 장치에도 적용되고 있다.

2.3 레이더 전파의 특성

2.3.1 전 파

해상 레이더의 특성과 한계점을 인식하기 위해서 그리고 레이더의 모든 장점을 이용할 수 있도록 하기 위해서는 관측자에 의해 보이는 것과 같은 반사파의 표시를 포함한 발신과 수신의 원리를 파악하고, 전파의 움직임을 이해하는 것이 필요하다. 레이더 화면상에서 물체를 표시하는 이론을 이해하는 것은 레이더 관측자에게 레이더를 해석하기 위한 기술과 지식을 제공한다.

해상에서 사용하는 레이더에서 사용되는 3,000과 10,000MHz의 무선 주파수대에서의 전자기력 펄스에서 발생된 전파는 다른 전파와 많은 유사한 특성을 가진다. 초고주파수의 빛 파동과 같이 레이더 전파는 빛과 거의 같은 속도로 곧은 선이나 광선으로 이동하려는 경향이 있다. 또한 빛의 파동과 같이 레이더의 전파는 대기에서 반사하거나 굴절하려고 한다.

무선 주파수 에너지는 빛의 속도인 초당 약 162,000해리로 이동한다. 그러므로 펄스가 목표물까지 이동하고 펄스 발생지점까지 돌아오는데 필요한 시간은 목표물까지의 거리를 구하는 측정수단이 된다. 무선 주파수 에너지가 왕복으로 이동하기 때문에 오직 이동시간의 반만이 목표물까지의 거리로 결정된다. 왕복시간은 레이더의 눈금에 의해 측정된다.

무선 주파수 에너지의 펄스 속도는 적도에서 지구를 1초에 7번 이상을 주항할 수 있을 정도로 빠르다. 한 선박에서 목표 선박까지의 레이더 펄스나 신호의 이동 시간을 측정하는데 있어서 그 측정은 매우 짧은 간격으로 측정되어야 하는데 이러한 이유로 레이더 시간측정 단위로 마이크로초(μsec)가 사용된다. 마이크로초는 백만분의 1초로, 즉 1초에 1,000,000마이크로초가 존재한다.

전파는 해양파와 같은 파동의 움직임에 있어서 다른 형태와 같은 특성을 가진다. 파동의 움직임은 동일한 간격으로 서로서로 연속되고, 지속적인 속력으로 움직이는 마루와 골의 연속으로 이루어진다. 바다에서 파동과 같이 전파는 에너지와 주파수, 진폭, 파장과 이동속도를 가진다. 그러나 바다의 파동이 물리적인 에너지를 가지는 반면에 전파는 보통 힘의 와트 단위로 표현되는 전자기의 에너지를 가진다. 레이더와 관련한 전파의 중요한 특징은 극성을 가진다는 점이다. 이 전자기력은 서로 직각방향에 있는 전계와 자계와 관련되어 있다.

어떤 공간에서의 전기축의 방위는 파동의 극성을 이룬다. 수평적 극성은 보통 항해용 레이더에 사용된다. 즉, 전기축의 방향은 어떤 공간에서 수평을 이룬다. 수평적 극성은 전기축이 수평을 이룰 때 보통 이러한 레이더에 사용되는 물표로부터 더 강한 에코(전자파의 반사)를 얻을 수 있다는 점에서 항해용 레이더에 가장 만족스러운 극성 형태라는 것을 알 수 있다.

마이크로초의 10분에 몇 초나 몇 마이크로초 동안에 송신된 각각의 에너지 펄스는 수백의 완전한 진동을 포함한다. 주기는 한 개의 완전한 진동이나 하나의 완전한 파동이다. 즉, 파동이 같은 방향으로 영점 지점을 다음번에 통과하기 전까지 한 방향으로 영점을 통과하는 파동 움직임의 한 부분을 말한다.

주파수는 매 초당 완전한 주기의 수를 말한다. 매 초당 주기에 있는 주파수에 대해 현재 사용되는 단위는 Hertz(헤르츠)이다. 1Hertz는 매 초당 하나의 주기이다. 즉, 1킬로헤르츠(kHz)는 매 초당 천개의 주기가 존재하는 것이며, 다시 말해 1메가헤르츠(MHz)는 매 초당 백만 개의 주기를 가진 것이다.

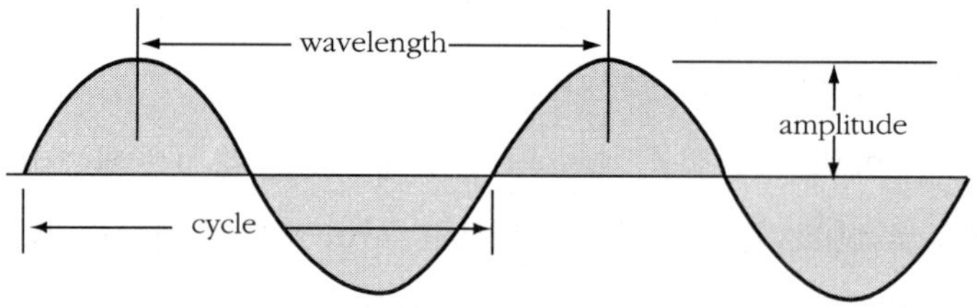

[그림 2-3] 파동(삽입)

파장은 연속적인 마루나 골 사이의 전파의 방향에 따른 거리이다. 한 주기가 완성되었을 경우 그 파동은 한 파장을 이동한 것이다.

진폭은 파동의 평균이나 영점 부분 수준까지의 파동의 최대 변위를 말한다.

레이더파의 속력은 매 초당 300,000km로 일정하기 때문에 주파수와 파장사이에서 명확한 관계를 이룬다.

주기는 한 마루로부터 골을 지나 다음 마루까지의 완전한 순환이나 진동을 말한다.

$$\text{주파수} = \frac{\text{레이더 파의 속력}}{\text{파장}}$$

파장이 3.2cm(0.000032km)인 경우에,

$$\text{주파수} = \frac{300{,}000\,\text{km}}{\text{초}} \div \frac{0.000032\,\text{km}}{\text{주기}}$$

$$\text{주파수} = 9375\text{MHz}$$

2.3.2 레이더 빔

반사기의 초점에서 피드혼1)으로 방사되거나 추적된 도파관 안테나의 슬롯으로부터 바로 방사되고 방출된 일정무선 주파수(전파 에너지)의 펄스가 자유공간에서 방사된 경우에 모든 부분에서 방사가 하나의 엽모양 패턴으로 형성된다. [그림 2-4]는 실제적인 안테나 설계와 관련하여 바람직하지 않은 부엽이나 측엽을 포함한 자유공간 방사 패턴을 보여준다. 방사 패턴은 다양한 면적에서 큰 차이가

1) 위성접시에서 반사 신호 수집 및 LNB쪽으로 초점을 맞추고 있는 위성접시 시스템의 일부

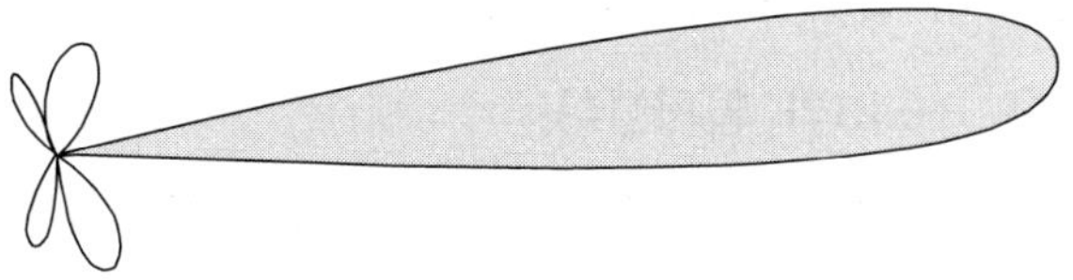

[그림 2-4] 자유공간에서 방사 패턴

있기 때문에 [그림 2-4]는 불가피하게 왜곡되었다.

비록 발사된 전파 에너지는 손전등에서 나오는 불빛처럼 안테나에 의해 상대적으로 좁은 주빔에 집중되지만, 그 윤곽을 정확히 나타낼 수는 없다. 에너지는 빔의 축을 따라 집중되지만, 거리가 증가하면 현저하게 감소한다. 또 축으로부터 멀어질 때도 에너지의 강도는 감소한다. 빔의 어떤 점에서 전력(Watt)은 거리의 제곱에 반비례한다. 3마일 떨어진 거리에서 그 세기는 같은 방향의 1마일 떨어진 거리의 세기에 1/9이 된다. 빔의 한 점에서 전압의 세기는 그 거리에 반비례한다. 2마일 떨어진 거리에서 전압세기는 같은 방향에서의 1마일 떨어진 거리의 전압의 세기에 1/2이 된다. 빔 축으로부터 멀어질수록 에너지의 강도는 현저히 감소한다. 결론적으로 전력 또는 전압의 실제적인 한계치가 레이더 빔의 크기나 빔 윤곽의 크기에 의해 결정된다는 것을 의미한다.

2.3.3 빔 폭

3차원 레이더 빔은 통상 수평 빔폭과 수직 빔폭으로 정의된다. 빔의 폭은 전파장의 세기와 큰 값과 작은 값 사이의 레이더 빔 각도의 폭을 말한다.

전파장의 세기(field intensity)와 전력(power)의 비율로 표현된 2개의 한정된 값은 일반적으로 빔의 폭으로 정의한다. 그 중 하나는 장의 세기에서 최내 크기의 71%에 해당하는 위치에서의 폭이 이루는 각도를 말하며, 전력비로 나타내면 빔폭은 반전력점(half power point) 사이 폭의 각으로 표시할 수 있다. 빔폭의 또 다른 정의는 장의 세기에서 최대 크기의 50%에 해당하는 위치에서의 그 폭이 이루는 각도를 말하며, 전력비로 나타내면 빔폭은 1/4 전력점(quarter power points)사이 폭의 각으로 표시할 수 있다.

반전력 비는 가장 일반적으로 사용되는 값이며 일반적으로 빔폭은 레이더 장치를 분류하는데 사용하는 데시벨(dB)값으로 구분한다.

반전력점과 장의 세기가 71%인 점은 −3dB와 일치하며 1/4전력점과 장의 세기 50%인 점은 −6dB와 일치한다.

[그림 2-5]에 나타나 있는 방사 도식은 전력의 상대적인 값이 같은 평면상에 안테나 또는 빔의 출발점으로부터 같은 거리에 존재한다는 것을 보여준다. 최대 전력은 빔축으로부터 있으며 전력의 크기는 축으로부터 멀어질수록 상당히 감소한다. 이러한 경우에 빔축은 반전력점 사이에서 각을 이룬다.

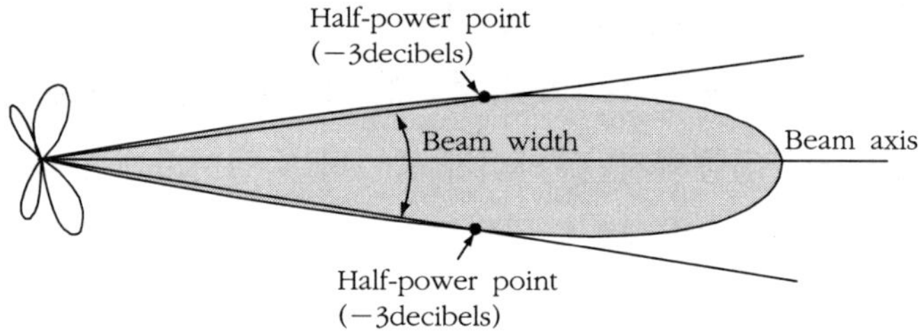

[그림 2–5] 방사 도식

송신전력의 양이 주어질 때 빔의 주엽은 폭을 좁게 하면 더 멀리까지 연장된다. 최대 탐지거리를 증가시키기 위하여 가능한 한 빔의 폭을 작게 하며 물표의 탐지와 식별을 위해서는 수평 빔폭은 아주 작고(0.5∼2.0°), 수직 빔폭은 상대적으로 넓다(15∼30°).

빔폭은 주파수(파장), 안테나의 크기와 모양에 관계가 있으며 안테나의 크기가 주어졌다면 파장이 짧을수록 빔폭은 좁아지고, 파장이 주어졌다면 안테나가 클수록 빔폭은 좁아진다. 또한 홈이 있는 도파관을 가진 안테나는 측엽을 많이 없앨 수 있다.

2.3.4 레이더 빔에 의한 해면의 영향

레이더 전파가 해면 근처에 발사되면 레이더 빔의 주엽은 자유공간에서 발사된 단일의 방사엽 패턴과는 다른 분산된 많은 엽으로 이루어진다. 이 현상은 발사된 전파와 해면으로부터 반사된 전파 사이의 교란으로 발생한다. 레이더에서 수직 빔폭이 송신되는 동안에 전파는 레이더 안테나(안테나의 높이와 수직 빔폭에 관계하여) 근처에 있는 해면과 부딪힐 것이다. [그림 2-6]과 같이 간접파(indirect wave)는 해면으로부터 반사되어 직접파(direct wave)에 합류하여 상을 만들거나 상을 지우면서 직접파를 강화시키거나 약화시킨다. 직접파와 간접파는 위상이 같아지면 Crest와 파가 상쇄되어 Lines of minima라는 최대 방사 쌍곡선을 만들어낸다.

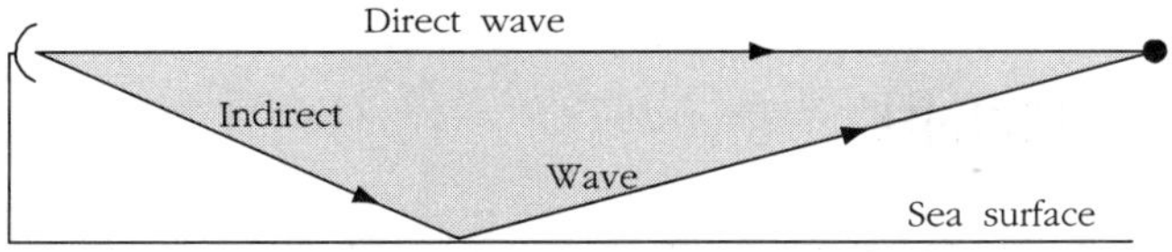

[그림 2-6] 직접파와 간접파

2.4 레이더 수평선에 영향을 주는 대기요소

2.4.1 레이더 수평선

수평선에서 대기의 영향은 특정한 물표나 해안선과 같은 지역을 탐지할 가능성을 평가하려 할 때 중요하게 고려해야 할 요소 중 하나이다.

일반적으로, 레이더 전파는 레이더 수평선에 의해서 낮은 물표의 거리기록은 제한된다. 레이더 수평선의 거리는 안테나의 높이와 전파의 굽은 정도와 관계있고 전파의 휨은 회절과 굴절의 영향 때문이며 회절은 전자파의 자체적인 특성이고 굴절은 일반적으로 대기의 영향 때문이다.

2.4.2 회 절

회절은 전파가 장해물을 지날 때 파가 휘어지는 것을 말한다. 회절로 인하여 장해물 뒤에 있는 물표를 빔에 의해서 찾을 수 있다. 회절의 영향은 낮은 주파수에서 크며 따라서 파장이 짧거나 주파수가 높은 레이더의 빔보다 낮은 주파수의 레이더 빔은 장해물 뒤에 있는 명암부분을 더 쉽게 찾을 수 있다.

2.4.3 굴 절

굴절은 물표가 탐지되는 거리에 영향을 준다. 굴절현상은 전파의 속도가 변할 때 발생하는데 이 현상은 밀도가 다른 두 물질의 경계를 지나칠 때 발생하는 것이다. 광선처럼 레이더 전파는 밀도가 다른 지역을 통과하는 대기의 영향으로 굴절과 휘어짐이 일어난다. 그러나 레이더 전파는 진동하기 때문에 빛보다 조금 더 굴절한다. 전파가 실제로 곧은 직선의 상태로 전파되면, 이 전파가 수평선과 닿는 거리는 안테나의 높이와 관계한다. 굴절의 영향과 관계없이 레이더 수평선까지의 거리는 안테나 높이의 기하학적 수평과 같을 것이다.

2.4.4 표준 대기상태

굴절의 영향을 고려하지 않은 레이더 수평선까지의 거리는 다음 식으로 나타낼 수 있다. 여기서 h는 안테나의 높이로 feet단위이고, 거리 d는 레이더 수평선까지의 거리로서 mile단위이다. 표준 대기 상태라고 가정하였을 때 다음 식을 유도할 수 있다.

$$d = 1.22\sqrt{h}$$

기하학적 또는 일반적인 수평선의 거리는 $1.06\sqrt{h}$ 이고 가시 또는 광학적인 수평선의 거리는 $1.15\sqrt{h}$ 이다. 레이더 수평선의 거리는 광학적 수평선의 거리보다 더 크다. 그리고 광학적 수평선의 거리는 기하학적 수평거리보다 크다. 그래서 빛과 같이 표준 대기상태에서 레이더 전파는 굴곡된 지구의 아래쪽으로 휘거나 굴절된다.([그림 2-7] 참조)

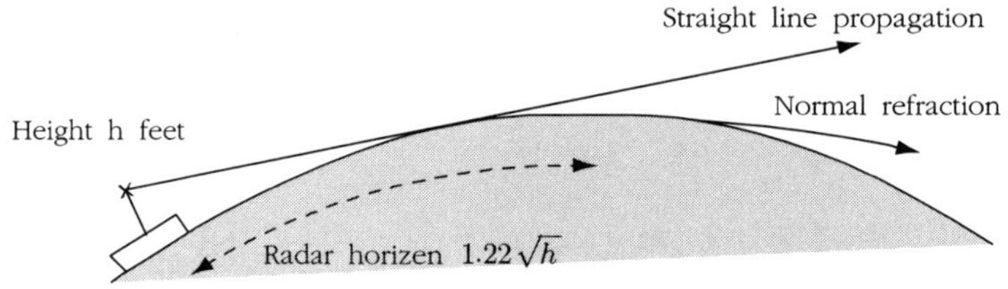

[그림 2-7] 굴절

레이더 수평선까지의 거리는 물표로부터 반사된 전파의 거리를 제한하지 않는다. 충분한 전력이 전송되었다고 가정하였을 때 반사표면이 레이더 수평선위로 연장된다면 물표로부터의 반송파는 레이더 수평선을 넘어간다. 레이더 수평선까지의 거리는 지구 표면에 전파가 닿는 거리이다.

표준 대기상태는 대기온도, 기압과 밀도에 대한 가상의 수직분포이다.

표준 대기상태는 다음과 같이 정의한다.

① 기압 : 1013mb 36mb 감소/1000ft 높이
② 기온 : 15℃ 2℃ 감소/1000ft 높이
③ 상대습도 : 60%와 높이에 관계없이 일정

이와 같은 상태는 1000feet의 높이만큼 0.00013 감소하는 굴절수치(1.00325)를 나타낸다. 표준상태의 정의는 대기의 수직분포와 연관된다. 항해사들은 대기상태에 관한 정확한 정보를 구하기 어렵고, 매년 전 세계 지역의 대기상태에 대한 일반적인 식별에 의지해야 한다.

계절에 따른 어느 특정 지역의 대기상태는 전형적으로 빛과 전파가 아래쪽으로 휘어지는 표준 대기상태와는 상당히 다르다.

레이더 수평선까지의 거리를 구하는 식($d = 1.22\sqrt{h}$)은 전파의 파장이 3cm인 것을 기준으로 세워졌다. 이 식은 다른 파장으로 레이더 수평선의 거리를 계산하는데 이용될 수 있다.

2.4.5 아굴절

레이더 수평선까지의 거리는 감소한다. 아굴절(sub-refraction)은 북극과 같이 바람이 난류가 흐르는 지역으로 불기 때문에 극지방에서 발생될 가능성이 높기 때문에 한(寒)층의 습윤한 공기가 난(暖)층의 건조한 공기 위를 덮으면 아굴절 현상이 발생한다([그림 2-8] 참조). 아굴절 현상은 레이더 전파를 위로 휘게 하여 최대 탐지거리를 감소시킨다.

아굴절 현상은 짧은 거리에 있는 물표의 탐지를 어렵게 하고, 최소 탐지거리에도 영향을 미친다. 아굴절 현상은 탐지하기 어려운 소형 선박과 빙하지역을 항해하는 선박에 매우 위험한 요소이다. 항해사는 이러한 현상이 발생시에 특별한 주의를 해야 하며 추가 경계요원을 배치하고 선박의 속력을 충분히 감속 조정해야 한다.

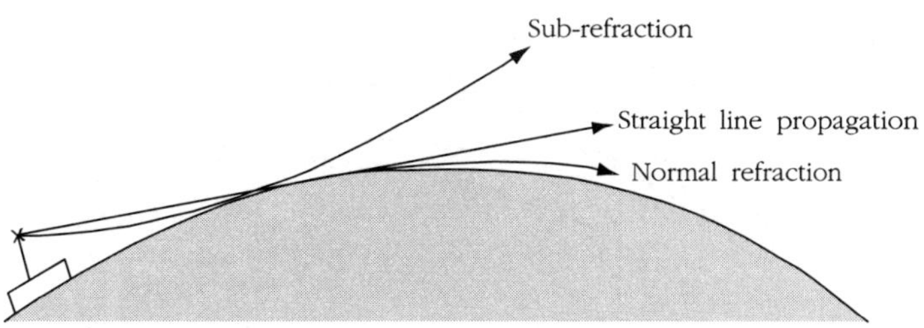

[그림 2-8] 아굴절

2.4.6 초굴절

레이더 수평선까지의 거리는 증가한다. 난기류가 없는 잔잔한 기상상태에서 습윤한 한층 표면 위로 건조한 난층이 덮는 경우에 초굴절(super-refraction)이 발생한다. ([그림 2-9] 참조) 이러한 현상은 대기가 고요하지만 밀도가 다른 층들이 서로 합쳐지고 경계가 사라질 때 발생한다. 초굴절의 영향은 전파가 아래쪽으로 휘어지는 것을 증대시키고, 물표의 탐지거리를 증가시킨다. 초굴절은 따뜻한 내륙풍이 차가운 해류 쪽으로 부는 열대지방에서 자주 발생한다. 초굴절은 특히 장거리 규모라는 점에서 주목할 만하다.

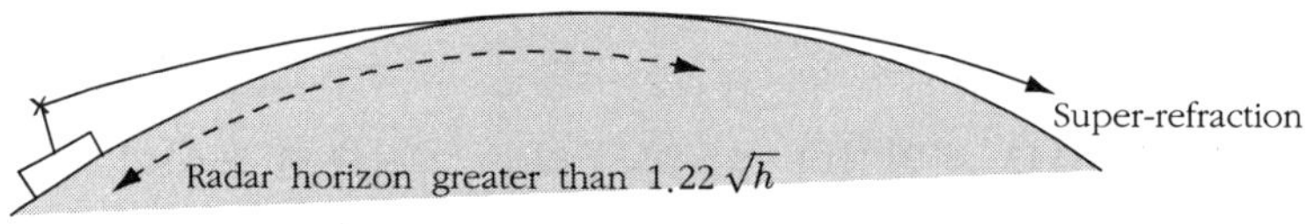

[그림 2-9] 초굴절

2.4.7 초굴절과 도파현상

레이더를 사용하면서 어떤 때에는 상당히 먼 거리에 떨어진 물표를 탐지하거나 다른 때에는 레이더가 최상의 상태의 조건으로 작동하고 있음에도 불구하고 시야에 있는 물표를 탐지할 수 없을 때가 있다. 이러한 현상은 초굴절 현상이 심각할 때 발생한다.

1° 미만의 각도로 발사된 전파 에너지는 Surface Radio Duct라는 대기층에 갇혀진다. [그림 2-10]에 설명된 Surface Radio Duct에서 레이더 전파는 해면 아래쪽으로 굴절되어 다시 위쪽으로 반사하면서 Duct 내에서 굴절과 반사를 계속적으로 반복한다.

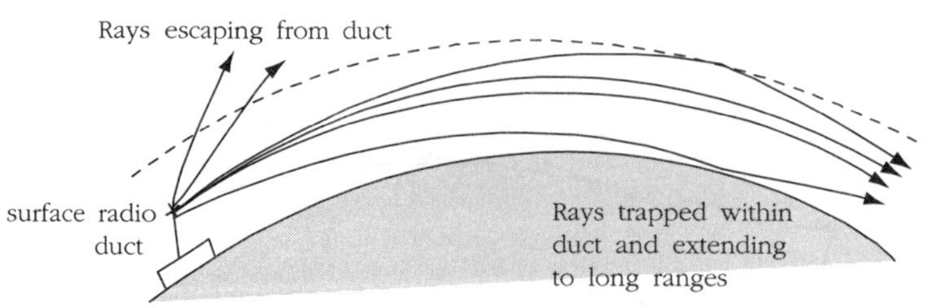

[그림 2-10] 도파현상

Duct에 의해 갇힌 전파 에너지는 조금만 손실되고 물표는 상당히 먼 거리에서 탐지될 수 있게 된다. 상대적으로 낮은 전력으로도 1400마일을 초과하는 거리까지 물표를 탐지할 수 있다. Duct로부터 벗어난 전파 에너지는 많이 손실되고, 물표 탐지의 가능성은 감소한다.

도파현상(Ducting)은 때때로 레이더 거리 효율을 줄인다. 안테나가 Duct의 아래에 있는 경우 탐지될 수 있는 물표를 탐지할 수 없게 한다. 매우 낮은 Duct에서 안테나가 Duct보다 위에 있을 때 Duct 아래에 있는 물표는 탐지될 수 없다.

2.4.8 Ducting 지역

비록 도파현상이 세계 어느 지역에서 발생할 수 있어도, 어느 지역의 기후와 기상은 Ducting 발생빈도를 높인다. 몬순기후를 가진 지역에서 Ducting의 변화 정도는 주로 계절적으로 변하고 일기의 변화는 없다. 기압이 낮은 곳에서 비표준의 전파상태의 범위는 하루마다 상당한 차이를 가진다.

[그림 2-11]은 Ducting이 빈번히 발생하는 지역을 나타내고 있다. 지도를 보면 Ducting이 발생하는 지역은 연간 다른 계절이 존재하는 지역의 기후와 관련있다는 것을 알 수 있다.

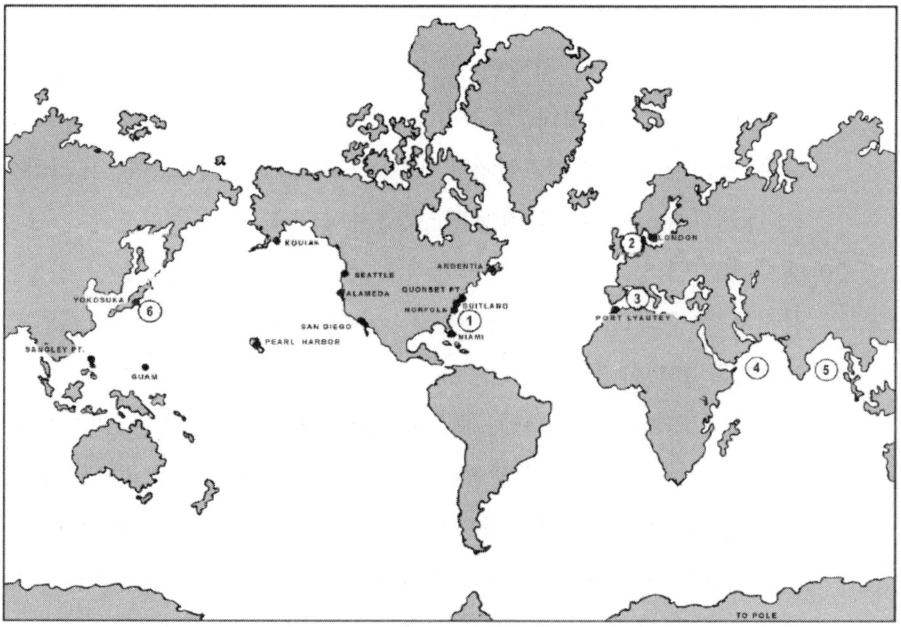

[그림 2-11] Ducting 지역

① 미국 대서양 연안(지역 1) : Ducting은 연안의 북쪽 지역으로 여름철에 흔하지만 플로리다 지역은 반대로 겨울철에 가장 많이 발생한다.

② 서부 유럽(지역 2) : 여름철에 대서양의 동쪽 부근에 있는 영국제도와 북해에 가장 많은 Ducting 현상이 발생한다.

③ 지중해 지역(지역 3) : 지중해 지역의 계절 변화는 눈에 띄며 Ducting은 주로 여름철에 발생한다. 상태는 대략적으로 겨울을 기준으로 한다. 지중해 중부 지역의 Ducting은 남부로부터 건조한 난기의 흐름에 의해 발생하는데, 바다를 지나면서 Ducting의 형성 가능성을 높인다. 그러나 겨울철 지중해 중부의 기후는 주로 대서양의 조건과 비슷해서 Ducting이 잘 형성되지 않는다.

④ 아리비아해(지역 4) : 아라비아해 지역에서 지배하는 기상 요소는 남서부의 몬순이다. 몬순은 6월 초에서 9월 중순경에 발생하며, 아라비아해 부근의 습도가 높은 공기를 상당히 높은 지역까지 덮는다. 이러한 기상 조건일 때 Ducting은 잘 발생하지 않는다. 반면에 건기에는 다르다. 가끔씩 이곳에서 Ducting은 상당히 먼 거리(1500mile까지)의 물표를 탐지할 수 있게 한다.

남서부의 몬순은 6월 초에 시작하여 아라비아해 측면에 위치한 인도에서 Ducting은 사라진다. 그러나 인도 서부 연안에는 Ducting이 존재한다. 페르시아만의 호르무즈 해협은 몬순과 shamal(북서풍)이 이라크와 페르시아만 북쪽에서 만나는 지역이다. 이 해협은 두 바람이 만나는 경계에 위치하여 온난 전선을 형성하고, 차갑고 건조한 shamal 위에 위치하고 습윤한 몬순은 아래에 위치한다. 결과적으로, Ducting 형성조건이 유리하여 호르무즈 해협에서는 레이더 작동의 효과가 크다.

⑤ 뱅갈만(지역 5) : 뱅갈만 지역에서 Ducting 현상의 계절적인 경향은 여름철 남서부 몬순의 표준 조건인 아리비아해와 유사하다. Ducting은 건기 계절에 주로 발생한다.

⑥ 태평양(지역 6) : 과달카날, 오스트레일리아 동쪽 해안, 뉴기니아와 한국 주변에 Ducting이 주로 발생한다. 미국은 태평양 해안을 따라 Ducting이 주로 발생하지만 계절적인 경향은 없다. 황해와 혼슈제도를 포함하는 동해의 기상조건은 미국 동서부의 기상과 비슷하다. 그래서 이 지역의 Ducting 현상은 여름철에 주로 발생한다. 남중국해에서의 발생조건은 겨울철 미국 남

서부 지역과 반대이다. 1년 내내 대서양 몬순은 이 지역의 기후를 변화시킨다. 그러나 이 시기에 Ducting이 많이 발생한다는 근거는 없다. 태평양에서 무역풍은 낮은 Ducting을 형성한다.

2.5 레이더 수평선에 영향을 주는 기상요소

레이더에서 기상요소의 영향은 물표 탐지거리를 감소시키거나, 레이더 화면상에 불필요한 잡음이 생기게 하여 본선에 위험을 끼치는 물표와 중요한 목표물을 가린다. 이러한 전파의 강도가 감소하는 것을 감쇠(attenuation)라 한다.

감쇠는 강수에 의해 전파 에너지가 흡수되거나 분산되어 생기는 현상이며 레이더 파장의 크기와 관계있다. 감쇠는 반사파의 감도를 감소시키며 파장이 짧고 주파수가 클수록 감쇠는 커진다.

2.5.1 비, 안개, 구름, 우박, 눈, 먼지에 의한 감쇠

이러한 기상요소에 의한 감쇠는 기온과 대기의 상태, 수증기의 양과 관계있다. 그렇기 때문에 지역적으로 다른 현상을 예측할 수 있다. 레이더 전파와 반사파가 이러한 매질의 대기를 통과하면 할수록 감쇠는 커지고 탐지거리는 감소한다. 따라서 물표가 강수 안에 있는지 밖에 있는지에 따라 감쇠정도도 다르다. 날씨가 좋은 곳에서 레이더 전파가 발사되었을 때 감쇠 영향은 관측자의 눈에 띄지 않을 것이다.

파장이 10cm 보다 작은 레이더 전파는 강수의 영향을 더 크게 받는다. 즉 강수 상태에서 파장이 10cm(S-band)인 것은 파장이 3cm(X-band)인 것 보다 감쇠가 더 작다.

2.5.2 비

비가 내리는 경우 빗방울이 감쇠현상과 분산현상을 일으킨다. 강수의 크기와 감쇠의 크기는 서로 관계가 있다. 빗방울이 감지할 수 있는 정도의 크기라면 강한 잡음이 생기게 되어 분산과 감쇠작용으로 인해 전파 에너지가 많이 손실된다. 강우 지역 안에 물표가 있는 경우에 빗방울에 의한 잡음으로 탐지거리가 감소한다. 소형 선박이나 부표 같은 반송파가 약한 물표는 비보다 반송파가 약한 경우에 탐지할 수 없게 된다. 열대지방의 스콜 경우에는 X-band 레이더의 모든 상을 지울 수 있다.

넓은 지역에서 계속적인 강우현상의 경우 레이더 화면의 중앙부분이 비가 내리는 지역보다 밝게 나타난다. 이것은 장거리 레인지 스케일을 사용할 때 명확히 보인다. 이렇게 하는 이유는 비가 내리는 지역을 통과하여 돌아오는 전파 에너지가 점점 감소되기 때문이다.

2.5.3 안 개

일반적으로 안개는 레이더 화면상에 잡음을 생기게 하지는 않지만 북극 지역의 짙은 안개는 탐지거리를 감소시킨다. 선박이 산업 오염 때문에 생긴 스모그 현상 지역을 항해할 때 해무보다 높은 감쇠현상을 경험할 수 있다.

2.5.4 구 름

구름에 있는 물방울은 매우 작아서 X-band 레이더로 탐지할 수 없다. 그러나 비구름일 경우에는 탐지될 수 있다.

2.5.5 우 박

우박은 비가 얼어서 생긴 결정체로서 레이더 전파 에너지를 감소시킨다. 그래서 우박으로 인한 감쇠는 비로 인한 것보다 더 크다.

2.5.6 눈

우박의 영향과 비슷하며 비에 의한 잡음영상 보다는 작다. 강설은 X-band 레이더에서 관측되고, 짙은 강설은 S-band 레이더에서도 관측될 수 있다.

눈에 의한 잡음의 정도는 눈송이의 크기와 강설량과 관계있다. 짙은 강설에 함유된 물은 일반적인 강우와 같지 않기 때문에 실질적으로 강설량은 중요한 요소가 된다.

항해사로 가장 위험하게 생각해야 할 것은 눈이 쌓인 물표이다. 이러한 물표는 레이더에 잘 탐지되지 않기 때문이다. 쌓인 눈은 전파 에너지를 흡수하고 강한 물표의 탐지거리를 감소시키기 때문이다.

2.5.7 먼 지

모래폭풍과 먼지는 레이더 탐지거리를 감소시킨다. 입자의 크기를 기준으로 탐지할 수 있는 것은 없고 감쇠정도도 낮다.

2.5.8 이상 전파 현상

대기를 통과하는 빛과 전파는 굴절하고 지구의 만곡부 쪽으로 휘어진다. 특수한 대기현상은 이러한 일반적인 현상을 변형시킬 수 있다.

2.6 기본적인 레이더 시스템

2.6.1 레이더 시스템 원리

레이더 각 부 구성의 기능을 설명하기 전에 레이더 시스템과 관련된 원리를 먼저 알아야 하는데 반송파 주파수, 펄스 반복주파수, 펄스폭, 전력과의 관계를 알아보자. 이러한 원리는 실제 사용을 목적으로 정확성, 사용할 수 있는 거리, 실제 크기, 신호 수신과 발생 등을 고려하여 결정된 것이다.

1) 반송주파수

반송주파수(carrier frequency)는 전파 에너지에 의해 생성된 주파수이다. 반송주파수를 결정짓는 중요한 요소는 지향성의 극초단파를 발생시키고 수신하는 것이다.

송신된 전파를 집중시켜 방향을 결정하기 위해서 지향성의 안테나를 사용해야 한다. 높은 반송주파수는 짧은 파장을 가지기 때문에 섬세한 전파 패턴을 얻기 위해 작은 안테나를 사용한다.

높은 주파수의 전파를 발생시키고 증폭시키는 문제는 사용되는 관(tube)의 물리적인 설치문제 때문에 복잡하다. 일반적인 관은 실제로 사용될 수 없고 특수하게 제작된 관이 사용된다. 이러한 관에는 클라이스트론(klystron)과 마그네트론

(magnetron)이 있다.

반송파의 에코(echo)를 증폭시키는 것은 매우 어렵기 때문에 전파증폭기는 사용되지 않는다. 대신 들어오는 신호(에코)의 주파수는 중간주파수를 만들기 위해서 국부발진기(크리스탈 믹서)와 함께 혼합된다.(헤테로다인 방식) 중간주파수는 수신기에서 중간주파수가 증폭 단계에 적합하도록 증폭되어야 한다.

2) 펄스 반복주파수

펄스반복주파수(PRF : Pulse Repetition Frequency)는 펄스 반복률(PRR)로서 초당 송신되는 펄스의 수이다. 일반적으로 초당 600, 1000, 1500, 2200, 3000 펄스 값이 있다.

현재 대부분의 레이더는 거리에 따라 초당 400~4000펄스를 발사한다. 물표의 거리를 계산하기 위해서는 한 개의 펄스가 발사된 후 물표에 반사되어 돌아오는 시간으로 구한다. 이 한 주기는 다음 펄스파가 송신되기 전까지 완료 되어야 한다. 송신되는 펄스들은 상대적으로 긴 무송신 시간에 의해 분리된다. 달리 말하면, 펄스 송신은 전에 발사된 펄스파의 반사파가 수신되는 동안에 발생한다. 송신과 수신을 같은 안테나로 사용함으로써 상대적으로 약한 반사파는 강한 송신 펄스에 의해 막히게 된다.

최대 탐지거리에 있는 물표의 반사파를 수신하기 위해서 펄스가 송신되는 시간이 충분히 주어져야 한다. 달리 말하면, 최대 탐지거리보다 더 멀리 떨어진 물표는 계속해서 송신되는 펄스파에 의해 막히게 된다. 레이더의 최대 탐지거리는 펄스 반복률과 관련된 첨두출력(peak power)과 관계있다. 전파 출력을 충분히 했다고 가정하였을 때, 펄스 반복률을 낮추면 송신되는 펄스 사이의 시간간격이 길어지기 때문에 반사파가 수신될 수 있는 최대 거리는 늘어난다. 물표를 탐지하기 위해 많은 수의 펄스들이 물표에 부딪쳐 돌아와야 하기 때문에 PRR은 높아야 한다. 반사파가 물표를 탐지하기 위해 충분히 세다고 가정하였을 때 최대 탐지거리는 80,915NM/s을 PRR로 나눈 값으로 결정된다.

안테나가 회전할 때 전파의 빔은 상대적으로 짧은 시간에 물표에 부딪친다. 이 시간 동안에 충분히 많은 수의 펄스는 물표를 레이더 화면상에 표시하기 위한 많은 수의 반사파를 수신하기 위해 송신된다. 분당 15회전하는 안테나와 초당 800펄스를 송신하는 PRR을 가진 레이더 장치는 안테나가 회전할 때 1°에 대략적으로 9개의 펄스를 발사한다. 레이더 화면의 지속성 때문에 가장 낮은 PRR을 사용할 수 있게 된다.

3) 펄스폭

펄스폭은 송신되는 펄스의 지연시간으로 정의되고 마이크로초로 측정된다.

탐지할 수 있는 물표의 최소 거리는 펄스폭에 의해 정해진다. 송신이 완료되기 전에 매우 가까운 거리에 있는 물표로부터 반사된 펄스가 수신기로 들어오면, 그 반사파의 수신은 송신되는 펄스에 의해 막힐 것이다. 예를 들어, 1 마이크로초 길이의 펄스를 가진 레이더는 최소거리가 164야드[2)]이다. 이 길이보다 짧은 거리에 있는 물표는 송신되는 펄스에 가려져 레이더 화면상에 나타날 수 없게 된다.

전파의 속도는 161,829nm/s 또는 161,829nm/1,000,000μs이며, 1μs에 전파가 이동한 거리는 0.162nm 또는 328야드가 된다. 전파는 왕복운동을 하기 때문에 1μs 길이의 펄스를 이용할 때 레이더 화면상에 물표가 나타난다면 그 물표는 164야드 보다 먼 거리에 있는 것이다. 결과적으로 가까운 거리에 있는 물표를 탐지하기 위해서 상대적으로 짧은 펄스폭(약 0.1μs)을 사용해야 한다.

대부분의 레이더 장비는 짧고 긴 펄스를 모두 사용할 수 있도록 고안되어 있으며 거리 스케일을 줄이면 자동적으로 펄스폭 또한 작아지게 되어 있다. 어떤 레이더는 작동상태에 따라 사용자가 직접 펄스폭을 조정해 주어야 한다. 레이더의 펄스폭이 길수록 먼 거리까지 물표를 탐지할 수 있다. 그 이유는 송신되는 펄스에 많은 양의 에너지를 담을 수 있기 때문이다.

짧은 펄스를 사용하면 최대 탐지거리는 줄어들지만, 거리정확성과 거리분해능의 이점을 얻을 수 있다. 짧은 펄스를 사용하면 레이더 화면상에 있는 물표의 거리정확성은 더 좋아진다. 거리분해능은 같은 방위에 있고 두 물표 사이의 거리가 작을 때 구분할 수 있는 능력을 말한다.

4) 출력과의 관계

송신기의 유효한 전력은 발사되는 펄스의 첨두전력(peak power)과 관계가 있다. 전력은 일반적으로 상대적으로 긴 시간 동안의 평균값으로 계산한다. 레이더

---

2) 야드 : 1yard＝3ft＝0.9144m

는 극히 짧은 시간만 펄스파를 발사하고 대부분의 시간에는 발사를 정지하고 있으므로 펄스의 발사시 첨두전력을 펄스 반복주기에 걸쳐 평균하면 평균전력(average power)이 얻어지나 이 값은 첨두전력에 비해 매우 작은 값이다.

한 개의 펄스가 발사되는 한 주기의 전체 시간인 펄스 반복주기는 펄스 반복주파수(PRF)의 역이다. 펄스폭이 크면 평균전력은 커지고, 펄스 반복 주기가 길어지면 평균전력은 작아진다.

$$\frac{\text{평균전력}}{\text{첨두전력}} = \frac{\text{펄스폭}}{\text{펄스반복주기}}$$

[그림 2-12]에 평균전력과 첨두전력의 관계가 나타나 있다.

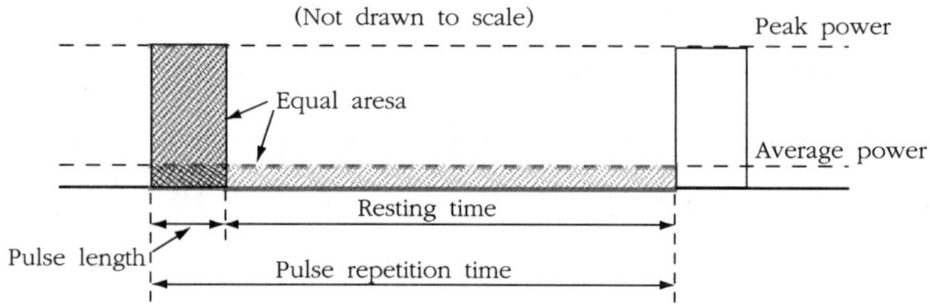

[그림 2-12] 첨두전력과 평균전력의 관계

일반적으로 펄스폭과 펄스 반복주기와의 비를 충격계수(duty cycle)라 하며 그 식은 다음과 같다.

$$\text{충격계수} = \frac{\text{펄스폭}}{\text{펄스 반복주기}}$$

레이더의 펄스폭이 2μsec이고 펄스 반복 주파수가 초당 500주기(펄스 반복주기가 $2{,}000\mu$sec)였을 때 충격계수는 다음과 같다.

$$\text{충격계수} = \frac{2\mu\text{sec}}{2{,}000\mu\text{sec}} = 0.001$$

평균전력과 첨두전력의 비를 충격계수로 나타내면 다음과 같다.

$$\text{충격계수} = \frac{\text{평균전력}}{\text{첨두전력}}$$

첨두전력이 높을수록 최대 탐지거리는 커진다. 낮은 평균전력은 송신기관과 구성회로를 좀더 작고 조밀하게 해야 한다. 그렇게 하여 낮은 충격계수를 갖는 이점이 있다. 첨두전력은 평균전력, 펄스폭, 펄스 반복주기, 충격계수와 상호 관계가 있다.

2.6.2 구성과 동작 개요

펄스 변조방식 레이더 시스템은 다양하지만 본질적으로 그 작동방식은 모든 시스템이 같다. Single basic 레이더 시스템은 모든 구성요소의 기능을 시각적으로 보여준다.

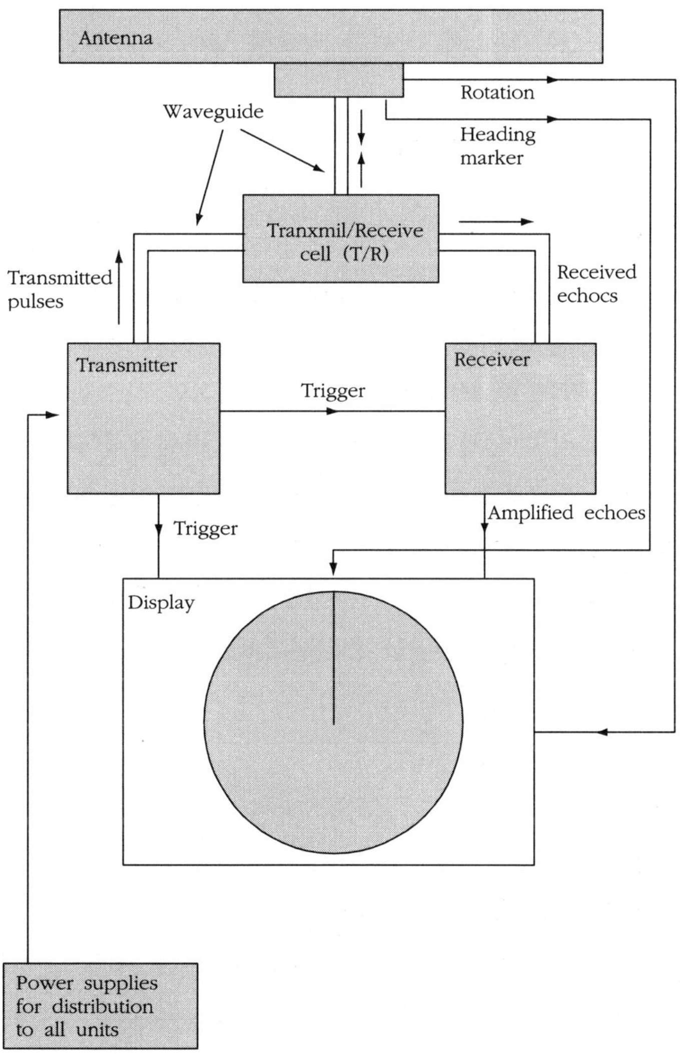

[그림 2-13] 기본적인 펄스 변조방식 레이더 시스템

기본적인 펄스 변조방식 레이더 시스템의 기능적인 분류는 [그림 2-13]에 나타내는 것과 같이 일반적으로 주요 6개의 구성요소로 구분된다. 전원장치는 시스템의 구성요소들이 작동하기 위해 필요한 AC와 DC 전압을 공급한다.

변조기는 송신부와 지시부 소인선에 보내는 동조신호를 만들어낸다.

송신부는 짧고 강한 펄스파를 형성하여 전파 에너지를 발생시킨다.

안테나 시스템은 송신부로부터 전파 에너지를 받고 높은 지향성 빔을 방사하여 수신한 반사파를 수신부에 보낸다.

수신부는 물표로부터 반사되어 돌아온 약한 주파수 펄스(반사파)를 증폭하여 영상 펄스를 생성하여 지시부로 보낸다.

지시부는 수신된 펄스에 적절한 정보를 넣어 시각적인 표시로 만들어낸다.

2.6.3 레이더 각 부의 기능

1) 전원장치

[그림 2-13]의 전원장치(power supply)는 독립된 부분으로 나타나 있다. 기능적으로 이 부분은 독립된 것이지만 이것은 전력을 필요로 하는 레이더 장치에 전력을 충족시키는 공급원과는 다르다. 물리적인 시스템 구성의 분배는 전원회로를 단일의 물리적 장치로 그룹화하는 것이 비현실적이다. 다른 전원공급은 시스템의 다양한 필요조건을 만족시킬 필요가 있고 이것에 맞춰 고안되어야 한다. 전원장치의 기능은 다양한 유형의 전원을 레이더의 구성회로에 공급하는 것이다.

[그림 2-14]에 변조기, 송신기, 수신기는 같은 새시(chassis)에 포함되어 있다. 이러한 배열에서 구성의 종합을 송수신기(transceiver)라 한다. 이 트랜시버는 송신부(transmitter)와 수신부(receiver)로부터 구성된 약어이다.

2) 변조기

변조기(modulator)의 기능은 레이더 시스템과 연결된 모든 회로가 서로 연관된 분명한 시간에 작동하고 펄스 사이의 간격을 적절하게 하는 것이다. 동시에 변조기는 송신기 트리거와 지시기의 소인을 위해 동조신호를 송신한다. 펄스 반복주파수(PRF)를 통제하고 물표에 송신되는 펄스와 수신된 반사파의 타이밍의 참조를 제공한다.

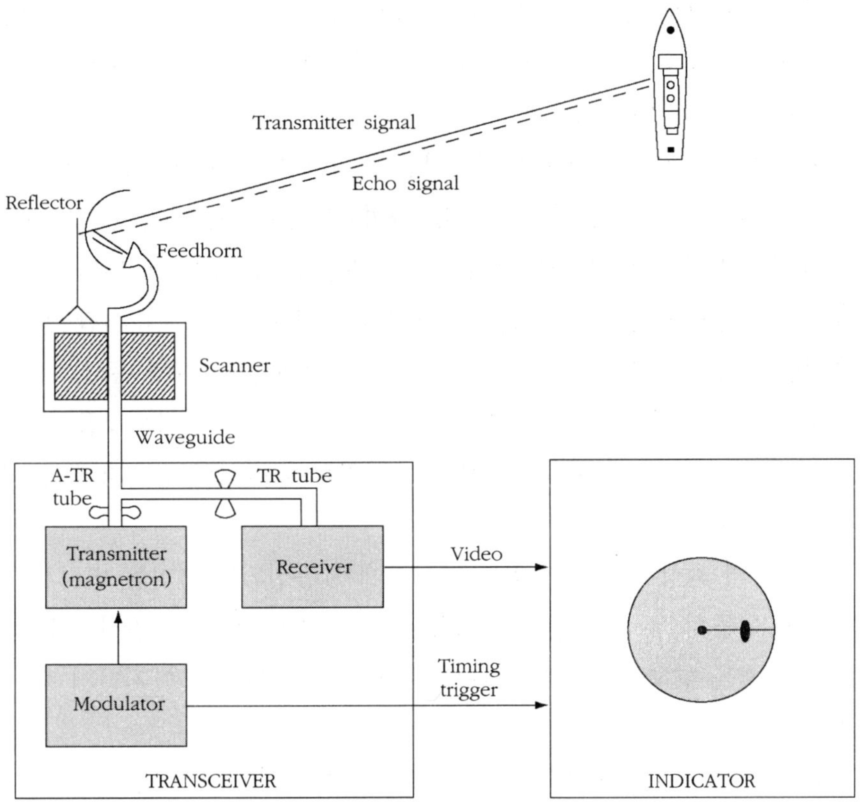

[그림 2-14] 기본적이 레이더 시스템

3) 송신부

송신부(transmitter)는 기본적으로 변조기에서 트리거한 신호를 on/off 하여 강한 펄스를 형성하여 전파를 발생시키는 발진기이다. 주파수와 높은 출력을 요구하기 때문에, 마그네트론(magnetron)이라는 특수한 송신 발진기를 사용한다.

4) 송수신 안테나

안테나의 기능은 송신부로부터 전파 에너지를 받아서 그 전파 에너지를 지향성의 빔으로 발사한다. 그리고 물표로부터 반사된 반사파를 수신하여 수신부에 보낸다.

송신부로부터 발생된 지향성 전파 에너지를 발사하는 것은 피드혼에서 이루어진다. 전파의 송수신은 단일의 통로를 이용하는데 이 단일 통로는 전기적인 도체로서 도파관(waveguide)이라 한다. 도파관은 비어 있는 동관으로 단면이 직사각형이다. 도파관의 크기는 반송주파수와 파장에 따라 다르다. 주파수의 진폭은 송신되는 펄스나 반사되는 에코보다 작다.

도파관을 이용하기 때문에 전기적인 스위치인 TR관(Transmit Receive tube)에서 송신과 수신을 절환하는 기능을 하며, 송신부에서 발생된 강력한 펄스파에 의해 수신기가 상하지 않도록 한다. TR관은 [그림 2-14]에 나타나 있는 것처럼 수신부로 들어오는 송신 펄스파를 막는다. 상대적으로 긴 시간 동안에 전파가 송신될 때에는 정지하고 있다가 반사파가 돌아오는 시기에 수신기를 통과하면서 TR관은 작동한다. 송신기에 매우 낮은 반사파가 흡수되는 것을 방지하기 위해 A-TR관(ANTI-TR tube)이라는 장치를 설치하여 이러한 반사파가 송신기에 들어가지 않도록 막는다.

도파관의 최상부 끝단에 있는 피드혼에서 송신되는 전파는 반사체(reflector)를 향하여 이동되고, 좁은 빔으로 집중된다. 반사파(echo)는 반사체에 의해 모아지고 피드혼을 향해 이동한다. 반사파는 피드혼과 도파관을 지나서 수신기로 보내진다.

전파 에너지는 수평적으로 좁은 빔으로 발사되고, 물표의 방위와 거리를 측정하기 위해 물표를 향해 이러한 빔을 발사시킬 수 있는 설비가 설치되어야 한다. 일반적으로 레이더 빔은 모든 물표를 탐지할 수 있도록 하기 위해서 안테나가 분당 10～20회 회전하는 동안에 계속적으로 발사된다. 피드혼을 포함하는 도파관의 최상부 끝단과 반사체는 모터에 의해 계속적으로 회전되게 되고 이렇게 회전되는 안테나와 반사체를 종합적으로 스캐너(scanner)라고 한다.

5) 수신부

수신부(receiver)의 역할은 매우 약한 반사파 에너지를 증폭시키고 이것을 다시 영상신호로 변화시켜 지시부로 보낸다. 수신부에서는 지시부에서 이용되는 영상신호를 만들기 위해서 크리스탈 혼합기(crystal mixer)와 중간주파수 증폭단계가 요구된다.

6) 지시부

지시부(indicator)의 첫 번째 기능은 반사파에 의해 레이더 물표의 거리와 방위를 시각적인 화면으로 제공하는 것이다. 기본적인 레이더 시스템에서 사용되는 화면지시의 유형은 PPI(Plan Position Indicator)로서 전파를 송신하는 선박의 위치는 중앙에 두는 극선의 다이어그램 방식이다. 물표의 이미지는 PPI 중심으로부터 거리와 방위가 상대방위 또는 진방위로서 표시될 수 있다. 물표의 이미지를 계속하여 나타내면서 전파를 발사하는 선박의 움직임에 관한 물표의 움직임을 표시할 수 있다.

지시부의 두 번째 기능은 레이더 시스템을 운용할 수 있는 다양한 조종장치를 제공하는 것이다.

[그림 2-15]에 나타나 있는 음극선관(CRT)은 지시장치의 핵심부이다. CRT 스크린은 인광성 재질의 필름으로 코팅되어 있는 PPI이다. 관의 정반대 끝에 있는 전자총(electron gun)은 전자석이나 전기유도에 의한 편향이 없이 PPI 중심상에 아주 좁은 전자빔을 방사한다. 인광성 재질로 코팅된 PPI 화면에 전자빔이 만나서 형광을 냄으로써 PPI 중심에 휘점(small bright spot)이 되어 나타난다.

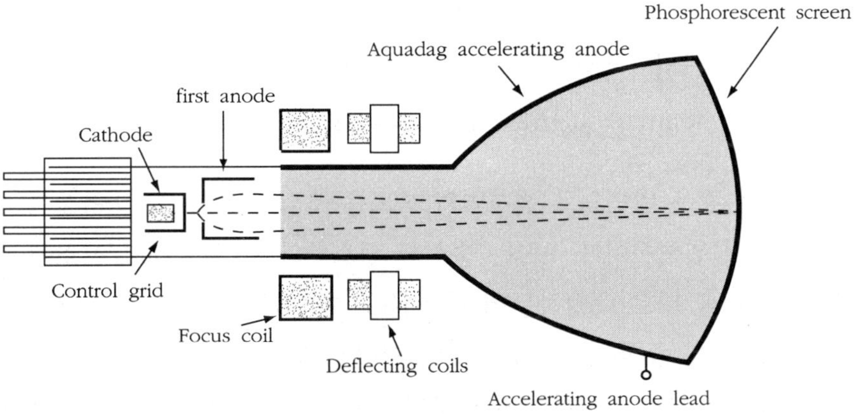

[그림 2-15] 전자유도식 음극선관

전자빔이 중심에서 급격히 반복적으로 편향되어 PPI상에 나타난 휘선(bright line)을 Trace라고 한다. 전자빔의 방사가 멈춘다면 CRT가 인광성의 재질로 코팅되어 있기 때문에 Trace는 전자빔의 방사가 멈춘 다음 짧은 시간 동안에도 계속해서 빛난다. 이렇게 밝기가 천천히 사라지는 것을 잔광성(persistence)이라고 하며 천천히 사라질수록 잔광성이 더 좋은 것이다.

송신부의 변조발진기에서는 Timing Trigger라는 신호를 지시부로 보낸다. 이

마지막 신호는 CRT 화면(PPI) 중심으로부터 소인하는 전자빔 소인선을 만들기 위해 전자빔을 편향시킨다. Trace와 소인(sweep)은 자주 호환되어 사용되고, Trace라는 용어는 오직 소인의 움직임이 명백하다고 할 때 기술할 수 있다.

낮은 펄스 반복주파수를 사용하고 있을 때 송신된 각각의 펄스는 전자빔이 CRT 화면 중심에서 편향되기 때문에 소인은 아주 빠르게 반복되어야 한다. 펄스 반복주파수가 초당 750펄스이면 소인은 초당 750으로 반복되어야 한다. 그래서 소인선이 PPI상에 짙은 휘선으로 표시되는 이유는 분명하다.

소인은 펄스 반복주파수에 따라 반복되는 반면에, 실제 전자빔 광선의 이동속도는 CRT 화면의 크기와 사용되는 거리 스케일에 따른 화면의 반경에 따라 조정된다. 20마일 레인지 스케일이 선택되었을 때 전자빔은 레인지 스케일에 두 배에 달하는 거리, 즉 40마일까지 전파가 진행한 시간과 일치하는 비율의 반경을 갖는 CRT 화면 중심으로부터 편향되어야 한다. 20마일 레인지 스케일을 사용하였을 때 전자빔은 CRT 화면 중심으로부터 247μs 동안에 이동한 거리만큼 이동한다.

$$\text{전파의 속도} = 0.161829\text{nm}/\mu\text{s}$$

$$\text{거리} = \text{속력} \times \text{시간}$$

$$40\text{nm} \div 0.161829\text{nm}/\mu\text{s} = 247\mu\text{s}$$

이와 같은 방법으로 전자빔의 속도를 조절하는 목적은 PPI상의 시간축의 기준을 잡기 위해서이다. PPI는 송신된 펄스파와 반사된 에코 신호에 관계없이 물체의 거리를 바로 측정하는데 이용된다. PPI의 가장자리는 20마일 레인지 스케일에서 PPI의 중심으로부터 20마일 떨어진 것을 나타낸다. 중심으로부터 가장자리까지 전자빔을 발사하는데 요구되는 시간은 20마일 떨어진 거리의 물표에 송신된 펄스파가 반사되어 안테나까지 돌아오는 시간과 같다. PPI 중심과 가장자리 사이에서 소인선 또는 시간축상의 중간에 위치한 한 점은 PPI 중심으로부터 10마일 떨어져 있다는 것을 나타낸다.

20마일 레인지 스케일을 사용하고 있을 때 10마일 거리에 있는 물표를 안테나가 탐지하였다면, 펄스가 송신되고 반사되어 돌아오는 에코 신호의 왕복거리인 20마일 거리에서 걸린 시간은 123.5μs가 된다. 123.5μs가 지난 후에는 즉시 송신기(transmitter)를 발진시키고 타이밍 트리거 펄스(timing trigger pulse) 신호를 지시장치로 보내서 전자빔을 사방으로 편향시킨다. 전자빔은 소인선 또는 시간축상의 10마일 거리에 움직임을 갖는다. 에코 신호를 수신한 후에는 수신부에서는 영상신호를 지시부에 보내어 소인선이나 시간축상의 10마일 거리에 있는 지점에서 전자빔의 세기를 강하게 하거나 밝게 한다. 소인되면서 계속 밝게 나타나는 지점은 물체의 거리와 일치하며 PPI상에 지속적으로 지시되면서 물체의 이미지를 나타낸다. 펄스 반복주파수 때문에 PPI상에 나타나는 이미지는 짧은 시간 동안에 여러 번 반복해서 나타난다. 물표의 이미지가 계속해서 잘 나타난다면 그 물표는 좋은 반사체이다.

항해와 충돌방지를 위해 사용되는 레이더의 안테나는 일정한 속도로 회전하면서 전파빔 에너지를 발사한다. 물표와 관측할 수 있는 모든 선박들을 탐지하기 위해서 보통 분당 10~20회 정도 회전한다. PPI상의 나타나는 물표의 이미지에 대해서 더 알아보면 전자빔이 편향되어 소인선과 시간축을 만들어내는 데에서 알 수 있다. 만약 물표의 이미지가 PPI 중심으로부터 거리뿐만 아니라 그것의 상대 방위가 나타난다면, 소인은 반드시 안테나의 회전과 동조되어 회전하여야 한다.

전자빔의 편향은 전자석이나 정전유도장치에 의해서 이루어지고 소인도 같은 방법으로 회전한다. 현대 레이더에서의 소인은 일반적으로 전자유도방식으로 회전한다. 안테나가 선수방향을 지나서 회전할 때 안테나와 동조되어 회전하는 소인선은 PPI 지시방식이 상대방위에서 0°를 지나서 회전한다. 선수방향에서 탐지된 물표의 이미지는 PPI 중심으로부터 상대방위와 거리로 나타난다. 다른 방향에서 탐지된 물표의 이미지는 PPI 중심으로부터 상대방위와 거리로 나타난다.

어떻게 물표의 정보가 PPI상에 지시되는가에 대한 문제를 해결하기 위해서 사실상 즉각적으로 PPI 중심에서 상대선박까지의 상대방위와 거리를 물표의 이미지로 나타내는 것만으로는 어렵다. 계속해서 PPI상에 물표의 위치를 표시함으로써(펄스 반복주파수와 CRT 화면의 지속성 때문에) 본선의 움직임과 상대선박의 움직임의 관계를 상대적으로 표시할 수 있는 것이다.

요약해보면, 기본적인 레이더 시스템의 지시장치는 반사된 에코 신호로부터 물표의 상대방위와 거리를 지시하고 측정하는 수단을 제공한다. 상대선박과 관련하여 물표의 위치를 계속해서 표시하는 것은 물표의 운동이 상대선박의 운동과 관계있다는 사실을 증명하는 것이다.

2.7 레이더 물표의 측정과 표시, 탐지에 영향을 미치는 요소

2.7.1 최대 탐지거리에 영향을 미치는 요소

1) 주파수

레이더 전파의 주파수가 높을수록 날씨에 관계없이 감쇠(전력의 손실)는 더 커진다. 레이더 주파수가 작을수록(파장이 긴) 일반적으로 우수하고 긴 탐지거리를 얻을 수 있다.

2) 첨두전력

레이더의 첨두전력은 유용한 전력이다. 첨두전력에 따라 거리성능이 향상된다. 첨두전력을 두 배로 하면 거리성능이 약 25% 정도 증가한다.

3) 펄스 길이

펄스의 길이가 길수록 송신되는 전파 에너지가 커지기 때문에 레이더의 거리성능은 향상된다.

4) 펄스 반복주파수

펄스 반복주파수는 최대 탐지거리를 결정한다. 레이더가 탐지할 수 있는 최대거리에 있는 물표로부터 돌아오는 에코 신호를 위해서 펄스사이의 간격에는 충분한 시간이 할당되어야 한다. 만약 그렇지 않으면, 더 먼 거리에 있는 물표로부터 돌아오는 에코 신호는 연속적으로 발사되는 펄스 신호에 의해서 막히게 될 것이다. 충분한 시간간격은 사용될 수 있는 높은 펄스 반복주파수를 의미한다.

펄스 반복주파수가 높을수록 충분한 펄스파가 물표에 부딪혀 에코 신호가 레이더까지 도달할 수 있다. 최대 탐지거리는 대략 81000을 펄스 반복주파수로 나눈 값으로 결정할 수 있다.

5) 빔 폭

빔을 더 집중시킬수록 탐지거리는 향상된다.

6) 물표의 특성

먼 거리에 있는 큰 물표는 화면상에 볼 수 있으며, 물표와 레이더 안테나 사이의 목시선을 제공한다. 도체의 물질(예를 들어, 철로 된 선박)은 상대적으로 반사 신호의 세기가 강하고 반면에 부도체 물질은(예를 들어 나무로 된 어선) 반사신호의 세기가 약하다.

7) 수신부의 감도

수신부의 감도가 좋을수록 탐지거리가 좋지만 허상이 나타날 우려가 있다.

8) 안테나 회전속도

안테나의 회전이 느릴수록 탐지거리는 향상된다.

펄스 반복주파수가 초당 1000개의 펄스를 발사하고, 수평 빔폭이 2.0°, 안테나의 회전속도가 분당 6회전한다면(초당 26°회전 또는 10초에 1회전) 0.036°에 1개의 펄스가 송신된다. 빔폭으로부터 안테나가 회전하는 시간동안에 발사되는 펄스는 56개이다.

$$\frac{\text{빔폭}}{\text{펄스의 각도}} = \frac{2.0^\circ}{0.036^\circ} = 56\text{펄스}$$

안테나의 회전속도가 분당 15회전한다면(4초에 1회전하고 초당 90°회전한다.) 0.090° 회전할 때마다 1개의 펄스가 발사된다. 빔폭으로부터 안테나가 회전하는 시간 동안에 발사되는 펄스는 22개이다.

$$\frac{\text{빔폭}}{\text{펄스의 각도}} = \frac{2.0^\circ}{0.090^\circ} = 22\text{펄스}$$

앞에서 설명된 것으로부터 안테나의 회전속도가 빠를수록 물표(특히 작은 물표)의 최대 탐지거리는 감소한다.

2.7.2 최소 탐지거리에 영향을 미치는 요소

1) 펄스 길이

레이더의 최소 탐지성능은 우선적으로 펄스 길이에 의해서 결정된다. 최소 탐지거리는 레이더 펄스 길이의 절반과 같다(펄스의 길이에 따른 164야드/μs). 수신기와 듀플렉서(TR관과 anti-TR관이 합쳐진 것)의 회복시간 같은 전기적인 사항을 고려하면 최소 탐지거리는 늘어난다. 물표는 펄스의 길이에 따라 최소 탐지거리를 넘어서 탐지될 수 있다.

2) 해면반사파

최소 탐지거리 이내 또는 넘어서 잡음을 일으키는 해면이나 파도로부터 반사된 신호는 펄스의 길이와 회복시간에 의해 결정된다.

3) 측엽 에코

안테나 빔패턴의 측엽에 의해 탐지된 물표를 측엽 에코(side-lobe echoes)라 한다. 대형 물표나 육지 근처에서 항해할 때 측엽 에코는 안테나가 지시하는 방향에 관계없이 지시장치에 잡음을 형성하고 근접한 물표의 탐지를 방해한다.

4) 수직 빔폭

표면이 낮은 물표는 근접해 있을 때 수직 빔폭의 최하부 끝단으로부터 벗어날 수 있다.

2.7.3 거리정확성에 영향을 미치는 요소

레이더의 거리정확성은 송신되는 펄스와 측정될 수 있는 수신된 에코 신호 사이의 시간 간격이 정확한지에 따라 결정된다.

1) 고정된 오차값(Fixed Error)

고정된 거리 오차값은 전파가 안테나로부터 떠나기 전에 지시부에 있는 소인이 시작하면서 발생한다. 모든 거리측정의 기준은 송신된 펄스의 끝단이 되어야 한다.

송신된 펄스의 일부가 안테나를 거치지 않고 바로 수신부로 들어가기 때문에 전파에너지가 안테나까지 전달되고 수신기로 돌아오는데 요구된 시간으로부터 고정된 오차값이 발생한다. 이 오차값은 표시하는 거리의 크기를 실제값보다 더 크게 한다.

트리거 지연순환(trigger delay circuit)이라고 불리는 장치는 고정된 오차값을 제거하기 위해 사용된다. 이러한 방법으로 지시부로 가는 트리거 펄스가 조금은 지연될 수 있다. 이러한 지연은 펄스가 송신기에서 발생하는 시점이 아닌 안테나로부터 에코 신호가 지시부에 돌아오는 시점에 소인이 시작하게 된다.

2) 선 전압(Line Voltage)

거리측정의 정확성은 레이더 장비에 공급되는 선 전압의 일정함과 관계가 있다. 선 전압이 기준치로부터 변한다면 레이더 지시화면상에 거리의 정확성은 믿을 수 없다. 이러한 변동은 일반적으로 잠깐 동안만 발생하지만 그 후의 거리는 정확해진다.

3) 주파수의 흐름(Frequency Drift)

거리오차는 소인선(시간축)을 같은 거리간격으로 나누는데 사용되는 발진주파수의 작은 변동에도 발생될 수 있다. 만약 주파수 오차가 존재한다면 그 거리에는 적은 오차값을 갖게 된다.

주파수 흐름에 의한 거리오차를 줄이기 위해서 레이더의 정밀 발진기를 온도가 일정한 오븐에 설치한다. 이 오븐은 항상 뜨거운 상태이기 때문에 이 장치가 워밍업되는 시기에 주파수 흐름에 의한 거리오차는 없게 된다.

4) 눈금(Calibration)

물표의 거리는 PPI상에 나타나 있는 물표의 끝단과 고정 거리환을 이용하여 구할 수 있다. 거리측정의 정확성은 사용되는 최대 거리 스케일(scale)에 따라 결정된다. 고정 거리환 눈금에 표시된 최대 오차는 75야드 또는 사용되는 거리 스케일의 최대 거리의 $1\frac{1}{2}$% 중 큰 것이다. 6마일 거리 스케일인 지시장치에서 거리환(range ring)이 물표에 닿은 거리의 오차값은 약 180야드나 0.1마일에 해당한다. 그 이유는 거리눈금이 허용범위 내에 있을 때 거리눈금은 독립되기 때문이다.

어떤 PPI에서는 거리가 고정 거리환을 참조하여 측정될 수 있다. 물표가 거리환 사이에 위치했을 때 측정값은 거리환의 눈금 오차값을 감안하여 거리 스케일의 최대 거리의 2~3% 정도에 해당하는 오차를 갖는다.

레이더 지시장치는 일반적으로 가변거리눈금(VRM)이나 거리를 측정할 수 있는 조정 가능한 거리환을 갖는다.

고정 거리환으로 거리를 측정할 경우 사양되는 거리 스케일의 최대거리의 1%의 오차가 발생하지만, VRM을 이용하여 거리를 측정하는 경우에는 $2\frac{1}{2}$%의 오차를 발생시킨다. 8마일 거리 스케일을 사용하는 지시장치에서 VRM의 거리오차는 0.2마일 정도된다.

5) 물표의 끝단과 VRM의 정렬(Pip and VRM Alignment)

VRM을 이용한 거리측정의 정확성은 VRM과 PPI상의 물표의 끝단이 일직선이 되게 하는 관측자의 능력에 달려 있다. 긴 거리 스케일을 이용하고 있을 때에는 VRM과 물표의 끝단을 정렬하기가 어렵다. 그 이유는 VRM 거리의 변화가 작으면 PPI상의 VRM의 위치변화가 분명하지 않기 때문이다.

6) 거리 스케일(Range Scale)

더 높은 거리 스케일을 이용할수록 고정 거리환(fixed range ring)과 VRM의 거리측정의 정확성이 떨어진다. 그 이유는 눈금의 오차가 더 커지고 높게 설정할수록 VRM과 물표의 끝단을 정렬시키기 어렵기 때문이다.

7) PPI 굴곡(PPI Curvature)

PPI의 굴곡 때문에 특히 가장자리 부분에서 모서리에 위치한 물표의 거리측정은 PPI 중심에 위치한 물표의 측정보다 정확도가 떨어진다.

8) 레이더 영상 해석(Radar Scope Interpretation)

상대적으로 큰 오차값은 PPI상의 육지의 이미지를 부정확하게 해석하는 데서 발생할 수 있다. 레이더 영상해석의 어려움은 해도상의 등고선의 높이를 좀 더 넓게 이용하여 해소할 수 있다.

확실한 해석을 위해서 레이더를 적절히 다룰 수 있는 능력이 요구된다. 만약 수신기의 이득(gain)이 너무 낮으면 이득을 높게 설정했을 때 반사될 수 있는 해안선 근처에 있는 물표는 나타나지 않을 것이다. 만약 수신기의 이득을 너무 높게 하면 PPI상의 육지의 이미지는 'bloom'처럼 될 것이다. 해안선이 번져 보이게 되면 육지와 본선의 거리가 실제로 더 가깝게 보이게 될 것이다.

PPI상의 정확한 육지의 이미지를 나타내기 위해서는 세밀한 조정이 요구된다. 거리측정에 관한 오차의 발생에는 다양한 요소들이 있기 때문에 한 가지 요소만으로는 거리의 정확성을 예측할 수 없으며 최상의 조건하에서도 ±50야드의 오차가 생긴다.

2.7.4 거리분해능에 영향을 미치는 요소

거리분해능이란 동일 방향의 가까운 거리에 있는 두 물표로부터 수신된 에코 신호의 영상을 분리하여 화면에 지시하는 레이더의 거리측정 성능을 말한다.

레이더의 거리분해능에 영향을 미치는 기본적인 요소들에는 송신되는 펄스의 길이와 수신기의 이득, CRT 휘점의 크기 그리고 거리 스케일이다. 거리분해능을 높이기 위해서는 짧은 펄스와 낮은 수신기 이득, 그리고 짧은 거리 스케일이 요구된다.

1) 펄스 길이(Pulse Length)

동일 방향의 가까운 거리에 있는 두 물표는 펄스 길이의 절반(펄스 길이의 164야드/μs)에 해당하는 길이보다 더 멀리 떨어져 분리되지 않는다면 PPI상의 두 물표는 1개로 겹쳐져 보일 수 있다. 만약 레이더 펄스의 길이가 1μs이라면 두 물표는 164야드 이상의 거리만큼 떨어져 있어야 2개의 물표로 표시될 수 있다.

전파는 대략 328yard/μs의 속력을 갖는다. 대기중을 통과하는 1μs의 폭을 가진 펄스의 끝단은 그 펄스 시작점으로부터 328야드만큼 뒤에 있게 되는 것이다. 1μs의 펄스파가 동일 방향의 164야드 떨어진 두 물표를 향하여 발사되었을 때, 상대적으로 먼 거리에 있는 물표로부터 들어오는 에코 신호와 상대적으로 가까운 물표로부터 들어오는 에코 신호는 동시에 레이더 안테나로 수신된다. 이로 인해 두 물표는 한 개의 물표로 겹쳐져서 보이게 되며, 거리는 가장 가까운 물표의 것만 측정될 수 있다. 물표의 겹쳐지는 현상은 [그림 2-16]에서 설명된다.

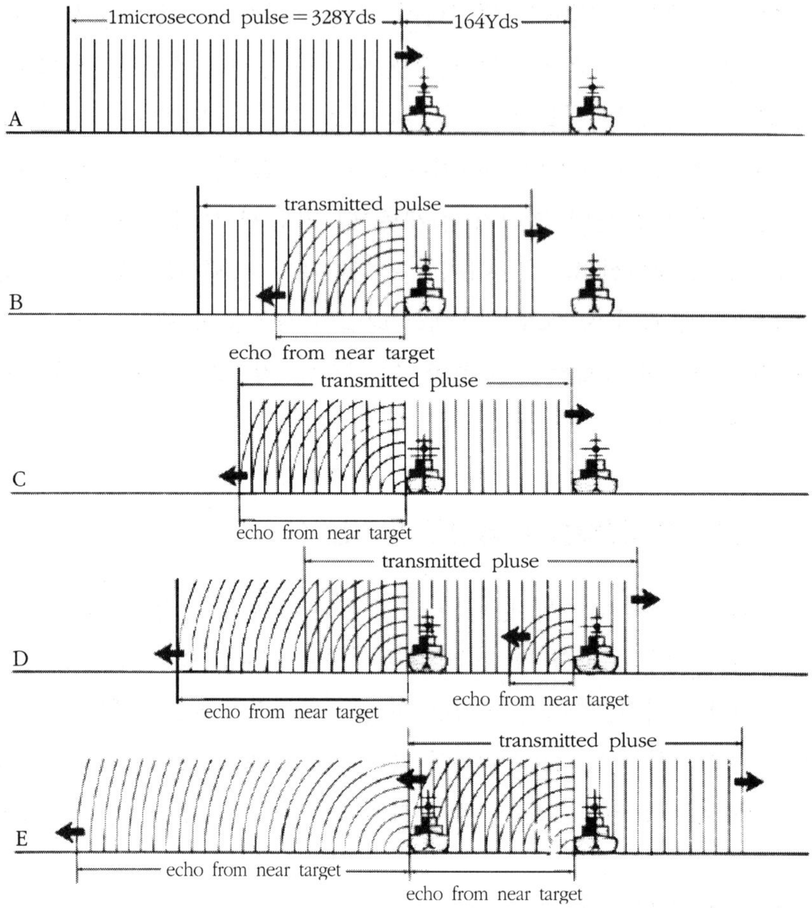

[그림 2-16] 펄스 길이와 거리분해능

[그림 2-16]에 나타나 있는 A의 경우는 송신된 펄스가 단지 근처에 있는 물표에만 부딪친 경우이다. B경우는 전파가 근처에 있는 물표에 반사되어 돌아오고 그 펄스파가 더 멀리 떨어진 물표를 향해 계속해서 발사되는 경우를 보여주고 있다. C의 경우는 $\frac{1}{2}\mu s$후에 송신된 펄스가 더 먼 거리에 있는 물표에 부딪친 경우를 보여주며, 가까운 물표에 반사되어 돌아오는 에코 신호는 164야드만큼 이동하여 안테나로 돌아온다. 가까운 물표에 전파가 반사되어 돌아오는데 걸린 시간은 전체 시간에 절반이다. D의 경우에 에코 신호는 두 물표에 반사된 신호가 안테나로 돌아오는 경우이다. E의 경우 가까운 물표에서 반사과정은 완료된다. 이 시간에서 먼 거리에 있는 물표로부터 반사된 에코 신호의 시작점과 최초의 에코 신호의 끝지점이 일치하게 된다. 이 에코 신호들이 안테나에 도착하면 다음 전파가 발사되는 $2\mu s$ 동안에 PPI상에는 두 물표는 한 개의 물표로 표시되게 된다.

〈표 2-2〉는 펄스의 길이에 따른 PPI상의 에코가 분리되어 나타날 수 있는 두 물표의 최소 거리를 보여준다.

〈표 2-2〉 펄스 길이에 따른 거리분해능

펄스 길이(μs)	거리분해능(yard)
0.05	8
0.10	16
0.20	33
0.25	41
0.5	82
1.2	197

2) 수신기의 이득(Receiver Gain)

거리분해능은 수신기의 이득을 적절히 조정하여 향상시킬 수 있다. 수신기의 이득이 매우 높으면 같은 방위에 있는 두 물표의 에코는 한 개로 나타날 수 있다. 수신기의 이득을 줄이면 두 에코는 PPI상에 분리되어 나타난다.

3) CRT 휘점의 크기(CRT Spot Size)

CRT 화면의 휘점이 집중되지 않은 이유로 전자빔에 의해 형성된 휘점의 크기가 확대되어 거리분해능을 감소시킬 수 있다. 길이와 폭이 늘어난 에코 이미지(pip)는 CRT의 크기와 사용되는 거리 스케일에 따라 결정된다. 긴 거리 스케일의 경우 휘점의 크기가 명확해지기 때문에 에코의 크기는 늘어난다.

〈표 2-3〉 CRT 직경과 거리 휘점의 크기

CRT 직경(inch)		거리 스케일(mile)	휘점 길이 또는 폭(yard)
norminal	effective		
9	7.5	0.5	5
		24	220
12	10.5	0.5	4
		24	185
16	14.4	0.5	3
		24	134

4) 거리 스케일(Range Scale)

긴 거리 스케일을 이용하고 있을 때 근접한 두 물표(100야드 정도 떨어진)의 이미지는 합쳐져 보일 수 있다. 짧은 거리 스케일을 사용하고 수신기의 이득을 적절히 조정하면 분리된 두 물표를 탐지할 수 있을 것이다. 만일 레이더 지시화면이 오프센터(off-center)가 된다면 이러한 방법은 짧은 거리 스케일에서도 물표를 표시하는데 적합할 것이다.

2.7.5 방위정확성에 영향을 미치는 요소

1) 수평 빔폭

좁은 수평 빔폭을 사용하면 방위측정을 좀 더 정확하게 할 수 있다. 좁은 빔폭은 물표를 더 잘 구분할 수 있고, 물표 중심을 좀 더 정확하게 알 수 있다. 서로 근접한 물표들은 PPI상에 합쳐져서 보일 수 있기 때문에 물표들 중 어떤 한 개의 물표의 방위를 측정하기가 어려워진다.

수신기의 이득을 줄여서 효율적인 빔폭으로 줄일 수 있다. 수신기의 이득을 줄이면 최대 탐지거리는 줄어들지만 좁은 빔폭으로 방위의 정확성을 얻을 수 있다.

2) 물표의 크기

구체적인 빔폭이 주어졌을 경우 작은 물표의 방위측정이 큰 물표의 방위측정보다 더 정확하다. 그 이유는 작은 물표의 이미지 중심을 더 정확하게 알 수 있기 때문이다.

3) 물표의 이동속도

빠르게 움직이는 물표보다 느리게 움직이거나 멈춰 있는 물표의 방위를 더 정확하게 측정할 수 있다.

4) 화면조정(Stabilization of Display)

안정된 PPI 화면지시는 선박의 선수요(yawing)의 영향을 받지 않기 때문에 불안정한 화면지시보다 더 정확하게 방위를 측정한다.

5) 소인선 중심 오차(Sweep Centering Error)

소인선의 기점이 PPI 중심과 일치하지 않는다면 방위측정의 오차가 발생하게 된다. 이런 경우 PPI 가장자리에 있는 물표의 이미지 보다 PPI 중심에 위치한 물표 이미지의 방위오차가 더 크다. 소인선 중심 오차가 있는 경우에는 거리 스케일을 바꿔서 물표의 이미지를 PPI 중심으로부터 떨어지게 하여 방위측정의 정확성을 높여야 한다.

6) Parallax 오차(Parallax Error)

기계적인 방위 커서의 부적절한 사용은 방위오차를 발생시킨다. 커서를 물표의 이미지 중심에 놓았을 때 그 커서가 물표의 바로 앞에 있는 것처럼 보일 수 있다. 안정된 화면지시에서 전자방위 커서를 사용하는 경우 기계적인 방위 커서 보다는 방위측정이 더 정확하다. 그 이유는 전자방위 커서는 Parallax 오차와 중심 오차의 영향을 받지 않기 때문이다.

7) Heading Flash Alignment

방위측정의 정확성을 위해 PPI 화면의 Heading Flash Alignment는 레이더 방위와 상대적으로 정확한 목측 방위와 일치해야 한다.

2.7.6 방위분해능에 영향을 미치는 요소

방위분해능은 동일한 거리에 근접한 두 물표로부터 수신된 에코의 이미지를 레이더 화면에 분리하여 나타내는 성능을 말한다.

레이더 방위분해능의 기본적인 요소에는 수평 빔폭, 물표사이의 거리 그리고 CRT 휘점의 크기이다.

1) 수평 빔폭

레이더 빔이 회전하는 동안 레이더 빔의 전면이 물표에 부딪히자마자 PPI상의 물표 이미지는 나타나기 시작한다. 물표 이미지는 레이더 빔이 회전하면서 후면이 물표를 넘어서기 전까지 계속 나타난다. 이로 인해서 실제 물표 이미지 방위는 레이더 빔폭만큼 왜곡된 방위값을 갖게 된다.

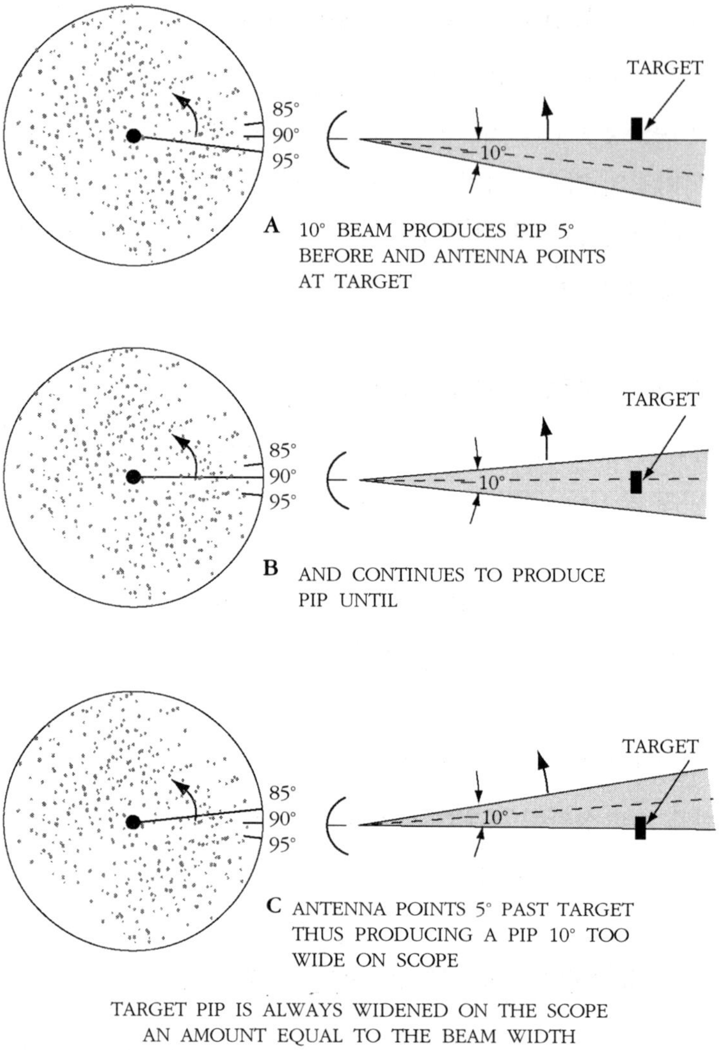

[그림 2-17] 각도 오차

[그림 2-17]에 나타나 있는 것처럼 수평 빔폭이 10°도 명확하게 나타나 있다. 소형 물표의 실제 방위는 090°이지만, PPI에 표시된 물표는 095°에서 085°까지 나타나 있다. 좌우 5°의 값은 레이더 안테나가 물표를 향하여 제대로 가리키지 못해 표시되는 것이다. 이러한 경우 방위값은 물표 이미지의 중심을 읽어야 한다.

2) 물표 사이의 거리

빔폭을 2°로 하였을 때 안테나로부터 090° 방향에 10마일 떨어져 있는 400feet

길이의 선박은 PPI상에 091.2°~088.8° 사이에 표시되며, 실제 그 물표의 폭은 0.4°이다. 같은 방위와 동일한 거리만큼 떨어져 있는 900feet 길이의 선박은 PPI상에 091.4°~088.6° 사이에 표시되며 실제 물표의 폭은 0.8°이다. 400feet 선박과 900feet 선박의 물표의 폭은 각각 1.4°와 1.8°로 PPI상에 표시되기 때문에 이 각도폭으로 물표의 크기를 예측한다는 것은 사실상 어려운 일이다.

PPI상의 물표의 이미지는 빔폭에 해당하는 만큼 늘어나기 때문에, 같은 거리에 있는 두 물표는 PPI상에 분리된 이미지를 얻기 위해 반드시 상당한 거리를 두고 분리되어 있어야 한다. 분리되기 위해 필요한 거리는 레인지에 따라 결정된다. 2°의 빔폭을 이용하고 있을 때 10마일 떨어져 있는 물표들은 PPI상에 분리된 이미지로 나타나기 위해 반드시 0.35마일 또는 700야드만큼의 거리로 서로 분리되어 있어야 한다. 5마일 떨어져 있는 물표들은 350야드만큼의 거리로 서로 분리되어 있어야 한다.

방위분해능은 우선적으로 수평 빔폭에 의해 결정되며 좁은 수평빔을 이용할수록 방위분해능이 뛰어나다.

3) CRT 휘점의 크기

CRT 화면의 전파빔에 의해 형성된 휘점이 광점(point of light)에 집중되지 않은 이유로 방위분해능을 위한 방위 분리작업이 더 요구된다. CRT 휘점의 크기는 CRT 화면의 크기와 사용되는 거리 스케일에 따라 변하기 때문에 PPI상의 이미지는 늘어날 수 있다.

4) 파장(Wavelength)

일반적으로 단파의 레이더 송신은 장파의 레이더 송신보다 더 기상적인 영향을 받는다. 비눈 반사파와 해면반사파 제거장치를 사용한 후에도 단파의 파장을 이용하는 레이더는 전파 에너지가 비에 의해서 흡수되거나 상쇄되어 세 개의 물표를 여전히 탐지하지 못한다.

이와 같이 상대적으로 긴 파장을 이용하고 있는 레이더는 근접한 물표들을 탐지하는 반면에 상대적으로 짧은 파장을 이용하고 있는 레이더는 이 물표들을 탐지하지 못하고 있다.

2.7.7 물표의 특성

먼 거리에서도 물표가 탐지될 수 있는 몇 가지 물표의 특성이 있다. 같은 크기의 물표라도 어떤 물표는 강한 에코 신호를 반사시킨다.

1) 높 이

레이더 전파는 거의 목시선과 같기 때문에 물표의 높이가 가장 우선적으로 중요하다. 만약 물표가 레이더 수평선상 위로 올라와 있지 않다면 레이더 빔은 물표를 탐지할 수 없게 된다. 그 이유는 레이더 수평선상으로 물표가 올라와야지만 간섭 패턴이 생기기 때문이다.

2) 크 기

특정한 한계치까지 반사 표면적이 넓은 물표는 반사 표면적이 작은 물표보다 강한 에코 신호를 얻을 수 있다. 만약 수평 빔폭보다 더 넓은 물표는 그 물표의 크기만큼 더 에코 신호가 강해지지는 않는다. 그 이유는 레이더 빔에 반사되지 않은 부분이 생기기 때문이다. 대부분 물표의 수직거리는 수직 빔폭 보다 작기 때문에 일반적으로 수직 빔폭에 대한 사항은 적용하지 않는다. 그러나 가파르게 경사진 표면의 경우에는 수직한계를 적용한다. 이러한 경우 펄스폭과 같은 거리 내에 있는 수직 지역만이 에코 신호로 들어올 수 있다.

3) 반사면

물표의 반사면(aspect)은 빔축에 대하여 지향한다. 물표의 모양에 따라 반사면을 바꾸면 반사면적도 바뀐다. 빔축과 반사면적의 각이 직각일수록 반사파의 세기는 강하게 돌아올 것이다.

4) 모 양

물표의 모양(shape) 은 그 반사면에 따라 반사파의 세기를 달리한다. 평평한 표면이 레이더 빔과 직각으로 되어 있을 때 이러한 경우는 철선의 측면이나 해안가의 가파른 절벽이라면 아주 강한 반사파를 얻는다. 반사면이 변하면 평평한 표면은 전파를 안테나로부터 벗어나게 반사하여 반사파 신호의 강도를 약하게 할 것이다. 오목한 표면은 레이더 빔을 안테나로 돌려보는데 집중시킨다. 매끄러운 원뿔표면은 반사파를 안테나로 잘 돌려보내지 못한다. 그러나 원뿔 표면이 거칠다면 에코 신호는 반사되어 안테나로 돌아올 수 있다.

5) 표면상태

물표의 표면상태(texture)는 물표의 모양이나 반사면의 영향을 바꿀 수 있다. 매끄러운 표면은 반사의 강도를 좋게 하고 반사파를 세게 하지만, 잘 반사되지 않은 물표의 모양과 반사면을 갖는 경우에는 반사파가 모두 다른 방향으로 반사되기 때문에 반사세기가 약해진다. 반면에 거친 표면은 반사를 분산시키는 경향이 있고, 잘 반사되지 않은 모양과 반사면을 갖는 물표의 경우에 반사파의 세기를 향상시킨다.

6) 구성물질

레이더 펄스를 반사시키는 다양한 물질의 능력은 그 물체가 본질적으로 전기적인 특성을 가졌는지에 따라 결정된다. 철과 물은 좋은 반사체이다. 빙하는 반사면에 따라 꽤 좋은 반사체가 된다. 육지의 반사능력은 육지가 포함하는 광물과 암석, 초목 등의 종류와 양에 따라 결정된다. 나무나 섬유, 유리로 만들어진 소형선은 반사능력이 아주 낮다. 레이더의 반사파 강도는 물표의 모든 특성을 고려해야 한다는 것을 명심해야 한다.

2.8 상대운동과 진운동 지시방식

2.8.1 개 요

레이더에 물표의 위치와 움직임을 표시하는 대표적인 두 가지의 지시방식이 있다. 상대운동(relative motion) 지시방식은 본선과 물표의 상대적인 움직임을 표시하는 방식이고 진운동(true motion) 지시방식은 본선과 물표의 실제 움직임을 진운동방식으로 보여준다.

사용되는 PPI 지시방식에 따라 레이더는 상대운동방식과 진운동방식으로 분류된다. 그러나 진운동방식 레이더는 상대운동방식의 레이더로 사용될 수 있다. 실제로 진운동방식으로 분류된 레이더는 장거리 스케일을 사용하고 있을 때 상대운동 모드로 작동될 수 있어야 한다. 상대운동방식으로 분류된 어떤 레이더는 특수한 어댑터를 설치하여 진운동방식을 표시할 수 있게 하였다. 이러한 레이더는 진운동방식 레이더의 특별한 장점인 CRT 화면의 높은 지속성을 갖고 있지 않다.

1) 상대운동방식 레이더

본선의 고정된 지점으로부터 측정된 물표의 방위와 거리 이미지를 계속 표시할 때 상대운동방식 레이더는 본선과 물표의 움직임을 상대적으로 표시한다. 본선과 물표의 움직임을 통해 연속적인 물표의 이미지는 실제 물표의 움직임과 운동 방향을 나타내지 않는다. 물표의 실제 움직임 방향과 속도를 결정하기 위해서 영상적인 해결책이 요구된다.

육지와 같은 고정된 물표가 있고 본선은 움직이는 상태라면 PPI상에 물체는 본선과 같은 속도로 반대 방향으로 움직일 것이다. 만약 본선이 정지한 상태이거나 움직임이 없다면 물표의 이미지는 PPI상에서 진운동방식으로 움직이게 될 것이다.

2) 상대운동 지시방식

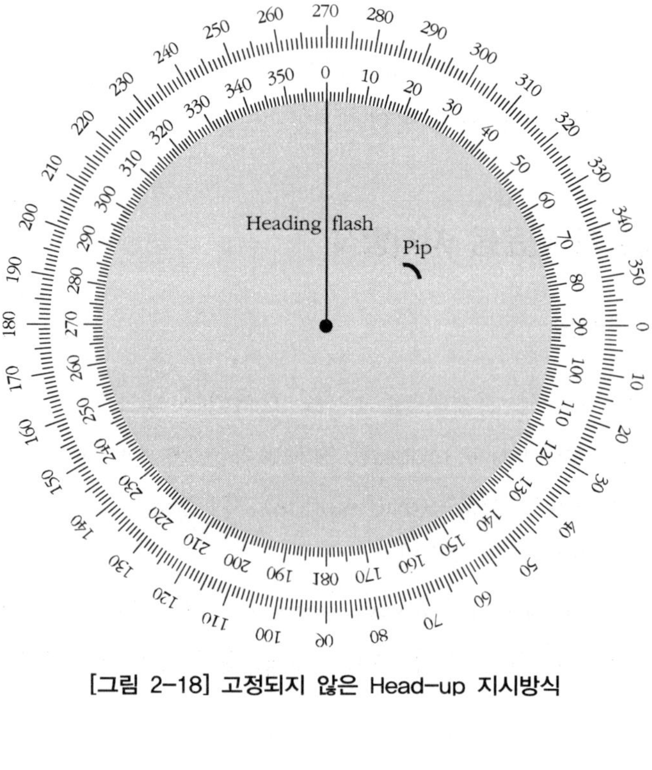

[그림 2-18] 고정되지 않은 Head-up 지시방식

상대운동 지시방식(orientations of relative motion display)에는 기본적으로 2가지 지시방식이 있다. Head-up 지시방식은 물표의 이미지가 본선의 선수방향을 기준으로 거리가 표시되는 방식이고, North-up 지시방식은 물표의 이미지가 PPI상의 진북을 기준으로 하여 거리와 방향이 표시되는 방식이다.

[그림 2-18]에서 본선의 선수방위는 270°이고 진방위 315°에서 물표가 탐지되었다. Head-up 지시방식에서 물표의 이미지는 본선의 선수방위를 기준으로 하여 045°에 표시되었다. [그림 2-19]에서 North-up 지시방식은 같은 물표가 진방위 315°에 표시되고 있다. 두 지시방식에서 물표의 이미지는 선수휘선으로부터 045°에 위치하지만 Head-up 지시방식은 물표가 본선으로부터 좌현에 있는지 우현에 있는지를 즉각적으로 판단할 수 있게 한다.

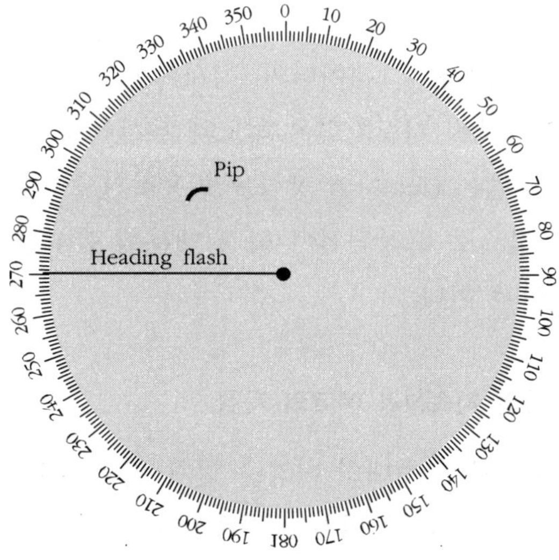

[그림 2-19] 고정된 North-up 지시방식

3) 고 정

North-up 지시방식은 변하지 않은 참조값(진북)을 기준으로 하여 표시하는 지시방식으로 고정된 지시방식(stabilized display)이라고도 한다. Head-up 지시방식은 본선의 선수방향이 변하기 때문에 고정되지 않은 지시방식(unstabilized display)이라 한다. 이런 지시방식의 경우 PPI 정점으로 선수휘선을 유지시켜야 하기 때문에 음극선관은 선수방위의 변화에 따라 회전하지 않을 수 없다.

2.8.2 진운동방식 레이더

진운동방식 레이더는 본선과 움직이는 물체를 진운동방식으로 표시한다. 상대운동방식 레이더와 달리 본선의 위치는 PPI상에 고정되어 있지 않다. 본선과 다른 움직이는 물체는 PPI상에서 각자의 침로와 속도에 따라 움직이게 된다. 또 육지와 같은 고정된 물체는 PPI상에 정지한 상태로 나타난다. 그러므로 육지와 관련하여 다른 선박의 움직임과 본선을 모두 관측해야 한다.

현재의 진운동방식의 지시장치는 '자취(trail)'를 남기는 지속성이 강한 인광성을 이용하지 않고 마이크로프로세서 계산기를 사용하여 물표의 진운동방식을 표시한다.

1) 고 정

일반적으로 진운동방식 레이더의 지시화면은 North-up에 고정된다. 고정(stabilization)함으로써 지시화면은 해도와 유사하게 비교하면서 볼 수 있다. 어떤 지시장치의 모델은 Head-up 방식을 이용하기도 한다. 진운동 지시방식은 변하지 않은 참조값으로 고정되어야 하기 때문에 음극선관은 반드시 선수방위에 맞춰서 회전되어야 한다.

2) 레이더 화면의 지속성과 에코의 자취

진운동 지시방식에서 최대의 이점을 얻기 위해 높은 지속성의 레이더 화면이 사용된다. 물표의 레이더 이미지는 지속성이 강한 레이더 화면상에서 소인선이 회전하면서 연속적으로 표시된다. 이 이미지는 낮은 지속성의 레이더 화면의 이미지보다 상대적으로 긴 시간 동안 빛나게 된다.

물체의 속도와 거리 스케일, 지속성의 정도에 따라 이러한 잔광은 눈에 보이는 에코 자취(echo trail) 또는 각각 물표의 진운동 방향을 표시하는 자취로 남게 된다. 본선의 자취길이와 다른 물표의 자취길이를 비교하여 물표의 이동속도를 예측할 수 있다. PPI상에 본선의 위치를 다시 재조정해야 하기 때문에 지속성(persistence)의 정도는 실제적인 한계치가 정해져 있다.([그림 2-20] 참조)

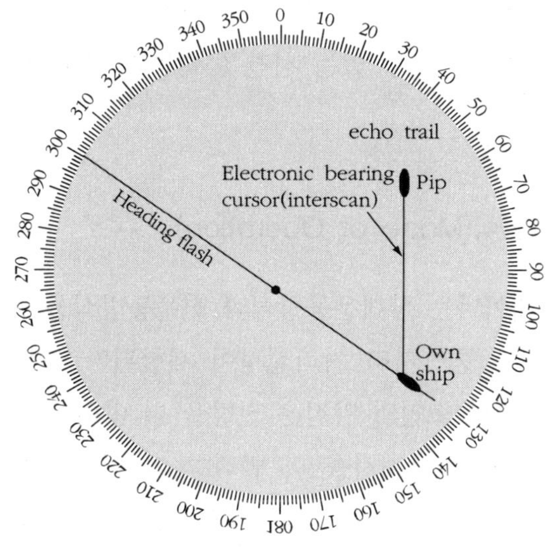

[그림 2-20] 진운동방식

3) 본선 위치의 재조정과 방법

PPI상에 본선은 이동하고 있기 때문에 본선의 위치는 주기적으로 재조정해야 한다. 설계에 따라 본선의 위치는 수동적으로 조정되거나 자동 또는 수동과 자동이 혼합된 방법으로 조정된다. 일반적으로 재조정이 필요할 때 신호(알람과 발광)가 울리게 설계되어 있다.

기본적으로 본선의 위치를 사용자가 원하는 적절한 위치에 남북과 동서로 배치할 수 있도록 설계되어 있다.

레이더 사용자는 본선의 위치를 재조정하는 관점에서 주의해야 한다. 부적절한 시기에 수동 또는 자동으로 재조정하는 것을 피하기 위해서 사용자는 현재 상황을 충분히 고려하여 본선의 위치를 재조정하는 최상의 시간을 결정해야 한다.

〈표 2-4〉 재조정되기 전까지 볼 수 있는 시간

속도(knots)	거리설정(miles)	시작점에서 재조정되는 시점까지의 거리(mile)	볼 수 있는 시간(minutes)
20	16	26	66
12	6	9.75	41
8	2	3.25	24
8	1	1.6	16

진운동방식 모드에서 자동 재조정하는 시기까지 최대로 볼 수 있는 시간은 〈표 2-4〉와 같다. 전방을 볼 수 있는 시간은 수동과 자동 재조정을 이용하여 연장할 수 있다.

2.8.3 작동방식(Mode of Operation)

진운동방식 레이더는 상대운동방식과 진운동방식을 이용할 수 있고, 진운동방식을 이용할 때는 중단거리 거리설정이 제한된다.

상대운동방식에서 소인의 기점은 전방을 더 많이 보이기 위해서 오프센터(off-center)할 수 있다. 전방지시를 더 멀리 하기 위해 위와 같은 방식을 이용했을 때 거리설정을 바꾸는 노력이 줄어들게 된다. 짧은 거리 스케일을 사용하고 있을 때 소인기점을 오프 센터하는 것은 PPI 중심에 소인기점을 설정하는 것보다 물표를 관측하는데 도움이 된다. 단거리 스케일을 이용하고 있을 때 상대운동방식 레이더에 나타난 물표는 좀 더 명확하게 표시된다.

2.8.4 진운동 지시방식의 유형(Types of True Motion Display)

진운동 지시방식에서 육지와 같이 정지하고 고정된 물표는 해류나 표류(drift) 등에 의한 보정설정을 하지 않는 한 PPI상에 정지한 상태로 표시된다. 이 보정설정을 하는 경우 침로와 선속의 변화 또는 표류각에 따라 해류 보정이 적용된다.

진운동방식 레이더를 사용하는 가장 우선적인 이유는 충돌을 방지하기 위한 목적이다. 해면고정 지시방식(sea-stabilized display)은 일반적으로 선호되는 방식이다. 해면고정 지시방식은 해면보정(sea compensation)이 설정되지 않는 대지고정 지시방식(ground-stabilized display)과는 차이가 있다.

본선과 레이더가 같은 해류의 영향을 받는다고 가정하였을 때 해면고정 지시방식은 대수속력과 진침로를 표시한다. 본선이 풍압차를 가지거나 해류의 영향을 받는다고 했을 때 정지된 물표의 에코는 해면고정 지시방식에서 움직이게 될 것이다.

작은 에코 자취(echo trail)는 풍압차에 반대 방향으로 나타날 것이다. 작은 암초로부터 반사된 에코가 북으로 2knot의 속력으로 움직이는 것처럼 표시된다면 본선은 2knot의 속력으로 남쪽으로 움직이고 있는 것이다. 대략 1.5~3분 정도

지속되는 CRT 화면의 잔광은 화면상에 탐지할 수 있는 움직임의 최소 속도를 결정한다. 움직임의 최소 속도는 6마일 레인지 스케일이나 비슷한 거리 스케일에서 약 1.5knot이다.

대지고정 지시방식(ground-stabilized display)은 정지해 있는 물표의 에코 움직임을 정지하도록 지시한다. 이러한 지시방식은 명확한 PPI 지시를 나타내거나 본선에 미치는 풍압차와 해류의 영향을 알기 위한 것이다. 대지고정 지시방식에서 레이더 화면상에 본선은 대지속력과 침로를 따라 움직인다. 물표 에코의 움직임은 화면상에 진침로와 대지속력으로 표시된다. 대지고정 지시방식의 효과는 다음과 같다.

① 정지된 물표 에코의 미세한 전후 움직임을 제거하여 속력을 조정한다. 정지된 물표 에코가 본선을 향하여 미세한 전후 움직임을 갖는다면 속력조정은 증가한다.
② 에코가 본선의 선수방향에 수직으로 움직이는 것을 제거하여 정침로를 제어한다. 정침로 제어는 에코의 움직임에 반대 방향으로 조정되어야 한다.

그러므로 오차가 발생하는 때에는 대지고정방식이 바로 사용된다. 그러나 이 지시방식은 대지속력과 침로의 근사치를 고려한 것이다. 다른 요소들 중에 대지고정의 정확성은 화면상에 탐지될 수 있는 움직임의 최소량에 따라 결정된다. 입력된 선속과 침로의 작은 오차값과 레이더 장치에 영향을 미치는 기타 요소들은 진운동방식 지시에 작은 오류 움직임을 발생시킨다. 회전하는 동안에는 침로오차가 커지고 선속 결정은 어려워진다. 레이더 사용자는 이 점을 감안하여 대지고정방식의 정확성을 과신하지 않아야 한다.

해류, 바람, 기타 요소들에 의한 영향을 제거하기 위해 대지고정방식을 긴 시간 동안 유지한다. 결과적으로 지시화면은 정기적으로 재조정되어야 한다. 재조정하는 것은 레이더 사용자의 가장 우선적인 의무로서 수행되어야 한다.

강이나 강어귀에서 탐지되는 움직임은 선수휘선을 따라 움직이는 것이다. 이러한 환경에서 본선의 선수휘선에 수직으로 정지된 물체의 에코 움직임은 적다. 강과 강어귀에서 속력제어 조정은 제한수로에서 대지고정의 정확성을 얻을 수 있는 정도의 일반적인 조정이다.

2.9 거리와 방위측정

2.9.1 기계적인 방위 커서

기계적인 방위 커서(mechanical bearing cursor)는 PPI 중심과 일치하는 축에 대하여 수동으로 회전시킬 수 있는 투명판 위를 횡단하는 광선이다. 이 커서는 방위를 결정하는데 사용한다. 이 판의 중심선으로부터 연속된 평행선을 평행선 커서(parallel line cursor) 또는 평행참조선(parallel index)이라고 한다. 방위를 읽을 때 겹쳐 보이는 것을 피하기 위해서 이 선은 판의 양측에 표시된다.

PPI 중심상의 소인기점은 상대운동 지시방식에서 일반적인 경우이다. 작은 방위와 명확한 물표는 평행선에 의해 결정될 수 있다. 물표 이미지의 진방위와 상대방위는 각각의 평행선의 방위눈금으로부터 읽을 수 있다.

2.9.2 가변 거리 마커

가변 거리 마커(VRM : variable range marker)는 PPI상의 물표 이미지의 거리를 측정하기 위해 사용된다. 이것의 부수적인 사용으로서 본선을 기준으로 제한된 거리를 설정하여 이 기준선 안으로 물표가 들어오지 않으면 안전하다는 것을 나타낸다. VRM은 실제로 작은 회전 광점이다. 소인기점으로부터 이 점의 거리는 레인지와 일치하고 그것은 가변 거리환이라 한다.

물표 이미지의 거리는 VRM으로 그 거리환을 적절히 조절해서 물표 이미지의 끝점이 닿도록 하여 측정한다. VRM은 레인지 크랭크(range crank)를 이용하여 조절한다. 거리는 레인지 표시부(range counter)에서 읽는다. 더 정확히 거리를 측정하기 위해 VRM은 눈에 보일 정도로 충분히 밝아야 하고 가능한 정교롭게 조작되어야 한다.

2.9.3 전자방위 커서

어떤 레이더 지시장치는 기계적인 방위 커서에 더하여 전자방위 커서(electronic bearing cursor)를 포함하고 있다. 이 전자방위선은 PPI상의 밝은 선으로서 일반적으로 소인기점에서 시작한다. 이선은 특히 소인기점이 PPI 중심에 위치하지 않을 때 유용하다. 물표 이미지의 중심에 이 커서를 놓고 방위를 측정한다. 이러한 방법으로 방위를 측정한다면 기계적인 방위 커서를 이용하여 방위를 측정할 때 생기는 Parallax 문제가 발생되지 않는다. 물표의 방위는 방위지시부에서 읽을 수 있다.

전자방위선은 선수 휘선과 같은 형태를 취하고 있다. 이 두 휘선의 혼동을 피하기 위해서 전자방위선은 파선 또는 점선의 형태를 되어 있다. 어떤 전자방위선은 이러한 혼동을 피하기 위해서 설정된 VRM을 넘어서 표시하는 것도 있다. 특별한 장치를 사용하기 않고 이 두 휘선을 구별하기 위해서 이 두 선의 밝기를 조정하여 구별하는 방법이 있다.

간편한 전자방위선은 커서가 VRM과 독립된 것이다. 이것은 커서에 의해서 방위를 읽고 거리는 VRM에 의해서 읽는다. 이것 보다 더 발전된 것은 레인지 크랭크를 돌렸을 때 VRM이 전자방위선을 따라 움직이는 것이다. 이것은 물표이미지의 방위와 거리를 빨리 측정하는 데 도움을 준다.

2.9.4 Off-Center 지시(Off-center Display)

대부분의 상대운동 지시방식 레이더의 소인기점의 PPI 중앙에 위치하지만 어떤 지시장치는 소인기점을 Off-center할 수 있는 기능을 갖고 있다.([그림 2-21] 참조)

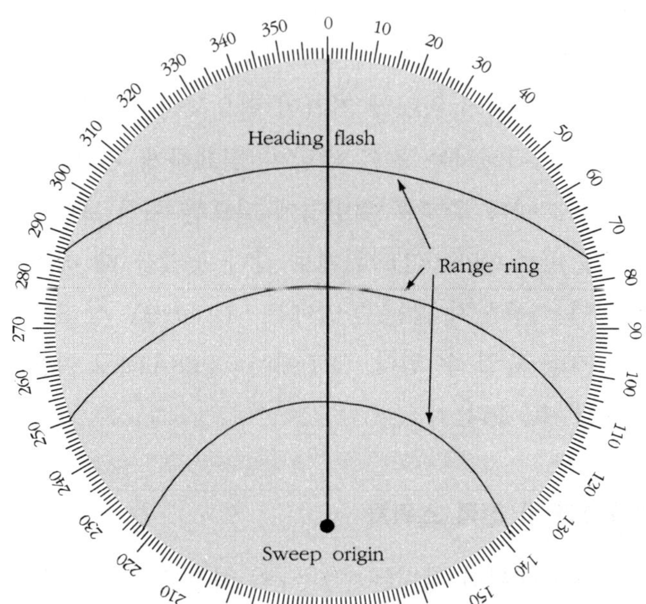

[그림 2-21] Off-center 지시

Off-center의 가장 큰 장점은 어떤 거리 스케일을 설정하던지 전방을 연장시켜 볼 수 있다는 것이다. Off-center는 특히 강을 항해할 때 많은 도움이 된다는 것이다.

소인기점이 Off-center되면 PPI상의 방위눈금원은 방위측정시 바로 사용될 수 없다. 지시장치가 전자방위 커서(interscan)를 갖고 있지 않다면 평행선 커서가 방위측정시 사용될 것이다. 커서를 이용하여 PPI상의 본선의 위치(소인기점)와 물표 이미지를 통하는 평행선 한 개를 놓고 그 선의 방위눈금을 읽어서 방위를 측정할 수 있다.

일반적으로 평행선은 소인기점과 물표를 통하지 않은 경우가 많다. 이러한 경우에는 커서를 소인기점과 물표 이미지를 통과하는 선과 평행하도록 위치시켜야 한다.

2.10 레이더 작동 제어

2.10.1 전력제어(Power Control)

1) 지시장치 전력 스위치(Indicator Power Switch)

지시장치의 스위치는 OFF, STANDBY 그리고 OPERATE(ON) 위치를 갖는다. 스위치가 OFF에서 OPERATE 위치로 바로 돌려진다면 레이더가 완벽히 작동하는데 걸리는 3분 정도의 워밍업 기간이 필요하다. 워밍업 시기에 음극선관은 뜨거워지고 그러기 위해서는 높은 전압이 필요하게 된다.

스위치를 STANDBY 위치로 워밍업에 필요한 시간 보다 긴 시간동안 돌려놓았다면 스위치를 바로 OPERATE 위치로 갖다 놓았을 때 레이더는 바로 작동 가능하다. 레이더를 사용하지 않는 동안에는 STANDBY 상태로 유지하여 보수 정비해야 하는 문제를 줄일 수 있다. OFF에서 OPERATE로 잦은 스위치 변화는 관의 문제를 일으킬 수 있다.

2) 안테나(스캐너) 전력 스위치

안전을 위해서 레이더 설비는 안테나의 회전을 중지시키고 시작하는 스위치가 분리되어 있다. 분리된 스위치는 레이더 설비가 OFF되거나 STANDBY되는 것에 따라 안테나가 회전하거나 정지한다. 회전하는 안테나에 직접 가는 위험 없이 전력이 다른 구성요소에 적용될 때 안테나 플랫폼은 작동하도록 스위치가 분리되어 있다.

3) 특수 스위치(Special Switches)

레이더 장치가 Off되어 있을 때 장치에 습기가 없도록 고안된 히터에 전력을 공급하는 장치가 있다. 이러한 경우 특수한 스위치는 켜지거나 꺼지면서 전력을 공급해준다.

주의 : 지시장치의 전력 스위치를 OPERATE 위치로 돌리기 전에 밝기 조절장치와 수신기 이득 제어장치, 해면반사억제기(STC : Sensitivity Time Control) 그리고 비 · 눈 반사 억제기(FTC : Fast Time Constant) switch는 반드시 최소 또는 off 상태가 되어 있어야 한다. 밝기 조정장치가 최대로 되어 있는 겨우 CRT에 해를 끼칠 우려가 있기 때문에 이를 피하기 위해서 밝기 조절장치를 잘 조정해주어야 한다. 다른 조정장치도 마찬가지로 작동을 시키기 전에 초기 설정을 해야 한다.

4) 성능제어(Performance control)-초기 설정(Initial adjustments)

(1) 밝기조정(Brilliance Control)

강도와 밝기조정을 앞에서 언급한 바 있다. PPI 전체 화면의 밝기를 결정하는 밝기조정은 처음으로 조정되어야 하고 회전하는 소인선이 보이도록 해야 하기 때문에 너무 밝아서는 안 된다. 다음에는 그 자취가 사라지도록 조정한다. 이러한 조정은 수신기 이득 제어장치가 최소가 되어 있을 때 조정해야 한다. 그 이유는 PPI 주변에 잡음이 있을 때는 밝기의 정도를 알맞게 조정하기 어렵기 때문이다.

[그림 2-22], [그림 2-23] 그리고 [그림 2-24]는 각각 다른 밝기조정 상태에서 수신기 이득 조정을 통해 PPI 주변의 잡음을 제거하는 것을 나타내고 있다. 밝기가 너무 낮으면 PPI 화면은 보기 어렵고, 밝기가 너무 높아도 초점이 맞지 않을 수 있다.

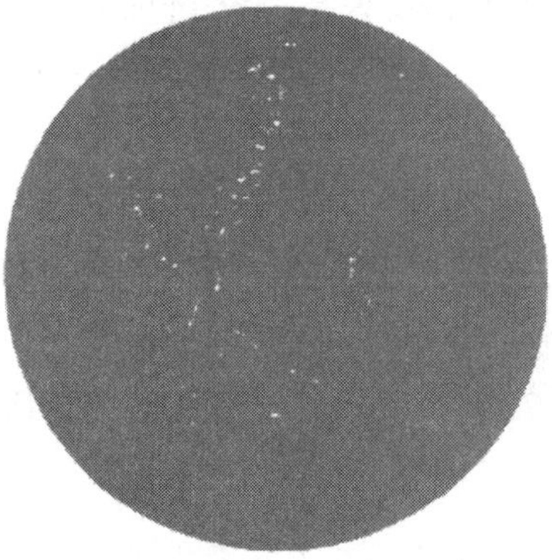

[그림 2-22] 밝기가 낮은 경우

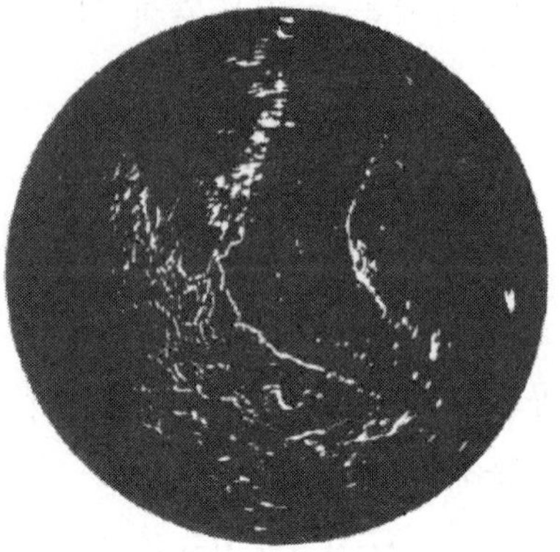

[그림 2-23] 밝기가 보통인 경우

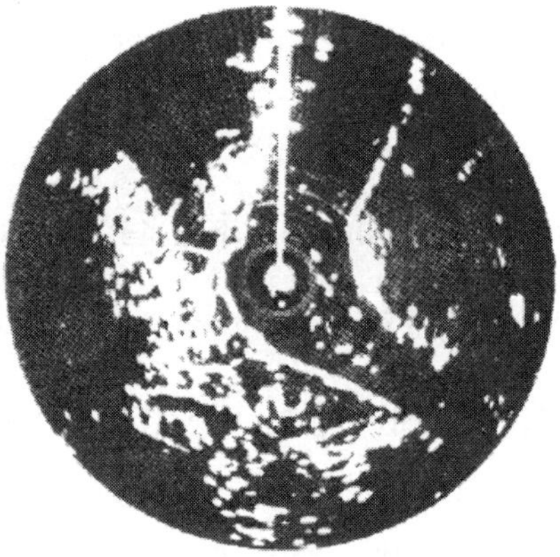

[그림 2-24] 밝기가 높은 경우

(2) 수신기 이득 제어(Receiver Gain Control)

수신기 이득 제어는 PPI상에 잡음이 나타날 때 가지 조정된다. [그림 2-25]과 [그림 2-26] 그리고 [그림 2-27]는 낮은 이득과 보통 이득 그리고 높은 이득을 사용한 것을 보여준다. 너무 낮은 이득을 사용할 경우 수신된 에코가 약하여 잘 탐지되지 않지만 너무 높은 경우에도 에코가 너무 강해서 탐지되지 않을 수 있다. 그 이유는 PPI 주변과 에코사이의 차이가 없어지기 때문이다.

잡음을 나타내기 위해서 수신기 이득 제어를 조정할 때 지시장치의 장거리 스케일을 이용한다. 그 이유는 잡음 부분을 명확히 나타내기 위해서이다. 다른 거리 스케일로 바꾸는 경우에 밝은 부분은 변할 것이다. 일반적으로 필요한 조정은

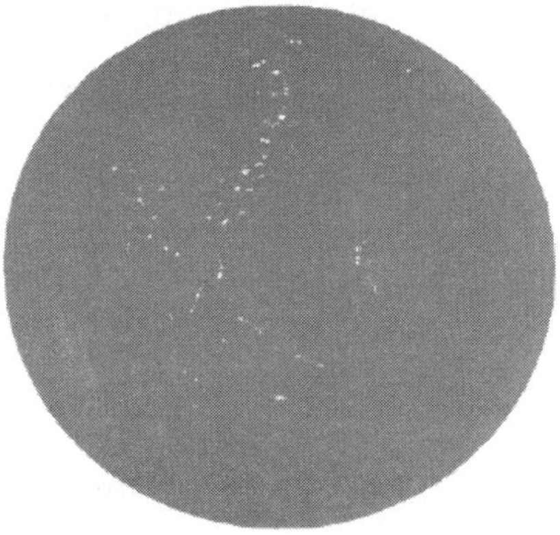

[그림 2-25] 이득이 낮은 경우

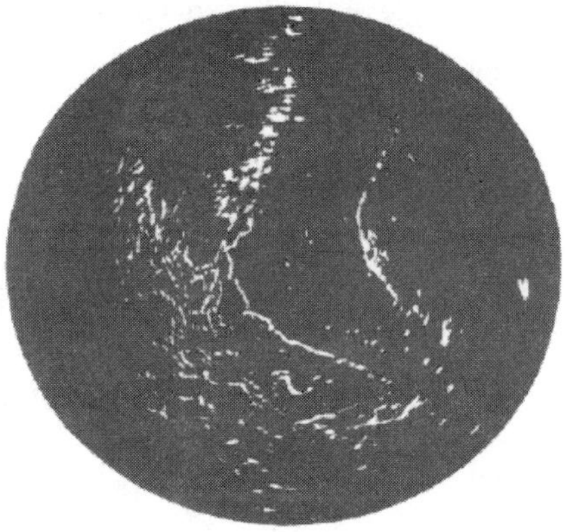

[그림 2-26] 이득이 보통인 경우

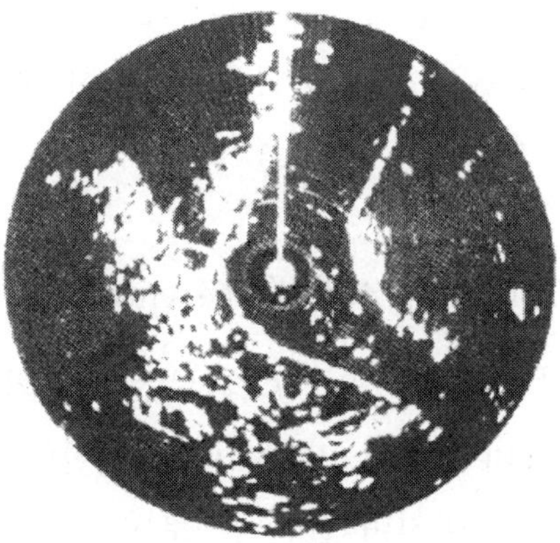

[그림 2-27] 이득이 높은 경우

PPI 화면의 밝기가 수신기 이득 설정과 밝기조정에 결정되지만 수신기 이득 자체만으로도 조징을 힐 수 있다. 이떤 레이더 지시장치는 밝기조정이 고장에서 미리 설정되어 있는 것도 있다. 밝기조정 장치는 음극선관의 수명기간 동안에는 재조정되어야 한다. 미리 설정된 밝기조정 장치는 주위의 밝기 수준의 변화가 크기 때문에 재조정되어야 한다.

(3) 튜닝 조정(Tuning Control)

선박과 육지 물표, 실행 모니터, 튜닝 지시장치 없이 수신기는 최대의 해면 잡음(sea clutter)을 위해 수동 튜닝 조정장치에 의해 조정된다. 바다가 잔잔할 때 몇 백 야드되는 거리에 나타나는 잡음은 일반적인 Sea Clutter로 대체된다. 수동 튜닝 조정을 위해 Sea Clutter가 사용될 때 모든 Anti-Sea Clutter 조정장치는 off 상태이거나 최소 설정치가 되어야 한다. 또한 거리 스케일은 단거리 거리 스케일로 해야 한다.

2.10.2 작동되는 상황에 따른 조정

1) 수신기 이득 조정(Receiver Gain Control)

이 조정은 사용되는 거리 스케일에 따라 조절된다. 특수한 상황에서 좀 더 먼 거리에 있는 물표를 탐지하기 위해서 다양하게 조정될 수 있으나, PPI 중심 부근이 너무 밝아져서 가까운 물표는 탐지 못할 수 있다.

최대한 멀리 있는 물표를 탐지하려고 할 때 수신기 이득을 강하게 조정해야 한다. 그러나 수신기 이득을 잠시 줄였을 때 약한 에코들 중에서 강한 에코를 탐지하는데 유용할 수 있다.

2) FTC(Fast Time Constant) 스위치(Differentiator)

FTC 스위치가 ON 상태에 있으면 FTC 회로는 에코의 강도를 줄여 비, 눈, 우박 등에 의해 발생된 PPI상의 잡음을 제거하여 표시한다. FTC를 사용하는 경우 이 회로는 PPI 전체에 효과가 미치며 일반적으로 수신기의 감도를 감소시키는 경향이 있고 에코의 세기가 강한 것만 화면에 표시한다.

3) 비 잡음 조정(Rain Clutter Control)

Rain clutter 조정장치는 가변의 FTC(Fast Time Constant)이다. 작동상태에 따라 FTC의 사용을 더 유연하게 한다. 고정된 FTC인지 가변의 FTC인지에 관계없이 이것은 물표의 에코를 가로막는 잡음을 제거하는 수단이 된다. 선박이 제한수로를 항해할 때 FTC는 거리분해능을 좋게 하는 특징이 있다. 또, FTC의 사용으로 최소 탐지거리를 좋게 할 수 있다.

[그림 2-28]은 스콜에 의한 PPI상의 잡음을 나타내고 있다. [그림 2-29]는 Rain Clutter를 이용하여 잡음을 제거한 화면을 나타내고 있다.

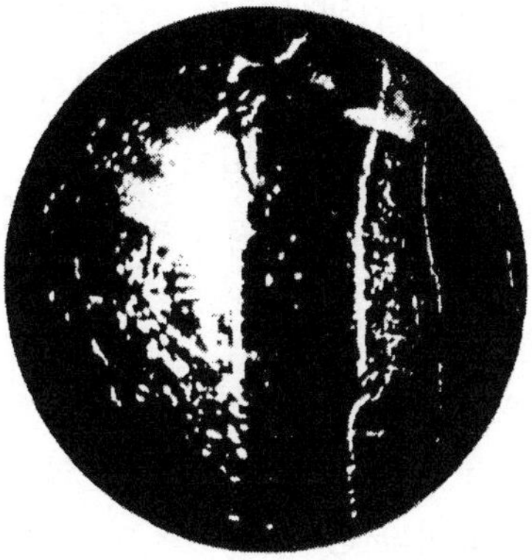

[그림 2-28] 스콜에 의한 잡음 현상

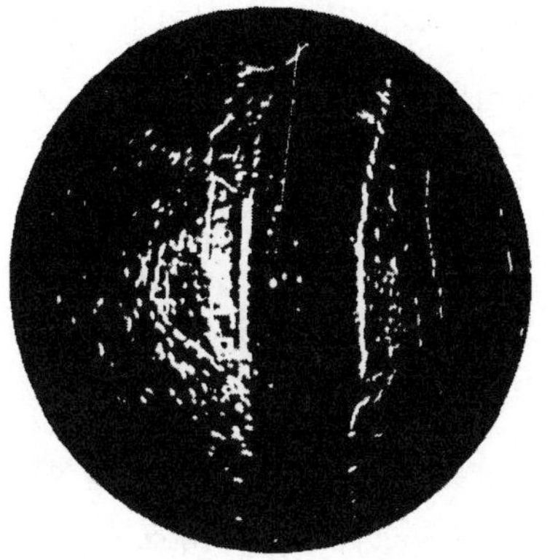

[그림 2-29] Rain Clutter를 이용하여 잡음을 제거한 영상

4) STC(Sensitivity Time Control)

STC를 Sea clutter control, Anti-clutter control, Swept gain, Suppressor라고 하기도 한다.

일반적으로 STC는 잔잔한 바다에서는 최소값으로 설정해야 한다. 이 조정장치는 본선으로 한정된 거리 내에 있는 잡음을 제거하기 위해 만들어진 회로이다. 이것은 해면반사파에 의해 막히는 근거리 물표를 탐지하기 위한 목적이다. 이 조정장치는 수신기 이득 조정을 고려하여 적절하게 사용되어야 한다. 일반적으로 이 조정장치를 이용하여 한 번에 모든 해면 반사파 잡음을 제거하기는 어려우며, 근거리에 있는 작은 물표의 에코 또한 제거될 우려가 있다.

5) 실행 모니터(Performance Monitor)

실행 모니터는 송수신기의 작동상태를 확인한다. 장비의 작동상태를 확인하는 것은 제한되기 때문에 실행 모니터는 대기 중을 통과하는 전파에 의해 영향을 받는 것은 표시하지 않도록 한다.

6) 펄스폭과 펄스 반복주파수 조정장치

레이더에서 펄스폭과 펄스 반복주파수(PRF)는 거리 스케일의 변화에 따라 자동으로 변한다. 먼 거리 스케일을 설정하고 있을 때 레이더의 작동은 긴 펄스폭과 낮은 펄스 반복주파수로 바뀌게 된다. 물표의 최대 탐지거리를 위해 에너지가 큰 긴 펄스파를 이용한다. 낮은 펄스 반복주파수는 반사된 에코가 다음 송신 펄스를 보내기 전에 수신기로 돌아올 수 있도록 하기 위해서이다. 단거리 스케일을 설정하였을 때 짧은 펄스폭은 거리분해능을 좋게 하고, 최소 탐지거리를 줄일 수 있다. 그리고 긴 펄스파를 보낼 때 필요한 높은 전력도 요구되지 않는다. 또 단거리 스케일에서 높은 펄스 반복주파수는 단거리 관측이 바람직한 PPI상의 물표 이미지를 더 정확히 그리고 자주 표시한다.

수동으로 펄스폭과 펄스 반복주파수를 조절해야 하는 레이더는 펄스폭과 펄스 반복주파수를 독립적으로 설정할 수 있다. 상선에서 사용하는 레이더는 일반적으로 펄스폭과 펄스 반복주파수가 자동으로 바뀌는 것이다.

2.10.3 밝기 조절장치(Lighting and Brightness Controls)

1) 투영 플로터(Reflection Plotter)

투영 플로터와 방위 눈금의 밝기 정도는 Plotter dimmer에 의해 조절된다.

투영 플로터의 밝기는 PPI상의 유성펜의 투영된 이미지가 보일 수 있도록 조절해야 한다. 황녹색(yellowish-green)의 형광에는 노란색과 주황색의 유성펜으로 표시하면 이미지가 명확해진다. 주황색 형광에는 검은 유성펜으로 표시하면 이미지가 명확해진다.

2) 선수휘선(Heading Flash)

선수휘선의 밝기는 Flasher intensity control을 이용하여 조절할 수 있다. 선수휘선의 밝기는 물표의 이미지를 가리지 않도록 낮은 정도를 유지해야 한다. 선수휘선은 물표의 이미지를 가리지 않기 위해서 안 보이게 할 수 있다.

3) 전자방위 커서(Electronic Bearing Cursor)

전자방위 커서의 밝기는 Flasher intensity control을 이용하여 조절할 수 있다. 전자방위 커서가 점선이나 파선으로 나타나지 않는다면 전자방위 커서와 선수휘선을 구별하기 위해 밝기를 다르게 조절해야 할 것이다. 레이더 지시장치는 이 선들이 일시적으로 안 보이도록 하는 버튼스위치를 달고 있다.

4) 고정 거리환(Fixed Range Marker)

고정 거리환의 밝기는 Fixed range mark intensity control을 이용하여 조절할 수 있다. 고정 거리환도 역시 작은 물표의 이미지를 가리지 않고 안 보이게 할 수 있다.

5) 가변 거리환(Variable Range Marker)

가변 거리환의 밝기는 Variable Range Mark intensity control을 이용하여 조절할 수 있다. 이 조절장치는 VRM을 이용하여 명확히 거리를 측정할 수 있도록 적절히 조절해야 하며 너무 밝게 해서는 안된다.

6) 패널 밝기(Panel Lighting)

패널의 밝기는 Panel control을 이용하여 조절할 수 있다.

2.10.4 측정과 정렬 조정(Measurement and Alignment Controls)

1) 거리(Range)

일반적으로 거리는 VRM을 이용하여 측정한다. 어떤 레이더는 최대 거리 스케일이 40마일인데도 불구하고 VRM으로 측정할 수 있는 최대 거리가 20마일 밖에 되지 않는다. 20마일 이상으로 거리를 측정하기 위해서는 고정 거리환이 사용되어야 한다.

상선에서 사용하는 레이더의 지시장치는 마일과 1/10마일을 표시하는 거리 지시부(range counter)가 있다. 거리 눈금을 따라 마일을 읽을 수 있다. 거리 지시부는 세 개의 숫자로 표시되는데 마지막 세 번째 숫자는 1/10마일을 표시한다. VRM이 조정될 때 1/10마일 단위부터 거리를 표시한다. VRM 조정은 둔한 조정방식과 정교한 조정방식이 있다.

둔한 조정방식은 VRM의 거리변화가 급격히 변하도록 설정된 것이고, 정교한 조정방식은 거리변화가 조금씩 변하도록 설정한 것이다. 더 정확한 거리측정을 위해서 VRM에 의해 그려지는 원이 물표 이미지의 안에 닿도록 조절해야 한다.

2) 방위(Bearing)

대부분 레이더 지시장치의 방위는 기계적인 방위 커서(mechanical bearing cursor)에 의해서 물표 이미지의 중심을 측정하여 방위눈금에 있는 방위를 읽는다.

고정되지 않은 Head-up 지시방식에서 진방위는 바깥에 나타나 있는 방위눈금을 읽어야 한다. 이 방위눈금은 선수방향에 따라 자동 또는 수동으로 눈금이 회전된다.

고정된 North-up 지시방식에서 진방위는 고정된 방위눈금을 읽어야 한다. 지시장치에 들어오는 컴퍼스 신호가 끊길 경우 방위눈금은 상대 방위로 표시된다. 어떤 레이더 지시장치는 North-up 지시방식에서 회전하는 상대 방위눈금을 가지는 것도 있다. 0°의 눈금에 선수방위가 위치하여 상대 방위를 읽을 수 있다.

진운동방식의 어떤 레이더 지시장치는 전자방위 커서와 이와 관련된 지시장치가 달려 있다. 전자방위 커서는 Off-center시에 유용하다.

3) 소인중심 설정(Sweep Centering)

기계적인 방위 커서로 방위를 정확하게 측정하기 위해 소인기점은 반드시 PPI 중심에 위치해야 한다. 어떤 레이더 지시장치는 소인기점을 PPI 중심으로부터 상하좌우로 이동시키고 기계적인 방위 커서의 회전 중심을 이동시키는 패널 장치가 있다. 이러한 패널 장치를 가지고 있지 않는 지시장치는 사용설명서에 설명된 지시장치 캐비넷(cabinet) 안에서 조정하여 중심 설정을 해야 한다.

4) 중앙 확장(Center Expansion)

중앙 확장 스위치가 있는 지시장치는 짧은 거리 스케일일 때 PPI 중심으로부터 0의 거리를 표시하기 위해 사용된다. 이 스위치가 ON 상태이면 표시된 물표의 거리는 왜곡된 것이지만 방위는 왜곡된 것이 아니다. 그 이유는 확장이 방사적(radial)으로 이루어졌기 때문이다.

중앙 확장을 이용할 때 PPI 중심상의 물표 이미지는 명확히 분리되고 방위분해능은 좋아진다. 또한 중심 오차가 줄어들어 방위의 정확성은 향상된다. 중앙 확장이 사용되고 있을 때 고정 거리환도 중심으로부터 확장되기 때문에 거리는 PPI

중심의 반대로 내부 원에서부터 측정되어야 한다. 중앙 확장의 사용으로 Anti-clutter조정에도 도움이 될 수 있다.

5) 선수휘선정렬(Heading Flash Alignment)

정확한 방위측정을 위해서 선수휘선정렬은 상대적으로 안테나의 위치에서 목측한 정확한 방위와 레이더 방위가 일치되게 해야 한다.

어떤 지시장치는 설정된 지시화면에 따라 Picture-rotate control에 의해 선수휘선이 설정되는 것이 있다. 눈에 띄게 레이더 방위와 목측한 방위의 차이가 생기면 선수휘선을 조정할 필요가 있다. Picture-rotate control을 이용하여 선수휘선을 조정할 경우에는 사용설명서의 절차를 따라서 실행해야 한다. 다음과 같은 절차는 정확한 조정을 하기 위해 도움이 될 것이다.

① 가능한 PPI 중심에 소인기점이 놓이도록 중심 조정을 조절한다.
② 동시에 레이더 방위와 목측 방위를 할 수 있는 물표를 선택한다. PPI상에 작고 명확하게 나타나는 물표를 선택한다.
③ 사용되는 거리 스케일의 최대 거리에 있는 물표를 선택하며 물표의 거리는 2마일 이상이어야 한다.
④ 안테나가 있는 위치에서 목측으로 방위측정이 가능해야 한다.
⑤ 동시에 자주 레이더 측정과 목측을 통해 나온 차이의 평균을 방위 오차로 사용한다.
⑥ 선수휘선조정 후 동시에 레이더 방위측정과 목측 방위측정을 통해 조정의 정확성을 확인한다.

6) 거리눈금(Range Calibration)

거리눈금은 높은 정확성을 위해서 매 당직 중 적어도 한번은 확인해야 한다. 그리고 눈금의 정확성에 대해서 의심이 생긴다면 더 자주 확인해야 할 것이다. 눈금 확인은 레이더가 켜지고 몇 분 이내에 확인해야 하고 30분 후에 다시 확인하거나 완전히 워밍업된 상태에서 확인해야 한다.

눈금 확인방법은 거리 스케일을 변화시키면서 그 때의 고정 거리눈금과 가변거리눈금(VRM)을 비교하여 간단하게 알 수 있다. 이러한 방법으로 눈금을 확인하는 경우 고정 거리환이 VRM보다 더 정확하고 상대적으로 더 안정적이라는 전제조건이 따른다. 소인선은 거리눈금의 정확성을 나타내는 방법 중 하나이다. 거리환은 전자빔이 회전하는 동안에 일정한 간격으로 전자빔이 빛나는 것 때문에 만들어진다. 그래서 거리환 사이의 동일한 공간은 소인선을 나타내는 것이다.

눈금이 있는 고정 거리환의 최대 오차값은 75야드와 사용되는 거리 스케일의 최대 거리의 15% 중 큰 값이다. 6마일 거리 스케일을 이용할 경우 거리 오차값은 180야드 또는 약 0.1마일이 된다. 고정 거리환은 일반적으로 가장 정확한 거리 측정수단이기 때문에 물표의 가장자리 부근과 거리환이 닿으면 레이더로 측정한 거리는 다른 방법으로 한 것 보다 정확성이 떨어진다. 항해용 레이더의 정확성은 예측하기 어렵기 때문에 최적의 조건에서 ±50야드 정도의 오차가 있다고 본다.

거리눈금 확인은 VRM을 고정 거리환의 위치에 놓고 VRM의 거리값을 읽어 고정 거리환의 값과 비교한다. VRM 거리값을 읽을 때는 고정 거리환의 값이 사용되는 거리 스케일의 최대 거리에 1% 정도 오차가 있다는 사실에 주의하여야 한다. 예를 들어 40마일 거리 스케일을 이용하고 있을 때 VRM을 20마일로 조정했을 경우 VRM의 거리값은 19.6마일과 20.4마일의 사이가 된다.

7) 진운동 지시방식 조정(True Motion Controls)

다음의 조정은 진운동 지식방식을 사용할 때 추가적인 조정사항이다. 대지고정방식의 진운동 모드 레이더라면 대지고정방식은 표류(drift)와 속력 그리고 침로안정 조정장치 사용의 영향을 받게 된다.

(1) 작동 모드(Operating Mode)

진운동방식 레이더는 진운동과 상대운동을 모두 표시하기 때문에 패널상에 모드를 선택할 수 있는 장치가 있다.

(2) 일반적인 재조정(Normal Reset Control)

진운동 모드에서는 본선이 PPI상에 고정되지 않기 때문에 본선의 위치는 주기적으로 재조정되어야 한다. 본선의 위치는 수동 또는 자동으로 재조정될 수 있다. 자동 재조정은 PPI 중심으로부터 레이더의 종류마다 정해져 있는 거리에서 실행된다. 일반적인 재조정으로 설정되어 있는 경우 PPI 중심으로부터 반경 2/3

인 지점을 넘어서면 본선의 위치가 자동으로 재조정된다. 본선의 위치가 자동이나 수동으로 재조정되는 것에 관계없이 본선의 위치는 Off-center 위치에 놓이게 된다. Off-center 위치에 본선이 있는 경우는 본선의 위치가 PPI 중심에 있는 것보다 재조정되는 시간이 길어진다.

(3) **지연된 재조정**(Delayed Reset Control)

지연된 재조정으로 설정하였을 경우 일반적인 재조정의 위치보다 본선의 위치가 PPI 가장자리까지 위치했을 때 자동으로 재조정되는 방식이다. 일반적인 재조정과 지연된 재조정이 모두 설정되었을 경우 자동 재조정하기 전에 10초 정도의 알람신호가 울리게 된다.

(4) **수동 재조정**(Manual Reset Control)

수동 재조정을 이용하여 언제든지 본선의 위치를 재조정할 수 있다.

(5) Manual Override Control

Manual overide control은 본선의 위치가 자동 재조정되는 것을 막을 때 사용한다. 이 조정은 본선의 위치가 자동 재조정하기 직전의 상황일 때 유용하게 사용된다. 일반적인 재조정으로부터 지연된 재조정으로 변화시켜 재조정되기 전에 상황을 판단하기 위한 더 많은 시간이 주어진다.

(6) **선속입력선택조정**(Ship's Speed Input Selector Control)

본선의 방위와 선속은 필수적으로 진운동 모드 레이더 컴퓨터에 입력되어야 한다. 선속 입력선택은 수동으로 할 것인지 아니면 선속계로부터 자동으로 입력할 것인지를 정할 수 있다. 선택이 수동으로 설정했다면 본선의 선속을 1/10노트 단위부터 입력할 수 있다.

(7) Set and Drift Control

Set and drift control은 진운동 모드에서 대지고정을 하는 수단이 된다. 이것은 Set와 Drift의 영향을 정확히 상쇄시켜서 PPI상의 정지된 물표가 움직이지 않게 한다. 상쇄시키지 않으면 PPI상에 탐지된 물표가 조금씩 움직이게 된다. Set 조정은 Drift Direction으로 Drift 조정은 Drift Speed로 조정한다.

(8) 선속과 침로안정성 조정(Speed and Course Made Good Control)

Set and drift 조정 대신에 Speed and Course Made Good Control을 사용하는 레이더는 진운동방식의 대지고정을 위해서 더 효과적이다. Course made good control은 정확한 값을 레이더에 입력시키고, Speed Control은 선속계로부터 정확한 속력값을 레이더에 입력시킨다.

(9) Zero Speed Control

0의 위치에서 Zero Speed Control은 PPI상의 본선의 움직임을 정지시킨다. 본선의 진위치는 PPI상에서 입력된 속도값에 따라 이동한다.

2.11 충돌 피항

2.11.1 상대운동 모드

우주는 절대적으로 멈춰 있거나 움직이는 그런 상태가 아니다. 물체는 오직 어떤 참조물을 기준으로 상대적으로 정지하거나 움직인다. 지구에서 산은 지구를 기준으로 보았을 때는 정지해 있지만 태양을 기준으로 보았을 때는 움직이는 것이다. 모든 움직임이 상대적이지만 여기서 말하는 진운동은 지구에 대한 움직임이다. 상대운동은 임의적으로 선택된 물체에 대한 운동을 말한다. 이것은 진운동을 할 수도 안 할 수도 있다.

물체의 진운동은 일반적으로 지구의 상대적인 움직임의 속도와 방향으로 정의된다. 이 물체가 선박이라면 진운동은 진침로와 속도의 관점에서 정의될 것이다. 이 물체의 운동은 또한 다른 물체의 움직임에 상대적으로 속도와 방향에 대한 관점으로 정의될 수 있다. 선박의 상대운동은 상대운동방향(DRM)과 상대운동속도(SRM)의 관점에서 정의한다. 각각의 운동은 속도 벡터에 의해 표시되고, 그 선분은 움직임의 속도와 방향을 나타낸다. 속도 벡터와 그 적용에 대해서 설명하기 전에 두 선박 간의 상대운동에 관한 상황을 설명할 것이다.

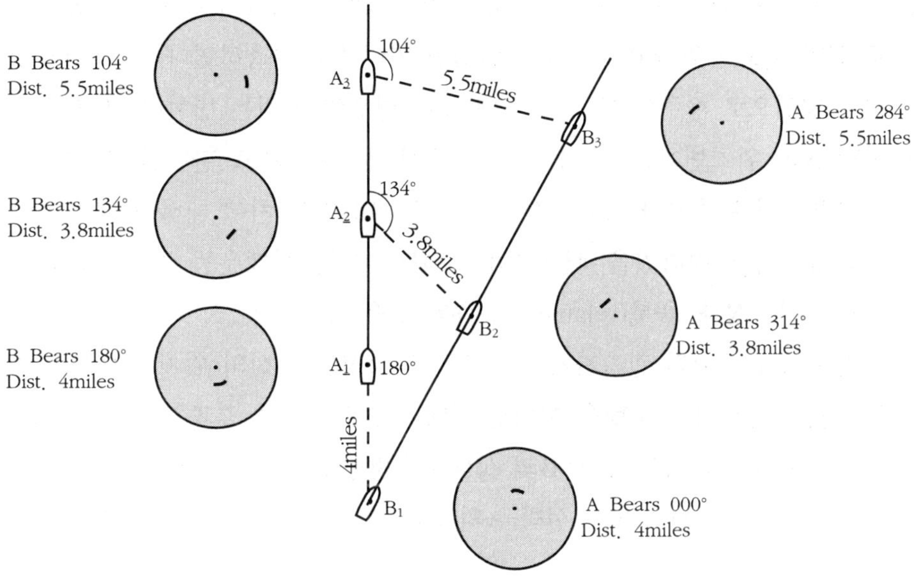

[그림 2-30] 두 선박의 상대운동

[그림 2-30]에서 선박 A는 000°침로와 15kt의 속도로 A_1지점으로 이동하면서 최초로 선박 B를 거리 4마일, 방위 180°로 관측하였다. 선박 A가 A_1지점에서 A_3 지점으로 항주할 때 선박 B에 대한 방위와 거리는 변한다. 선박 A에 대하여 선박 B의 위치변화는 선박 A와 B가 항주한 침로를 보고 설명할 수 있다.

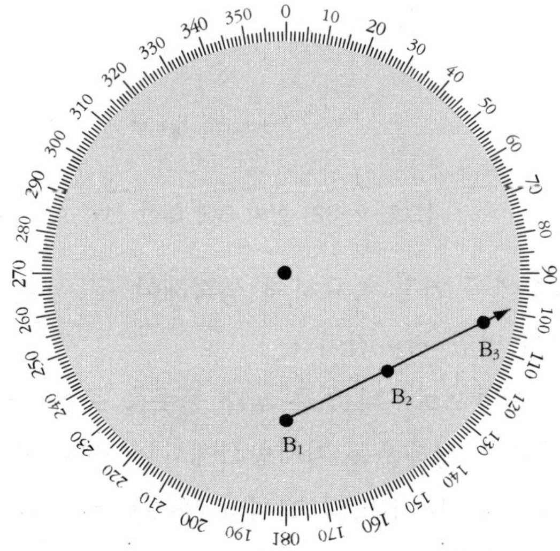

[그림 2-31] 선박 A에 대한 선박 B의 운동

이와 같이 선박 B는 B_1지점으로 진침로 026°와 22kt의 속도로 이동하면서 최초로 선박 A를 방위 000°로 4마일 떨어진 거리에서 관측하였다. 선박 B가 B_1지점에서 B_3지점으로 항주할 때 선박 A에 대한 방위와 거리는 변한다. 선박 B에 대하여 선박 A의 위치변화는 두 선박이 항주한 침로를 보고 판단할 수 있다.

선박 A의 관측자가 PPI 중심에 고정된 본선의 위치에 대하여 선박 B의 위치를 계속해서 플로팅하였을 때 [그림 2-31]과 같은 상대운동 플롯(relative motion plot) 또는 상대 플롯(relative plot)을 얻을 수 있다.

반대로 선박 B의 관측자가 PPI 중심에 고정된 본선의 위치에 대하여 선박 A의 위치를 계속해서 플로팅을 한다면 [그림 2-32]와 같은 결과를 얻을 수 있다. 선박 A의 레이더 관측자는 선박 B의 상대운동방향(DRM)을 064°로 결정할 것이고 선박 B의 레이더 관측자는 선박 A의 DRM을 244°로 결정할 것이다.

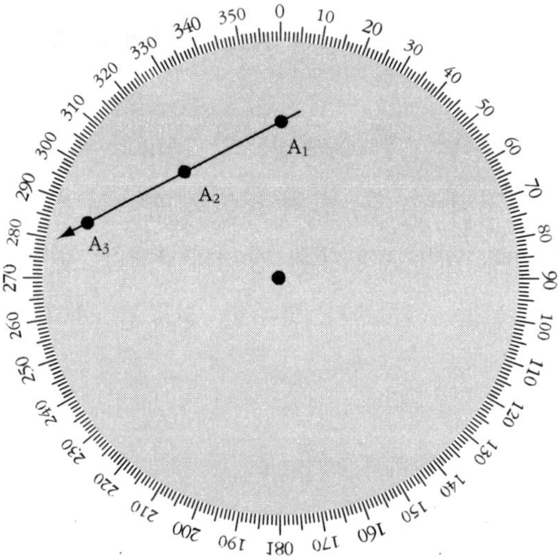

[그림 2-32] 선박 B에 대한 선박 A의 운동

상대운동 플롯에서 가장 중요하게 생각해야 될 점은 두 선박 모두 진침로와 속도가 표시되지 않았다는 점이다.

[그림 2-33]은 선박 A로부터 얻은 상대 플롯을 중첩시켜 선박 B의 실제 선수방위를 나타낸 것이다. 상대운동 지시방식에서는 상대 선박에 대한 진침로와 속도를 표시하지 않는다. 두 선박의 레이더 관측자는 상대선박의 진침로와 속도를 계산하기 위해서 상대 벡터와 진벡터에 구성된 추가적인 그래픽 구조(graphical construction)가 필요하다.

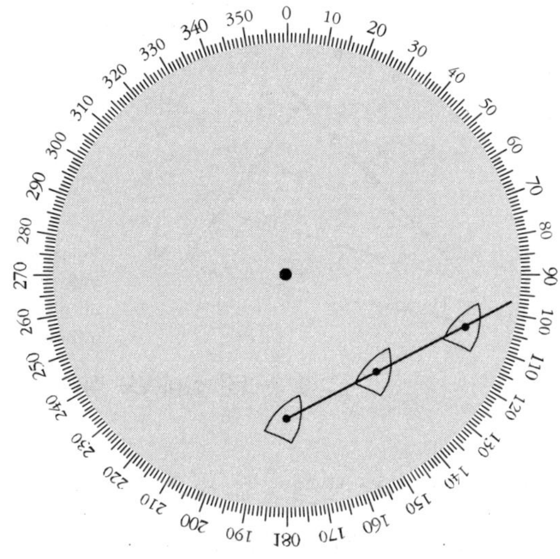

[그림 2-33] 선박 B의 실제 선수방위

[그림 2-34]는 지표를 기준으로 두 선박의 시간에 따른 움직임을 R과 M으로 나타낸 것이다. 이 작도는 해도에 위치선을 작도하는 것과 비슷한 작업으로서 지리적인(항해용) 작도라 한다. 선박 R은 침로 045°로 일정한 속도를 유지하며 연속된 점 R_1, R_2, R_3, R_4 …를 같은 시간 간격으로 항주하고 있다. 연속된 지점을 연결한 선분은 지표를 기준으로 운동의 속도와 방향을 표시한다. 이것이 진속도 벡터이다.

이와 같이 선박 M은 침로 325°로 연속된 일정한 간격의 점을 연결한 선분은 선박 M의 진속도 벡터를 표시한다. R과 M의 상대운동은 추가적인 그래픽 구조(graphical construction) 또는 시간에 따른 두 선박의 방위와 거리의 시각적인 변화를 통해 구할 수 있지만 상대운동에 관한 시각적인 표시는 바로 알 수는 없다.

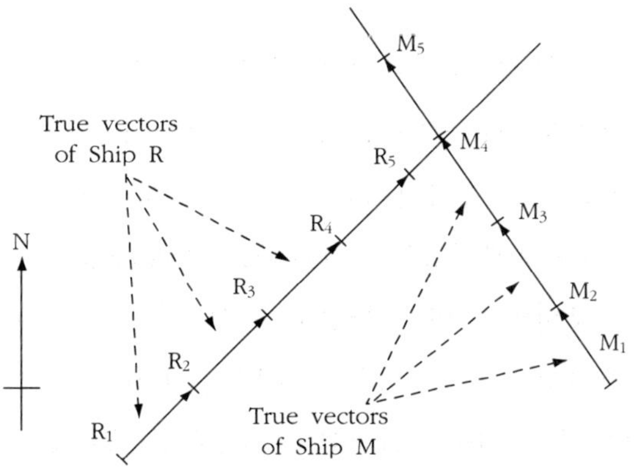

[그림 2-34] 진속도 벡터

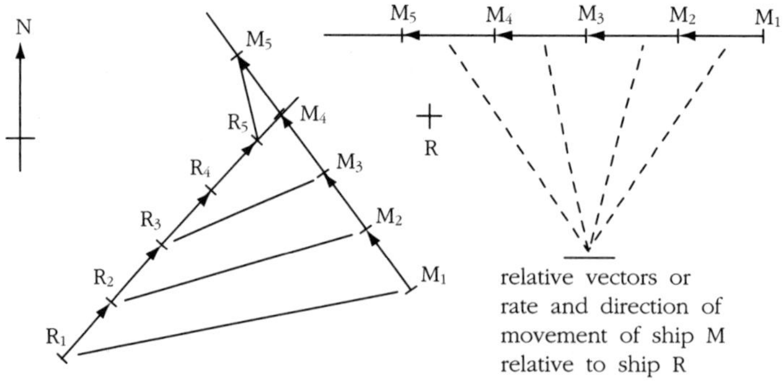

[그림 2-35] 상대속도 벡터

[그림 2-35]는 [그림 2-34]를 변형시킨 것으로 선박 R에서 선박 M을 관측할 때 동일한 시간간격으로 그 방위와 거리를 표시한 것이다. 고정된 지점 R에서 거리와 방위를 플로팅하면 R에 대한 M의 움직임은 [그림 2-35]와 같이 나타난다. 같은 간격으로 작도된 점들을 잇는 선분은 R에 대한 M의 움직임의 방향과 속도를 알려주며 상대속도 벡터를 알 수 있다.

본선의 진운동을 나타내는 진속도 벡터를 본선 진벡터(own ship's true(course-speed) vector)라고 한다. 다른 선박의 진운동을 나타내는 진속도 벡터를 타선 진벡터(other ship's true(course-speed) vector)라고 한다. 두 선박의 상대운동을 나타내는 상대속도 벡터를 상대 벡터(relative(DRM-SRM) vector)라고 한다.

2.12 레이더 항해

2.12.1 레이더 영상해석

만약 레이더의 특성이나 한계를 알고 있다면 이는 위치탐색이나 항해적용의 면에서 항해사에게 매우 유용한 도구일 것이다. 해도에 있으며 고립된 명확한 물표의 거리와 방위를 측정함으로써 위치를 결정하는 것은 상대적으로 간단할지라도 이 일은 항해사에게 그의 레이더 특성과 한계의 인식을 요구한다. 확실치 않거나 제대로 명시되지 않은 물표와 같은 레이더 타깃이 있는 해안가를 관측할 때 일반적인 레이더 업무는 오직 사용되는 레이더의 특성과 한계의 적절한 이해를 통하여 얻어지는 전문적인 판단이 상당히 요구된다.

평면 위치표시기가 육지가 스캔될 때 차트와 같은 형상을 보여주더라도 그 굴곡에 의해 만들어지는 형상은 그 해안선의 실제 형상을 보여주지 못한다. 레이더 빔의 폭과 전송되는 펄스의 길이는 영상에 그려지는 이미지를 일그러뜨리는 요인이 된다. 간단히 말해 레이더 빔의 폭은 방위에서 해안선의 특징을 일그러뜨리며, 펄스 길이는 앞 바다의 특징을 육지의 부분으로 나타나게 하는 요인이 되곤 한다.

가장 큰 문제는 시야에 보이는 해안선의 어떤 특징이 실상으로 영상에 나타나도록 반사파를 반사시키느냐 하는 것을 알 수 있느냐는 것이다. 특히 매우 저지대의 해안이 스캔이 되는 경우는 상당히 부정확하다는 것이다.

연관된 문제로 해안의 특정 특징물이 좋은 반사특성을 지녔음에도 불구하고 반사파를 반사시키지 못한다는 사실인데, 그 이유는 간단히 말해 그들이 다른 물리적인 특징이나 장애물에 의해 레이더 빔으로부터 막히는 것에 있다. 이런 요인으로 해도에 명시된 지역으로부터 레이더 영상에 나타나는 이미지를 다르게 표시한다.

만약 항해사가 레이더 영상에 표시된 부분을 이해할 수 있다면 그는 레이더 전파 특징에 관한 최소한의 부분적인 이해를 하고 있음에 틀림없다. 가령 레이더 설정에 대한 특성, 레이더 타깃의 다른 종류에 대한 반사성질과 해도에서 어떤 특징이 가장 전송 펄스를 잘 반사하겠는가 혹은 레이더 빔으로부터 막히겠는가 하는 것에 대한 평가 분석능력과 같은 것이다.

해도 지형에 나타난 외형선이 항해사를 물질적으로 지금 일을 하기에 도와주기는 하겠지만, 맑은 날씨에 실제적으로 교차방위 플로팅과 레이더 영상의 비교를 통해 얻는 경험이 매우 중요하다.

2.12.2 육지 타깃

상대운동과 진운동의 표시에서 육지는 미리 식별 가능해야 하는데 그 이유는 일반적으로 PPI상의 상대적으로 커다란 지역에 대한 계속적인 명도 때문이다. 또한 육지는 본선의 항해 위치에 대한 인식으로부터 예상된 지점에 위치해 있어야만 한다. 상대운동 모드에서 육지는 본선의 실제 운동과 같은 방향과 속력으로 반대쪽으로 움직인다.

개별적인 물체들은 다른 것에 상대적으로 움직이지 않는다. 진운동 모드에서 육지는 만약 고정과 이동에 대한 정확한 보정이 되어 있다면 PPI상에서 움직일

일은 없다. 그러한 보정이 없이 진운동 표시가 해상안정화가 되어 있을 때는 PPI 상에서 육지가 단지 미세하게 움직이는 것을 보기도 한다.

육지가 미리 인지 가능하더라도 우선적인 문제는 본선의 위치를 확인하기 위해 이용될 구체적 특징의 식별이다. 별도의 특징에 대한 식별은 매우 어려운데 그 이유는 다양한 요인 때문이다. 가령 빔의 폭과 펄스 길이에 따른 일그러짐 현상과 어떤 해도상 특징이 반사파를 반사하는지에 대한 불명확성 같은 것들이다. 다음의 조언들은 그것들을 식별하는 데 도움이 된다.

① 모래밭과 부드럽고 간결한 해안은 보통 PPI상에 거리 1마일 혹은 2마일 전에는 나타나지 않는다. 왜냐하면 이 타깃들은 레이더로 반사할 에너지를 거의 가지고 있지 못하기 때문이다. 이 타깃들로부터 얻는 거리 범위는 믿을게 못된다. 만약 파도가 모래벽에 부딪힌다면, 반사파는 그때 파도에 의해 반사되어 돌아올 것이다. 그러나 파도는 실제 해안으로부터 떨어져서 깨지기 때문에 파도로부터 얻은 거리정보는 상대적인 해안선으로부터 레이더 위치를 결정하려 할 때 오차가 날 수 있다.

② 머드 평지와 습지는 보통 모래밭보다 조금 더 나은 레이더 펄스를 반사한다. 저조시의 약한 반사파는 고조시에는 사라진다. 맹그로브(홍수림)와 다른 생장물은 강한 반사파를 반사시킬 것이다. 그러므로 해도에 늪으로 표기된 지역은 그 지역에 자라나는 작물의 밀집정도와 밀집크기에 의해 강한 반사파 또는 약한 반사파로 나타난다.

③ 모래언덕이 작물로 덮였을 때와 부드러운 해안가와 같이 저조에 의해 잘 박혀졌을 때 레이더에 나타난 분명한 해안선은 실제 해안선 보다 더 언덕 라인이 강조되어 나타난다. 어떤 상태에서는 모래 언덕이 작물의 수직 표면과 수평 해안의 결합과 함께 일련의 코너 반사형태를 형성하여 강한 반사파 신호를 반출하기도 한다.

④ 개펄과 내륙의 호수가 보통 PPI상에 텅 빈 지역으로 나타날 경우가 있는데 그 이유는 잔잔한 수면이 레이더 안테나로 어떤 에너지도 반출하지 않기 때문이다. 몇 가지 예를 들면, 개펄 주변의 모래톱이나 암초가 수면에 너무 낮게 돌출되어 있기 때문에 PPI상에 보이지 않는 경우도 있다.

⑤ 산호섬과 연결된 섬들은 레이더 빔이 섬의 라인에 수선으로 뻗을 때 긴 반사파를 형성하기도 한다. 이 현상은 특히 섬들이 면밀한 간격을 유지할 때

확실히 나타난다. 그 이유는 레이더 빔폭이 분산됨으로써 반사파가 연속적인 선으로 혼합이 되기 때문이다. 하지만 섬들의 연결선이 길게 뻗어 있거나 완곡할 때는 각각의 섬이 분리된 점을 만든다. 산호섬 주변의 암초에 부딪혀 깨지는 파도는 조각처럼 부서져서 다양한 반사파 선을 형성한다.

⑥ 잠긴 물체는 레이더 반사파를 형성하지 않는다. 수면 위로 돌출된 1~2개의 암초, 또는 암석에 부서진 파도가 PPI상에 나타날 수 있다. 물체가 전부 물속에 잠겼을 때나 바다 표면이 그것을 감춰버릴 때 PPI상에는 아무것도 나타나지 않는다.

⑦ 육지가 해안선으로부터 일정하게 점점 드러난다면 그 어떤 지형도 다른 부분의 반사파보다 더 강한 반사파를 만들지 못한다. 그 결과, PPI상에 흐릿한 반사파가 잡히고 육지의 어떤 특정 지역으로부터의 범위인지 확인하기가 매우 어렵게 된다.

육지는 타깃을 플로팅함으로써 인지된다. 플로팅을 할 때 주의깊게 하는 연습을 해야 하는데, 그 이유는 선박이 뒤에 점점 커지는 육지를 두고 있는 해안을 향하거나 떠날 때 육지에 대한 거리와 방위에 대한 플로트가 '명확한 침로와 속력'을 보여주기 때문이다. 이 현상은 [그림 2-36]에서 설명된다.

A를 보면 육지로부터 50마일 떨어져 있는 선박은 레이더 빔이 경사가 진 1번 점에 부딪혀서 60마일이라는 거리를 나타내게 된다. B를 보면 육지로 10마일 더 가까이 다가선 선박의 위치에서 레이더 반사파가 2번 점에 부딪혀서 돌아와 거리 46마일을 나타내게 된다. C를 보면 10마일 더욱 가까이 다가선 선박의 위치에서 레이더 빔이 좀 더 낮은 경사부분인 3번을 맞고 돌아와서 거리 32마일을 나타내고 있다. 만약 이러한 거리가 플로트된다면 육지는 선박을 향해 움직이는 것처럼 나타날 것이다.

[그림 2-36]에서 안정적인 플로트를 얻기 위해 부드럽고 점진적인 경사면이 있다고 가정하자. 그러나 실제로는 육지의 경사는 보통 불규칙하며 플로트도 일정하지 않고 해서 육지 타깃에 대한 명확한 속력을 지정하기 힘들다. 경사면이 더 가파를수록 더 낮은 속력이 적정 속력이다. 더 나아가서 경사면이 항상 선박이 다가오는 것으로부터 방향을 떨어뜨리는 것은 아니기 때문에, 이 간단한 증명에서도 추측할 수 있듯이 타깃의 분명한 침로가 항상 그 선박의 침로에 반대 방향일 필요는 없다.

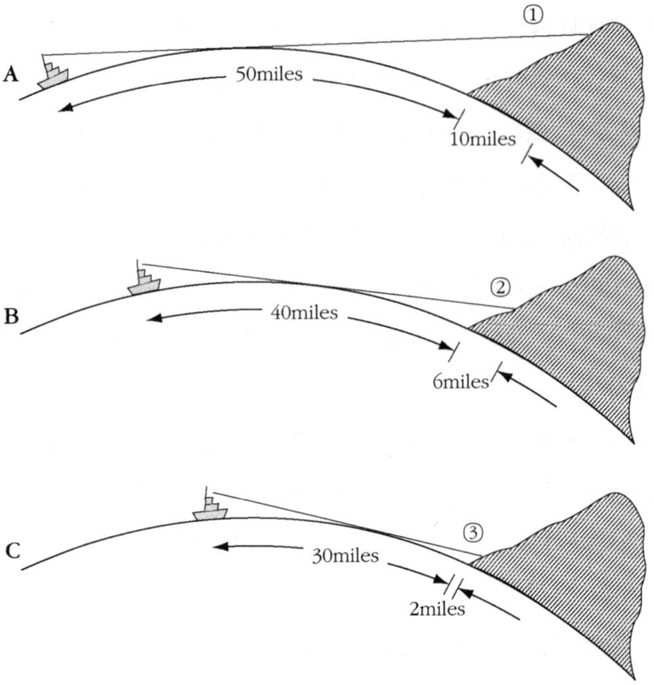

[그림 2-36] 육표의 외형상 침로와 속도

⑧ 얼룩진 신호는 언덕진 지대로부터 돌아오게 되는데 그 이유는 비록 저 너머의 계곡이 어둡더라도 각각 이 언덕 꼭대기에서 좋은 반사파를 되돌리기 때문이다.

⑨ 저지대는 보통 약한 반사파를 만든다. 딱딱한 팜나무나 다른 군락지가 있다면 종종 강한 반사파도 나오는데, 섬주위의 수평 수면이 숲의 수직면과 함께 코너 반사를 형성하기 때문이다. 그로 인해 수풀 섬은 강한 반사파를 보내고 황무지인 섬보다 훨씬 더 큰 거리가 감지된다.

2.12.3 선박 타깃

PPI상에 작은 점들이 발생하면 그것들을 제거함으로써 선박의 식별을 도울 수 있다. 항해 위치를 확인하면서 육지일 가능성을 배제할 수 있다. PPI상에 밝고, 확연하고, 명확한 이미지로 나타나는 중간 범위의 점의 출현은 그것이 강철선일 수도 있다는 높은 가능성을 제시한다. 선박 타깃의 점은 때때로 밝게 보일 수도 있고 그 후에는 천천히 밝기가 감소한다. 보통 선박 타깃의 점은 그 범위가 매우 커질 때 PPI상에서 색이 바래진다.

2.12.4 레이더 새도우

레이더 빔에 의해 육지가 스캔될 때 PPI 영상은 거의 해도와 같지만, 다른 특징에 의한 레이더 빔으로부터 막힌 어떤 특색 때문에 화면에 표시되지 않는 장소도 있다. 선박이 한 장소에 머물러 있을 때 PPI 영상에 지속적으로 나타나는 해안선의 선박이 다른 장소로 움직이거나 같은 해안선을 스캔할 때에는 연속적으로 나타나지 않는다.

레이더 빔은 곶과 같은 장애물에 의한 해안선의 어느 부분으로부터 막히기도 한다. 선박이 한 장소에 있을 때 PPI상에 나타나는 만이나 후미와 같은 해안선의 만이 선박이 근처 어딘가로 이동하게 되면 사라지는 경우도 있다. 따라서 레이더 새도우(Shadow)는 해도와 레이더상에서 현저한 차이를 불러일으킬 수도 있다. PPI상의 일그러짐이 빔폭과 펄스 길이의 결합에 의한 효과는 더욱 큰 차이점을 유발할 수가 있다.

2.12.5 빔 폭과 펄스 길이 비틀림

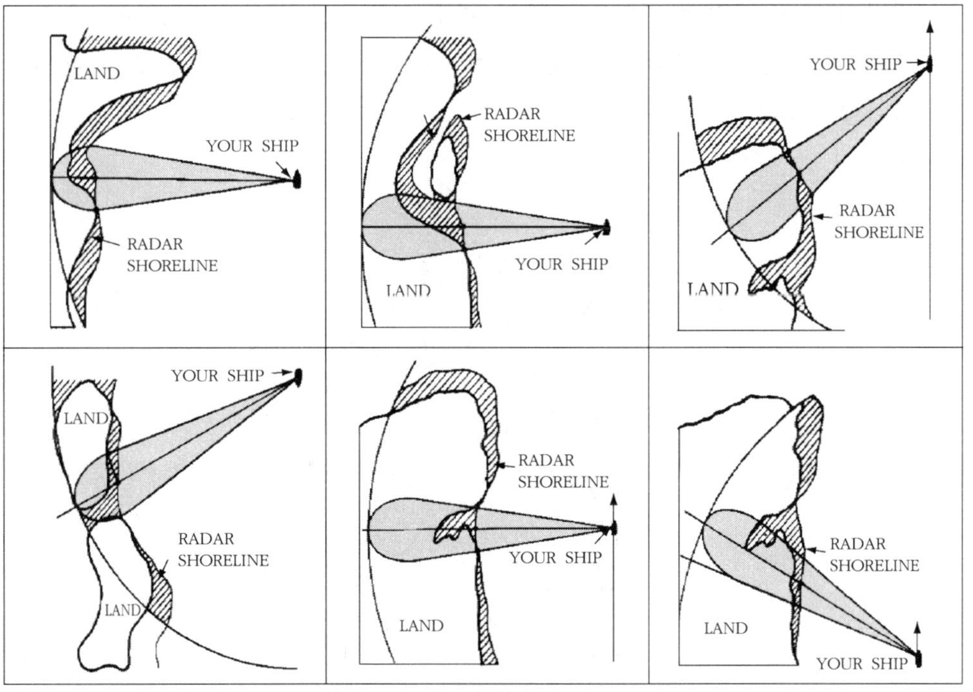

[그림 2-37] 레이더상 해안선에 대한 선박위치, 빔폭 그리고 펄스 길이의 영향

선박의 점, 암초 그리고 해안에 인접한 다른 타깃은 PPI상에서 해안선의 형태와 같이 합쳐져서 보인다. 이 현상은 수평빔의 폭과 펄스 길이의 비틀림 효과 때문이다. 타깃 형상은 항상 펄스 길이의 절반과 최소 동등한 길이(펄스 길이의 164yd/ms)에서 급진적으로 일그러진다.

[그림 2-37]은 레이더상 해안선의 펄스 길이와 빔폭, 그리고 선박위치의 영향에 대해 보여준다. 빔폭 비틀림에 의해서 직선 또는 거의 직선으로 PPI상에 초승달 모양의 해안선이 종종 나타난다. 이 현상은 빔폭이 더 넓을수록 크게 나타난다. 이 비틀림은 빔축과 해안선 감퇴의 사이의 각에 의해 증가하는 것에 유의해야 한다.

2.12.6 불필요한 반사파와 효과에 대한 인식

항해사는 다양한 불필요 반사파를 알 수 있어야만 하고 그들로 인해 혼란을 갖지 않도록 레이더 영상의 효과를 알고 있어야만 한다.

2.12.7 간접(거짓) 반사파

간접 혹은 거짓 반사파는 스택과 킹포스트와 같은 선박구조물에 의한 레이더 빔의 주 로브의 반사에 의해 발생한다. 반사파는 반파 표면의 방향에서 PPI상에 나타날 것이다.

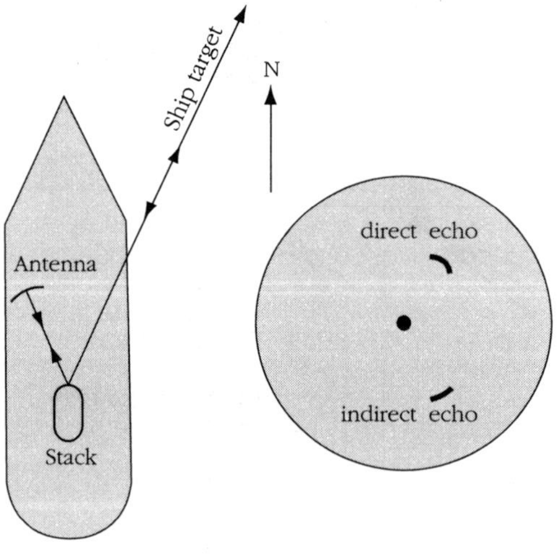

[그림 2-38] 간접 반사파

간접 반사파의 특성은 다음의 개략적인 것에 의해 알 수 있다.

① 간접 반사파는 보통 맹목 구간에서 발생한다.
② 간접 반사파는 비록 레이더 진방위 타깃에 뚜렷한 변화가 없더라도 실상 일정한 방위에서 수신된다.
③ 간접 반사파는 직접 반사파에 상응하는 거리에서 나타난다.
④ 플로트될 때 간접 반사파는 움직임의 보통 비정상적이다.
⑤ 간접 반사파의 형상은 직접 반사파가 아니다.

2.12.8 측로브 효과

측로브 효과는 미리 각각의 주 로브 반사파와 같은 거리에서 나타나는 반사파들을 생성하는 것을 알 수 있다. 반원 혹은 완전히 원 같은 형태도 생성이 된다. 측로브의 작은 에너지 때문에 이 효과들은 오직 짧은 범위에서만 통상 발생한다. 그 효과는 게인을 얻거나 클러터를 억제하면서 최소화되고 없어지기도 한다. 추적파 안테나는 대량으로 측로브 문제를 없애고 있다.

2.12.9 다중 반사파

다중 반사파는 가까운 거리에 있는 다른 선박으로부터 강력한 반사파 생성시 발생한다. 두 번 또는 세 번 혹은 그 이상의 반사파가 레이더에 본래 레이더 타깃 거리의 두 배, 세 배 혹은 그 몇 배 이상으로 나타난다.

2.12.10 이중 흔적(다수 흔적) 반사파

이중 흔적 반사파(다중 흔적 반사파)는 레이더 설정 거리보다 훨씬 큰 실제 거리의 타깃으로부터 수신한 반사파다. 그 거리 타깃에서 수신한 반사파가 만약 다음의 전송된 펄스에게서 수신되었다면 그 반사파는 레이더 영상에 옳은 방향의 방위로 나타나지만 거리는 틀리게 된다. 이중 흔적 반사파는 비정상 대기상태 혹은 대굴절이 존재하는 곳에서는 드물게 나타난다.

이중 흔적 반사파는 펄스 반복주기 변화(PRR : 그들의 흐릿함, 변덕성, 혹은 비틀림 형상과 불규칙적인 플로트 이동)로 인한 레이더 영상에서의 그들의 위치변

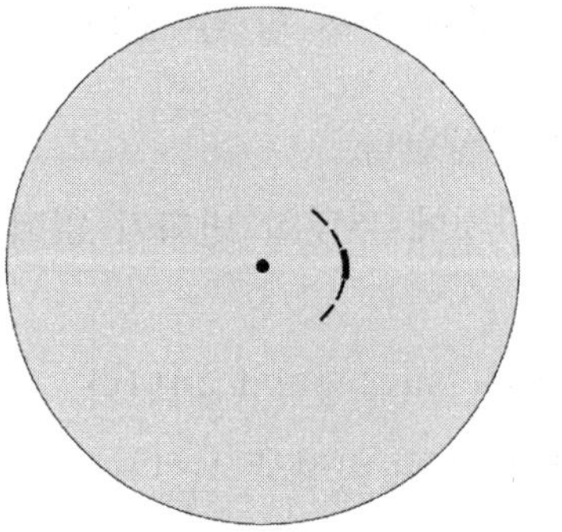

[그림 2-39] 측로브 효과

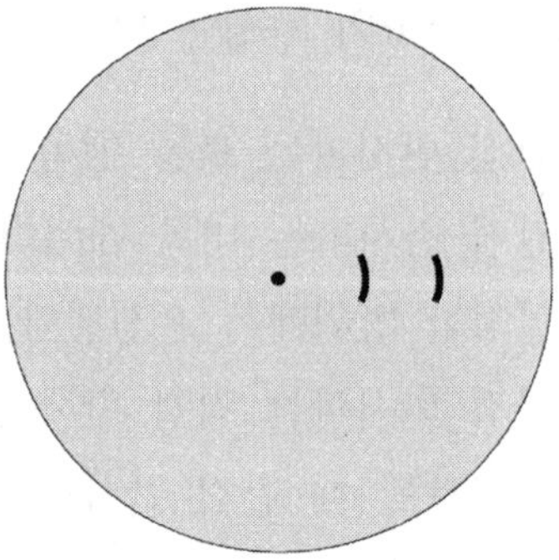

[그림 2-40] 다중 반사파

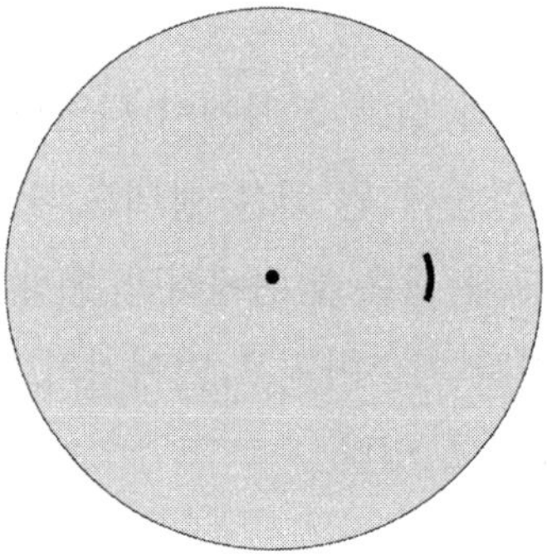

[그림 2-41] 12마일 범위의 이중 흔적 반사파

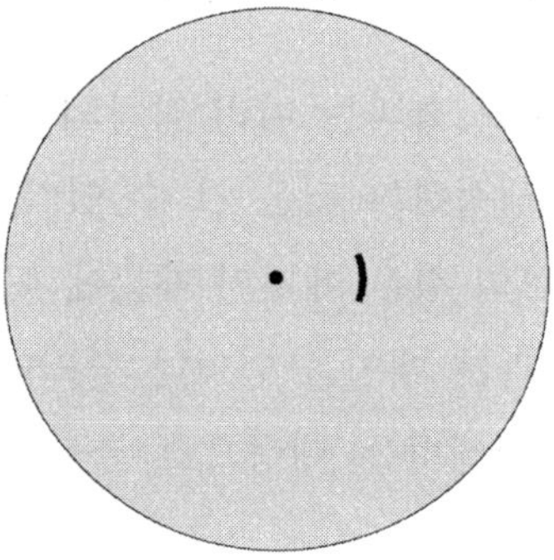

[그림 2-42] PRR 변화 후 12마일에서 이중 흔적 반사파의 위치

화를 통해 인지되기도 한다.

[그림 2-39]에서처럼 타깃점은 거리 7.5마일에서 090°의 진방위에서 나타난다. 2000에서 1800펄스 주기로 PRR을 변화함으로써, 거리 3마일에서 같은 090°방위에 같은 타깃이 나타난다.

[그림 2-40]에서 그 점의 위치변화는 그 점이 이중 흔적 반사파라는 것을 나타낸다. 그 타깃의 실제 거리는 펄스 간 레이더파 진행거리의 반이 더해진 PPI상 거리이다.

2.12.11 전자 간섭효과

전자 간섭효과는 본선의 것과 같은 주파수 밴드 안에서 작동하는 다른 레이더의 범위에서 발생하는데, 보통 임의적으로 흩뿌려진 형태 혹은 PPI 중앙에서 가장자리까지 확장된 점선과 같은 형식 중 하나로 밝은 다수의 점으로 PPI에 나타난다.

간섭효과는 확장된 레이더 범위 척도에서 보다 크게 일어난다. 이 간섭효과는 보통의 반사파와는 쉽게 구별이 되는데, 그 이유는 안테나의 연속 회전에 의해 같은 장소에 또 나타나지 않기 때문이다.

2.12.12 맹목 구간과 새도우 영역

스택, 마스트, 삼손 포스트와 다른 구조물은 이들을 넘어서는 레이더 빔의 강도를 줄이기도 하는데, 특히 구조물들이 레이더 안테나와 근접해 있을 때 더욱 그렇다.

만약 그 장애구조에 경계되어 있는 안테나 각도가 몇 도 이상이 되면 그 레이더 빔의 강도 감소는 아마 맹목 구간에 의한 것일 것이다. 새도우(shadow) 구간 내에서 좁은 범위에서의 작은 타깃은 훨씬 확장된 범위에서 감지되는 큰 타깃과는 달리 탐지가 되지 않을 것이다.

2.12.13 스포킹

스포킹(spoking)은 방사선 혹은 다수의 스포크로서 PPI상에 나타난다. 스포킹은 간섭효과로부터 쉽게 구별 가능한데 그 이유는 그 선이 모든 거리 단위설정에 있어서 일직선이고 점보다는 선으로 나타나기 때문이다.

스포크는 PPI상에 전체적으로 나타나거나 한 구획에 제한되어 나타난다. 스포킹은 좁은 구획에 제한되어야만 하는데, 그 효과는 레이마크 신호방위가 변해야 하는 장소에서 스포크의 안정된 상대 방위관찰을 통한 비슷한 형상의 레이마크 신호로부터 구별될 수 있다. 스포킹의 출현은 장비에 대한 유지 보수가 필요하다는 시점이다.

2.12.14 섹터링

PPI 영상에는 통상적인 구획과 어두운 구획이 번갈아서 나타나기도 한다. 이 현상은 보통 통제 불능의 자동 주파수 조절에 의해 발생한다.

2.12.15 PPI 영상 비틀림

레이더가 켜진 후 CRT 내부의 정전기 때문에 화면이 즉시 PPI 전체로 안 켜지기도 한다. 보통 이 정전기 현상은 PPI 영상 비틀림을 유발하며 몇 분 이상 지속되지는 않는다.

2.12.16 Hour-Glass 영향

Hour-Glass 영향은 PPI 중심 근처의 영상 확장이나 압축 중 하나로 나타난다. 팽창 현상은 중심 화면이 확장되는 것과 비슷하다. 이 영향은 펄스의 전송이 같은 순간에서 표시기가 시작되지 않을 때의 흔들림 혹은 비선형의 시각 베이스에 의해 유발되는 것으로 좁은 강이나 해안 근처에서 가장 명확히 나타난다.

2.13 레이더 항해 보조장비

다양한 레이더 항해 보조장비는 레이더 타깃에 대한 식별과 반사파의 강도가 약한 레이더 타깃으로부터 높은 강도의 반사파를 얻기 위해 발전되어 왔다.

2.13.1 레이더 반사기

부표와 소형선, 특히 목선과 같은 것은 반사 정도가 낮은 레이더 타깃이다. 이러한 타깃으로부터 얻는 약한 변동파는 레이더 영상에서 해면 반사와 같은 것으로부터 쉽게 묻힌다. 이러한 점을 보완하기 위해 레이더 반사기, 코너 반사 타입이 사용된다.

코너 반사기는 부표 꼭대기에 세워지거나 부표의 몸체에 그 모양을 본떠 만들어진다. 레이더 파가 어떤 금속 표면이나 판을 치더라도 본래 레이더 안테나의 방향으로 되돌아오게 되어 있다.

만약 모든 금속판들이 같은 각도로 이루어져 있다면 반사파의 최대 에너지가 그대로 다시 레이더 안테나로 되돌아 갈 것이다. 코너 반사기는 자주 한데 모아서 조립되기도 하는데 그것은 안테나로 수신강도가 높은 반사파를 보내기 위함이다.

2.13.2 레이더 부표

레이더 반사기는 레이더 타깃으로부터 강한 반사파를 얻기 위해 사용되었지만, 레이더 타깃의 좀 더 확실한 식별을 위한 다른 수단도 필요하다. 레이더 부표는 해상 레이더 주파수 밴드의 그 범위 안에서 선박의 레이더 영상에 독특한 표시를 하는 전송기이다.

이 부표는 일반적인 두 종류가 있는데, 레이콘과 레이마크이다. 레이콘은 타깃의 방위와 거리정보 둘 다를 제공하며, 레이마크는 오직 방위정보만을 표시한다. 그러나 만약 레이더 영상에 레이마크 반사파가 감지된다면 거리 또한 알 수 있을 것이다.

[그림 2-43] 레이더 반사 부표

2.13.3 레이콘

레이콘은 선박 레이더에서 파가 발진되었을 때 특정 신호를 보내는 레이더 송수신기이다. 그 신호는 레이더에서 발진된 것과 같은 주파수일 것이며, 레이더 영상에 자동으로 표시가 된다.

그 신호는 분리된 주파수로 방출되며, 신호를 받기 위해서는 레이더 수신기가 부표 주파수와 동조하거나, 특수 수신기가 사용되어야 한다. 각각의 경우에 PPI는 부표 신호를 제외하고는 텅 비어 있을 것이다.

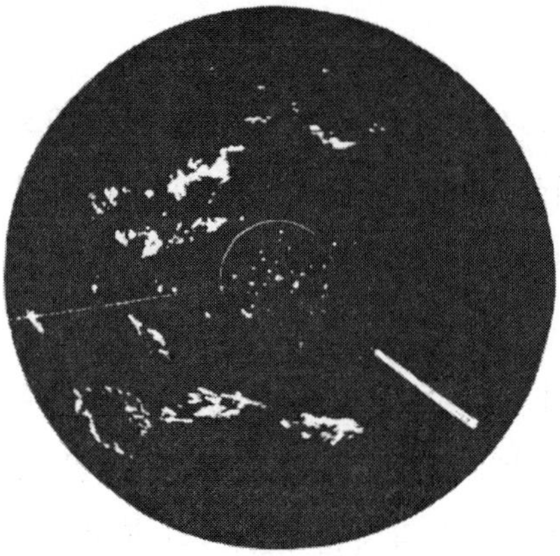

[그림 2-44] 레이콘 신호

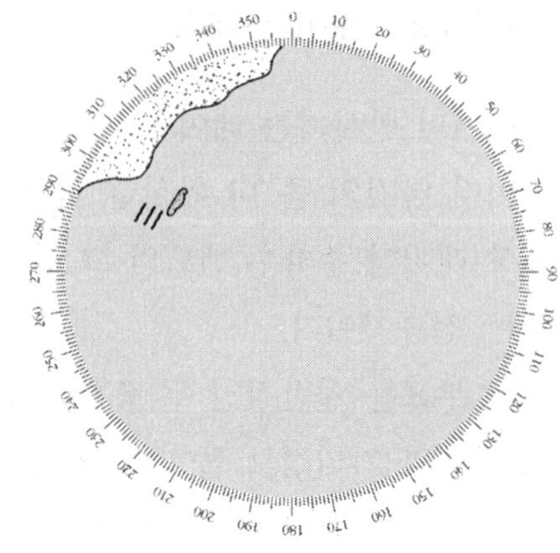

[그림 2-45] 부호화된 레이콘 신호

2.13.4 레이마크

레이마크는 파를 연속적으로 혹은 주기적으로 전송하는 부표이다. 후자의 전송방법은 PPI가 영상경의 레이마크 신호에 의한 잡음없이 검열되기 위함이다.

PPI상의 레이마크 신호는 중심으로부터 방사상의 선으로 나타난다. 그 방사선은 좁고 연속적인 선으로, 긴 줄, 점, 혹은 점과 긴 줄의 종류로 나타날 것이다.

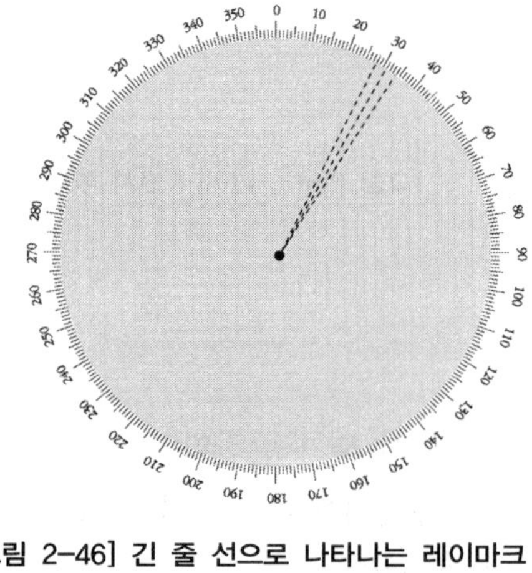

[그림 2-46] 긴 줄 선으로 나타나는 레이마크 신호

2.14 레이더 위치결정 방법

2.14.1 하나의 물체에 대한 거리와 방위

아마도 한 물체에 대한 거리와 방위를 측정하는 레이더 위치결정은 확실한 물표로 식별 가능한 작고, 고립된 물체로 제한되어져야 한다. 많은 상황에서 이 방법이 유일하게 믿을 수 있는 방법일 수도 있다.

가능하다면 위치결정은 레이더 거리와 시각적 차이로 방위에 기반을 두어야만 하는데, 그 이유는 레이더 방위가 시각적 자이로 방위보다 더 부정확하기 때문이다. 이 방법의 최고 장점은 위치결정에 대한 신속성이다.

단점은 위치결정이 단지 한 물체에 대한 관측으로 얻어지는 방위와 거리인 두 개의 위치 교차선에 기반을 두는 점이다. 식별 오차는 재난을 일으킬 수 있다.

2.14.2 둘 혹은 그 이상의 방위

일반적으로 레이더 방위로 얻어지는 위치는 거리 교차로부터 얻는 것보다 더 부정확하다. 이 방법을 통한 위치결정의 정확성은 작고, 고립된 레이더에 분명히 나타나는 물표의 중심 방위가 감지되었을 때 더 정확하다. 방법의 신속성 때문에 그 방법은 차후 두 개 혹은 그 이상의 거리를 이용해 위치결정을 하기 위해 더욱 확실한 물표 식별에 사용될 초기 근사 위치를 결정하는 수단이 된다.

2.14.3 타깃 방위

정접 방위에 의한 위치결정은 많지 않은 정확한 위치결정 방법 중 하나이다. 거리측정과 함께 사용되는 정접 방위는 매우 정확한 위치결정을 제공한다.

[그림 2-47]에서 보듯이 정접 방위선이 빔폭 비틀림 때문에 실제 거리보다 더 적은 섬으로부터의 거리에서 교차한다. 우측 방위선은 수평 빔폭 절반으로 감축되어야 하고, 좌측 방위선은 같은 폭만큼 증가되어야 한다. 위치는 양 방위선과 거리 호의 중간 교차점에 의해 결정된다.

PPI상에 나타난 해도식의 섬형상에서 그 좌측과 우측 끝단을 연관시키는 일은 항상 너무 어려운 일이다. 그러므로 빔폭의 절반을 보정했을지라도 그 방위선은 보통 거리 호에서 교차되지 않는다.

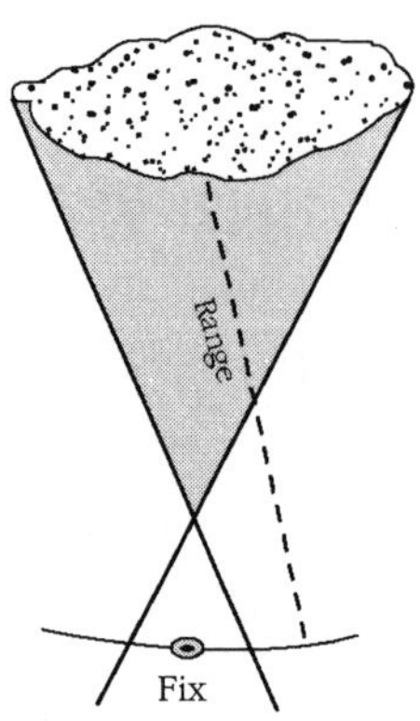

[그림 2-47] 정접 방위와 레이더 거리를 통한 위치결정

2.14.4 둘 혹은 그 이상의 거리

여러 상황에서 더 정확한 레이더 위치는 거의 두 개 혹은 그 이상의 고정 물표에 대한 동시 거리측정에 의해 결정된다. 우선적으로 위치결정에는 적어도 3개의 거리가 잡혀야 한다. 특정 상황에서 적당히 사용 가능한 측정 거리의 수는 거리측정과 식별에 필요한 시간에 의존한다. 보통, 3개 이상의 거리를 사용하는 것은 측정시 시간 지체가 생기기 때문에 과도한 오차를 유발할 수 있다.

만약 우선적으로 아주 신속하게 거리변화가 측정된다면 느리게 측정되었을 때 보다 플로트는 계획된 항로를 따라 더 적게 나아갈 것이다. 따라서 신속하게 거리를 측정함으로써 선박의 실제 위치에서 레이더 플로트를 더 적게 지체시킬 수 있다.

실제 교차 방위법과 비슷하게 거리를 이용한 레이더 위치결정의 정확성 또한 위치선의 교차각에 의존한다. 더 좋은 정확성을 얻기 위해서는 물표에 90°에 가깝게 위치선 각이 형성되어야 한다. 두 개의 물표가 서로 반대방향에 위치해 있거나 거의 그러한 쪽에 위치해 있을 경우 거리 호는 비록 그들이 소각으로 교차되었든 교차되지 않았든 간에, 90°에 가까운 그것들을 교차하는 다른 거리 호의 결합에 의해 높은 정확성을 제공할 것이다(그림 2-48).

두 거리 호의 가까운 접촉은 보다 정확한 측정과 육지에 대한 좌우 거리에 상관없이 상당한 확실성을 보여준다.

작고, 고립된, 레이더에 분명한 물체는 거리 호가 90°에 가깝게 교차할 때는 가장 믿을만하고 정확한 레이더 위치결정 수단이 된다.

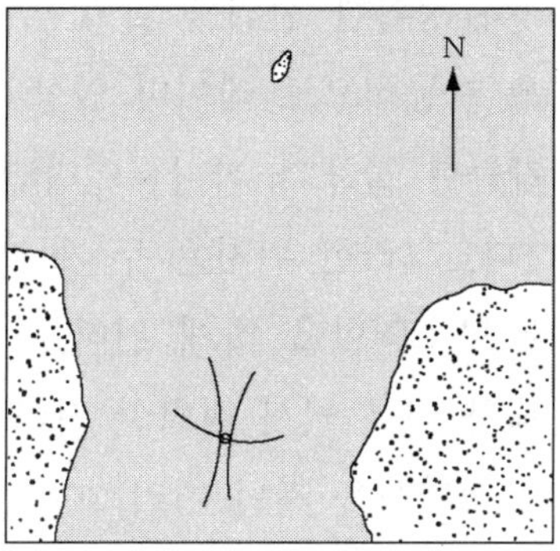

[그림 2-48] 레이더 위치

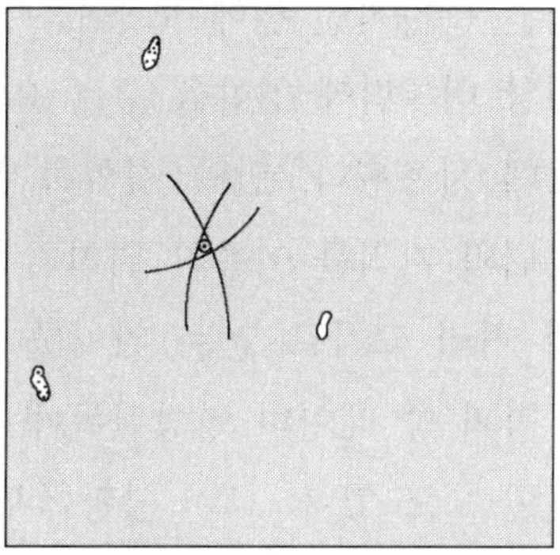

[그림 2-49] 작고, 고립된, 분명한 물체에 의한 레이더 위치

[그림 2-49]에서는 3개의 분명한 물체의 거리를 측정하여 얻어진 선위를 보여준다. 단지 거리로 낸 그 위치는 작은 물체더라도 방위로 위치를 낸 것보다 더 정확한 측정이다. 이 상황을 보더라도 한 점에서 결정되는 위치는 볼 수 없다.

이와 같이 위치결정을 하는데 방위가 사용되지는 않지만 레이더 물체를 식별하는 데는 유용하게 사용된다.

선박이 항로를 따라 나아갈 때 비록 거리 위치선의 각도가 현저히 좁아지더라도, 3개의 물표는 여전히 효과적인 위치결정 물표가 된다. 그러한 때에 더 나은 물표가 좋은 각도를 얻기 위해 타깃팅이 된다. 우선적으로 처음 새 물표가 선택되어야만 하고, 본래 각도가 좁아지기 전에 관측이 되어야만 한다. 새 물표에 대한 거리 호와 좋은 위치를 얻게 하고 물표의 거리 호를 합동시키는 것은 새 물표를 더욱 잘 확인할 수 있게 한다.

2.14.5 혼합법

거리로 위치를 결정내는 동안 좋은 각을 얻기 위한 두 개 혹은 그 이상의 작고, 고립되고 분명한 물표를 사용하지 못하는 경우가 있다. 항해사는 레이더 영상에 해도의 특징이 실제로 나타나 있는지에 대한 판단능력에 있어서 상당한 실력을 가지고 있어야만 한다. 만약 초기에 표시된 정확한 물체가 없거나, 선위에 상당한 불확실성이 있다면, 항해사는 일단 임시적으로 주위의 잘 보이는 확실한 특정 물표의 레이더 방위를 확인해야 한다. 만약 교차방위 위치가 몇 도의 정확성을 가지고 물표를 확인했다면 교차방위로 얻어진 예측 선위는 레이더 영상을 판단하는 순차적인 일에 보조로 사용된다. 더욱 정확한 선위를 알고 있다면 레이더 영상 비틀림에 영향을 주는 요인들은 더욱 지능적으로 레이더 영상의 해석을 하는데 사용된다. 만약 정확하지만 이용 가능한 물표가 하나뿐이라면 한 물표로 방위와 거리를 이용한 위치결정이 가능하다. 그러한 위치는 두 개 혹은 그 이상의 거리 교차로 얻는 위치를 확인하는데 보조역할을 하게 된다.

항과 중 레이더 영상판독에 부딪친 문제가 너무 커서 정확한 거리 위치결정을 못할 수도 있다. 그런 상황에서는 몇 도의 정확성을 지닌 거리 호가 방위와 거리를 사용한 물표 식별에 도움이 될 수 있다.

정확하게 식별한 한 물표를 거리와 방위로 측정하여 얻은 위치의 정확성은 보통 레이더 방위보다 자이로 방위를 실측함으로써 더욱 개선될 수가 있다. 특히, 저시야 주기에는 항해사는 방위실측에 있어서 주의를 해야 한다.

특별 상황에서의 최상의 방법 혹은 혼합법은 유능한 항해사의 옳은 판단을 위해 남겨져야만 하는 반면에 방식 선택에 영향을 주는 요인들은 다음을 포함한다.

① 레이더 설정의 특성
② 개별 기술
③ 본선 감항성을 포함한 항해 상황
④ 레이더 영상확인과 연관된 문제
⑤ 위치선의 각

2.14.6 거리 호의 가작도

작고, 고립된, 레이더에 분명한 물표는 해도에 레이더 위치를 빨리 내도록 거리 호의 가작도가 가능하다. 이 가작도는 각각의 물표에서 같은 지점에 거리가 측정되거나 혹은 그러하게, 항과 중에 양상이 변하기 때문에 가능하다. 조금 덜 분명한 레이더 타깃으로 위치를 낼 경우 항해사는 일반적으로 그의 레이더 영상을 보며 거리 호의 중심을 지속적으로 변경한다.

더 플로팅을 신송하게 하기 위해 항해사는 또한 분명한 물표에 대한 방위선을 가작도해 볼 것이다. 거리선과 방위선의 가작도 각은 호와 선이 해도에 추가됨으로써 나타나는 해도의 잡다한 것들에 의한다. 보통 가작도는 항과 해역의 주요 부분이나 묘박지에 한하여 사용된다.

2.15 ARPA의 운용

2.15.1 ARPA 기능에 사용하는 키 설명

ARPA 기능에는 아래의 키를 사용한다.

① 키보드

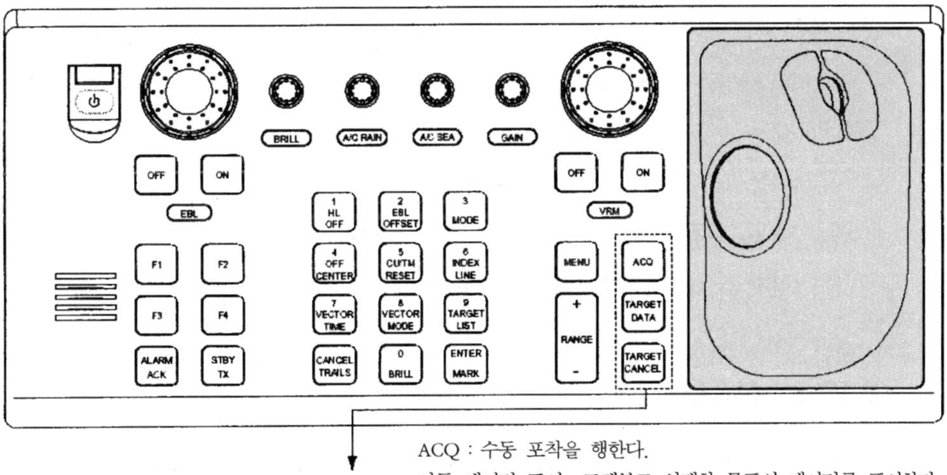

ACQ : 수동 포착을 행한다.
자동 데이터 표시 : 트랙볼로 선택한 물표의 데이터를 표시한다.
목표소거 : 트랙볼로 선택한 물표를 각각 소거한다.

[그림 2-50] 키보드

② 트랙볼

레이더 유효범위 내에 커서를 이동해 휠을 돌리면 가이드란 안에 아래의 ARPA 기능이 표시된다. 또, 커서 메뉴로부터 ARPA 기능을 선택할 수 있다.

- 목표 데이터 표시 : 물표를 수동으로 포착한다. 또는 커서로 선택한 물표의 데이터(TRGT DATA&ACQ)를 표시한다.
- 목표소거 : 커서로 선택한 물표의 포착을 중지한다(TRGT CANCEL).
- 포착(ACQ) : 물표를 수동으로 포착한다.

2.15.2 ARPA 작동

다음의 순서로 ARPA를 동작시킬 수가 있다.

① 트랙볼을 조작해 화살표 커서를 화면 우측의 ARPA 포착 아이콘 내로 이동한다.

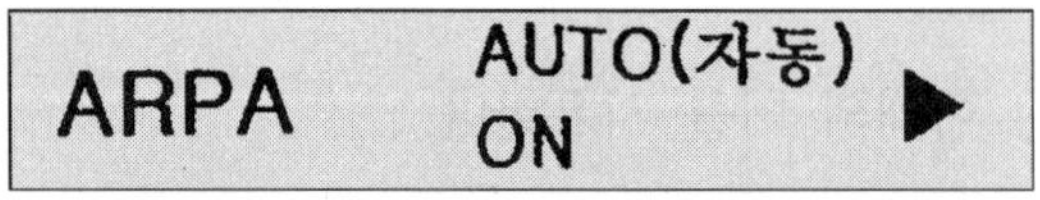

[그림 2-51] ARPA ACQ MODE 아이콘

② 왼쪽 버튼을 눌러 'ARPA AUTO(자동)', 'ARPA MAN(수동)', 'ARPA AUTO/MAN(자동/수동)' 또는 'ARPA OFF'를 선택한다.
   ㉠ 자동 : 모든 포착을 자동으로 한다.
   ㉡ 수동 : 모든 포착을 수동으로 한다.
   ㉢ 자동/수동 : 자동 및 수동으로 포착을 한다.
   ㉣ OFF : ARPA 기능을 중지한다.

2.15.3 선속을 입력

ARPA 기능에는 자선의 선속과 선수 방위가 필요한다. 선속은 대지 · 대수 · 비교선속(최대 3개의 정지 물표)을 사용할 수가 있다. 또, 수동 입력을 할 수 있다. 비교 선속에 대해서는 다음의 순서를 따라 주십시오.

1) 비교 선속을 입력

비교 선속은 다음의 상황일 때에 사용할 수 있다.

① 선속 로그가 사용되어 있지 않든지 또는 레이더에 접속되어 있지 않은 경우
② 조류계나 선속 로그 등이 자선에 비교 선속을 선택한 경우 ARPA는 정지 상태의 물표를 비교 대조해 자선의 선속을 계산한다. 이러한 물표에는 '1', '2', '3'의 번호가 붙어 원으로 표시된다.
   ㉠ 커서를 레이더 유효 범위내로 이동시켜 휠을 돌려 가이드란에 'REF MARK/EXIT : 고정 물표 포착/조작 종료'라고 표시된다.
   ㉡ 자선으로부터 0.2~24해리 떨어진 작은 섬이나 알기 쉬운 움직이지 않는 물표를 선택한다.
   ㉢ 트랙볼을 조작해 순서 2로 선택한 물표에 +자 커서를 이동한다.

㉣ 왼쪽 버튼을 눌러 마크를 투입한다. (키보드상의 [ENTER/MARK : 입력/마크] 키-를 눌러도 마크는 투입된다.)

커서의 위치에 고정 물표 마크가 투입되어 자선위치 데이터가 'LOG : 로그', 'NAV', 'MANUAL : 수동'에서 'REF : 비교 선속'으로 바뀐다.

새로운 선속 데이터가 표시될 때까지 1분 정도 필요하다. 고정 물표의 포착이 실패할 경우 소실 마크가 나타난다.

[그림 2-52] 고정 물표 마크

㉤ 순서 2~4를 반복해 최대한 3개의 고정 물표에 마크를 투입한다.

2) 고정 물표에 의한 선속 입력 때의 주의

① 고정 물표를 소실해 포착을 계속할 수가 없게 될 경우 고정 물표 마크는 점멸해 화면상의 선속값이 '***.*'로 된다. 다른 고정 물표를 다시 선택한다.
② 모든 물표의 포착을 중지할 경우 고정 물표의 포착도 같은 모양으로 중단되어 비교선속의 계산을 할 수 없게 된다.
③ ARPA 목표 메뉴상의 '3.REF TARGET VECTOR : 고정 물표 벡터'를 설정하는 것으로 고정 물표상에 벡터를 표시할 수도 있다.

3) 비교 선속 입력 중지

선속 메뉴를 열어서 '1. SHIP SPEED : 선속 데이터'의 설정을 'LOG', 'NAV' 또는 'MANUAL : 수동선속'으로 변경한다.

2.15.4 자동 포착

이 기기의 ARPA 기능에서는 최대 100개의 물표를 포착할 수가 있다. 자동·수동 포착수의 배분은 ARPA 목표 메뉴로 행한다.

〈표 2-5〉 자동/수동 포착

메뉴 설정	포착 상황
수동 100	수동으로 100 물표 모두를 포착
자동 25	자동으로 25 물표, 수동으로 75 물표를 포착
자동 50	자동으로 50 물표, 수동으로 50 물표를 포착
자동 75	자동으로 65 물표, 수동으로 25 물표를 포착
자동 100	자동으로 100 물표를 모두 포착

자동 포착된 물표는 점선의 사각으로 둘러싸여 안테나가 20회전할 때까지의 벡터가 표시되고 그 물표가 움직일 방향을 나타낸다.

안테나가 60회전하는 동안에는 포착의 초기 단계가 종료해 안정되어 시작한다.

이때 점선의 사각은 실선의 원으로 바뀐다. (수동 포착한 물표는 굵은 선으로 원이 그려진다.)

1) 자동 포착 시작

① 트랙볼을 조작해 화살표 커서를 화면 우측의 ARPA 아이콘 위로 이동해, 오른쪽 버튼을 눌러 ARPA 목표 메뉴를 연다.

② 휠을 돌려 '1 ARPA SELECT : 1 ARPA 동작선택'을 선택해 휠이나 왼쪽 버튼을 누른다.

③ 휠을 돌려 희망의 자동 포착 수를 선택해 휠이나 왼쪽 버튼을 누른다.

④ 오른쪽 버튼을 눌러 메뉴를 닫는다.

주 : 자동 포착 기능 안에는 가드 존의 설정이 필요하다.

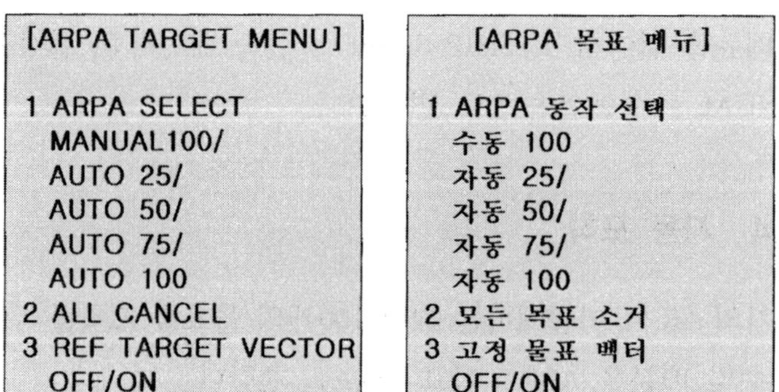

[그림 2-53] ARPA 목표 메뉴

2) 물표의 추적 해제(고정 물표를 포함함)

앞 페이지에서 설정한 자동 포착수에 다다르면 화면 우측으로 'TARGET-FULL (AUTO)'라는 메시지가 나타나 그 이상의 포착을 할 수 없게 된다. 이 경우 그다지 중요하지 않은 포착이 끝난 물표의 추적을 해제하든지 또는 수동 포착을 하도록 한다.

(1) 키보드를 사용할 경우

① 트랙볼을 조작해 추적을 해제하고 싶은 물표(또는 고정 물표)에 +자 커서를 이동한다.
② 'TARGET CANCEL/EXIT : 목표소거 / EXIT' 키를 누른다.

(2) 트랙볼을 사용할 경우

① 커서를 레이더 유효 범위 내로 이동해 휠을 돌려 가이드란에 'TARGET CANCEL : 목표소거'를 표시한다.
② 트랙볼을 조작해 추적을 해제하고 싶은 물표(또는 고정 물표)에 +자 커서를 이동한다.
③ 왼쪽 버튼이나 휠을 돌려 추적을 해제한다.

3) 모든 물표의 추적 해제

① 트랙볼을 조작해 화면 우측의 ARPA 아이콘을 선택해 오른쪽 버튼을 누른다.

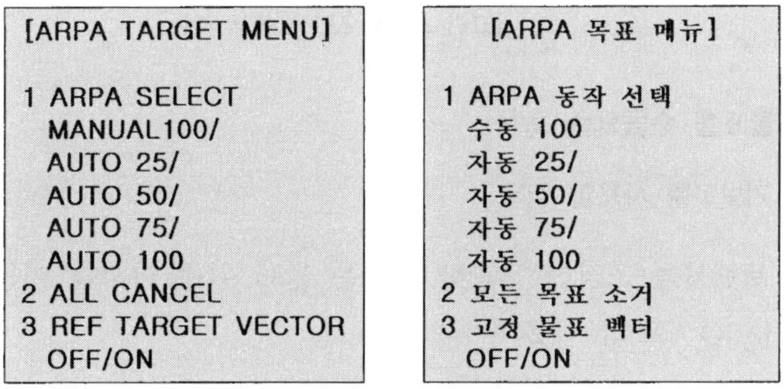

[그림 2-54] ARPA 목표 메뉴

② 휠을 돌려 '2 ALL CANCEL : 2 전 목표 소거'를 선택한다.
③ 휠이나 왼쪽 버튼을 눌러 모든 물표의 추적을 해제한다.

2.15.5 수동 포착

메뉴의 설정에 의해 최대 100개의 물표를 수동으로 포착할 수도 있다.

1) 수동 포착수 설정

① 트랙볼을 조작해서 화면 우측의 ARPA 아이콘에 화살표 커서를 이동해 오른쪽 버튼을 눌러 ARPA 목표 메뉴를 연다.
② 휠을 돌려 '1 ARPA SELECT : 1 APRA 동작 선택'을 선택해 휠을 누른다.
③ 휠을 돌려 'MAN(수동) 100', 'AUTO(자동) 25', 'AUTO(자동) 50' 또는 'AUTO(자동) 75'를 선택해 휠이나 왼쪽 버튼을 누른다.
④ 오른쪽 버튼을 눌러 메뉴를 닫는다.

[ARPA TARGET MENU]	[ARPA 목표 메뉴]
1 ARPA SELECT	1 ARPA 동작 선택
MANUAL100/	수동 100
AUTO 25/	자동 25/
AUTO 50/	자동 50/
AUTO 75/	자동 75/
AUTO 100	자동 100
2 ALL CANCEL	2 모든 목표 소거
3 REF TARGET VECTOR	3 고정 물표 백터
OFF/ON	OFF/ON

[그림 2-55] ARPA 목표 메뉴

2) 물표를 수동으로 포착

(1) 키보드를 사용할 경우

① 트랙볼을 조작해 포착하고 싶은 물표 위에 커서를 이동한다.
② [ACQ : 포착] 키를 누른다.

(2) 트랙볼을 사용할 경우

① 레이더 유효범위 내에 커서를 두어 휠을 돌려 가이드란 내에 'TARGET DATA ACQ : 물표 표착'이나 'ACQ : 포착'을 표시한다.
② 트랙볼을 조작해 포착하고 싶은 물표 위에 커서를 이동한다.
③ 왼쪽 버튼을 눌러 포착한다.

〈표 2-6〉 포착 마크

포착 마크	의 미
	포착 직후에 표시된다.
	포착 후 안테나가 20회전하기까지 물표의 이동방향을 나타내는 벡터가 나타난다.
	포착 후 안테나가 60 회전하기까지 안정된 물표이면 실선의 원으로 바뀐다.

포착의 초기 단계에서는 포착 마크는 파선으로 표시된다. 대략 1분 후에 벡터가 나타나 물표가 진행될 방향을 나타낸다. 그 물표가 3분간 안정되어 표시되면 포착 마크는 실선으로 바뀐다. 포착에 실패하면 마크는 점멸을 시작해 이윽고 사라진다.

주1) 자선으로부터 32 해리 내에서 해면 · 진눈깨비 반사가 없는 상태로 포착을 행해준다.
주2) 메뉴로 설정한 수동 포착수에 다다르면 'ARGET-FULL(MAN)'라고 하는 메시지가 나타난다. 다시 수동 포착을 계속하는 경우 충돌의 위험성이 없는 물표의 추적을 해제해준다.

2.15.6 ARPA 심벌과 그 의미

1) ARPA 심벌

이 기기에 사용되는 ARPA 심벌은 IEC 60872-1에 준수하고 있다.

〈표 2-7〉 ARPA 심벌-1

	심 벌	상 태	비 고
자동 포착		초기 단계	자동 포착 직후의 물표 위에 파선이 사각 표시된다. 추적이 안정될 때까지의 상태
			포착 후 안테나가 20~60 회전하는 사이에 벡터가 나타난다.
		안정 때	포착한 물표가 안정되어 추적하면 실선의 원으로 바뀐다.
	 (점멸)	충돌 물표	충돌의 위험성이 있는 물표는 삼각형으로 바뀌어 점멸을 시작한다.
		충돌 물표확인 때	위험물표를 확인하면 점멸이 정지한다.
	 (점멸)	소실 물표	잃은 물표는 능형으로 바뀌어 점멸을 시작한다.

〈표 2-8〉 ARPA 심벌-2

	심 벌	상 태	비 고
수동 포착		초기 단계	자동 포착 직후의 물표 위에 파선이 사각 표시된다. 추적이 안정될 때까지의 상태이다.
	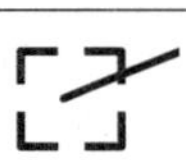		포착 후 안테나가 20~60 회전하는 사이에 벡터가 나타난다.
	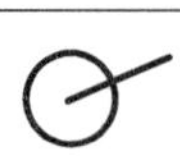	안정 때	포착한 물표가 안정되어 추미되면 굵은 실선의 원으로 바뀐다.
	 (점멸)	충돌 물표	충돌의 위험성이 있는 물표는 굵은 선의 삼각형으로 바뀌어 점멸을 시작한다.
			위험물표를 확인하면 점멸이 정지한다.
	 (점멸)	소실 물표	잃어버린 물표는 굵은 선의 능형에 변해 점멸을 시작한다.

	심 벌	상 태	비 고
가드 존	(점멸)	설정한 가드존에 물표가 들어간 경우	가드 존 내에 들어간 물표는 역삼각형으로 바뀌어 벡터도 같이 점멸을 시작한다.
데이터 표시 물표	1	선택한 물표 위의 표시	선택한 물표의 거리, 범위, 진로, 선속, CPA, TCPA를 표시한다.
고정 물표	R 60초 후에 R	고정 물표 위의 표시	대지 또는 비교 선속의 계산에 사용하고 있는 물표를 나타낸다.
시험 항해	T (점멸)	화면 중앙 아래에 표시	시험 항해 실행중에 표시된다.
퍼포먼스 테스트	XX (점멸)	화면 중앙 아래에 표시	퍼포먼스 검사 실행중에 표시된다.

2) ARPA 심벌의 휘도 조정

① 트랙볼을 조작해 화면왼쪽의 색조 아이콘을 선택해 오른쪽 버튼을 누른다.

② 휠을 돌려 0 다음으로 선택해 휠이나 왼쪽 버튼을 누른다.

③ 휠을 돌려 '6 ARPA SYMBOL : ARPA 심벌 휘도'를 선택해 휠이나 왼쪽 버튼을 누른다.

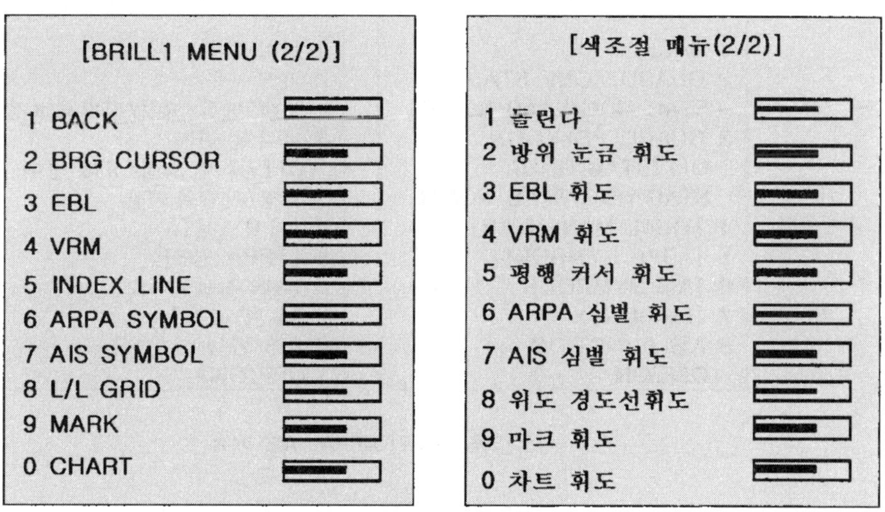

[그림 2-56] 색조절 메뉴

④ 휠을 돌려 휘도를 조정한다.
⑤ 오른쪽 버튼을 2회 눌러 메뉴를 닫는다.

3) ARPA 심벌 색과 크기 변경

다음의 순서로 ARPA 심벌의 색과 크기를 변경할 수가 있다.

① 트랙볼을 조작해 화면 오른쪽의 메뉴 아이콘을 선택해 왼쪽 버튼을 누른다.
② 휠을 돌려 '4 ARPA · AIS'를 선택해 휠이나 왼쪽 버튼을 누른다.
③ 휠을 돌려 '5 ARPA SYMBOL : 6 ARPA 심벌'을 선택해 휠이나 왼쪽 버튼을 누른다.
④ 휠을 돌려 '2 ARPA SYMBOL COLOR : 6 ARPA 심벌색'을 선택해 휠이나 왼쪽 버튼을 누른다.
⑤ 휠을 돌려 색을 선택해 휠이나 왼쪽 버튼을 누른다.
⑥ 휠을 돌려 '3 ARPA SYMBOL SIZE : 3 심벌 사이즈'를 선택해 휠이나 왼쪽 버튼을 누른다.
⑦ 휠을 돌려 'SMALL : 소', 'STD : 표준' 또는 'LARGE : 대'를 선택해 휠이나 왼쪽 버튼을 누른다.
⑧ 오른쪽 버튼을 3회 눌러 메뉴를 닫는다.

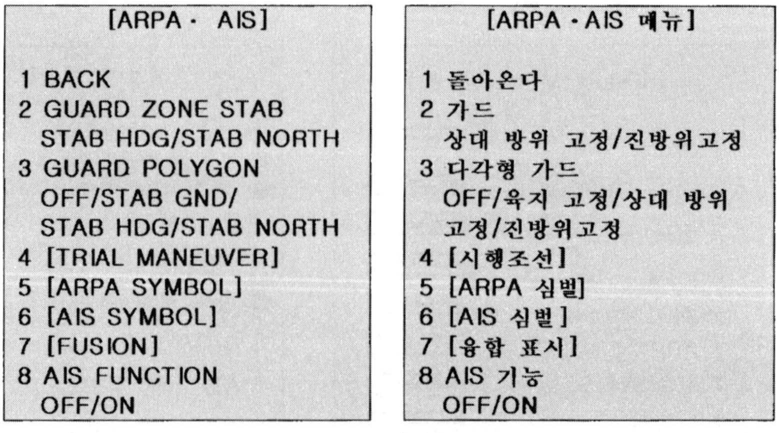

[그림 2-57] ARPA · AIS 메뉴

```
[ARPA SYMBOL]

1 BACK
2 ARPA SYMBOL COLOR
  RED*/GRN/BLU/YEL/
  CYA/MAG/WHT
3 ARPA SYMBOL SIZE
  SMALL/STD/LARGE
4 PAST POSN COLOR
  RED/GRN/BLU/YEL/
  CYA/MAG/WHT
5 PAST POSN POINTS
  5/10
```

```
[ARPA 심벌]

1 돌아온다
2 ARPA 심벌색
  적/녹/청/황색/
  물색/보라색/흰색
3 ARPA 심벌 사이즈
  소/표준/대
4 ARPA 항적색
  적/녹/청/황색/
  물색/보라색/흰색
5 ARPA 항적 점수
  5/10
```

* IMO RADAR 에는 필요 없음

[그림 2-58] ARPA 심벌 메뉴

2.15.7 물표의 데이터 표시

물표의 데이터(거리, 방위, 코스, 선속)를 표시할 수가 있다.

1) 개별적인 물표 데이터 표시

(1) 키보드를 사용한 조작

트랙볼을 조작해 데이터를 표시하고 싶은 물표 위에 커서를 이동해 'TARGET DATA : 목표 데이터 표시' 키를 누른다.

(2) 트랙볼을 사용한 조작

① 커서를 레이더 유효 화면 내로 이동해 휠을 돌려 가이드란에 'TARGET DATA & ACQ/CURSOR MENU : 목표 데이터 표시 & 표착 / 커서 메뉴'를 표시한다.

② 트랙볼을 조작해 데이터를 표시하고 싶은 물표 위로 이동해 왼쪽 버튼을 누른다.

(3) 데이터 항목

① RNG/BRG BRG : 자선에서 선택한 물표까지의 거리와 방위를 표시한다. (T : 진, R : 상대)

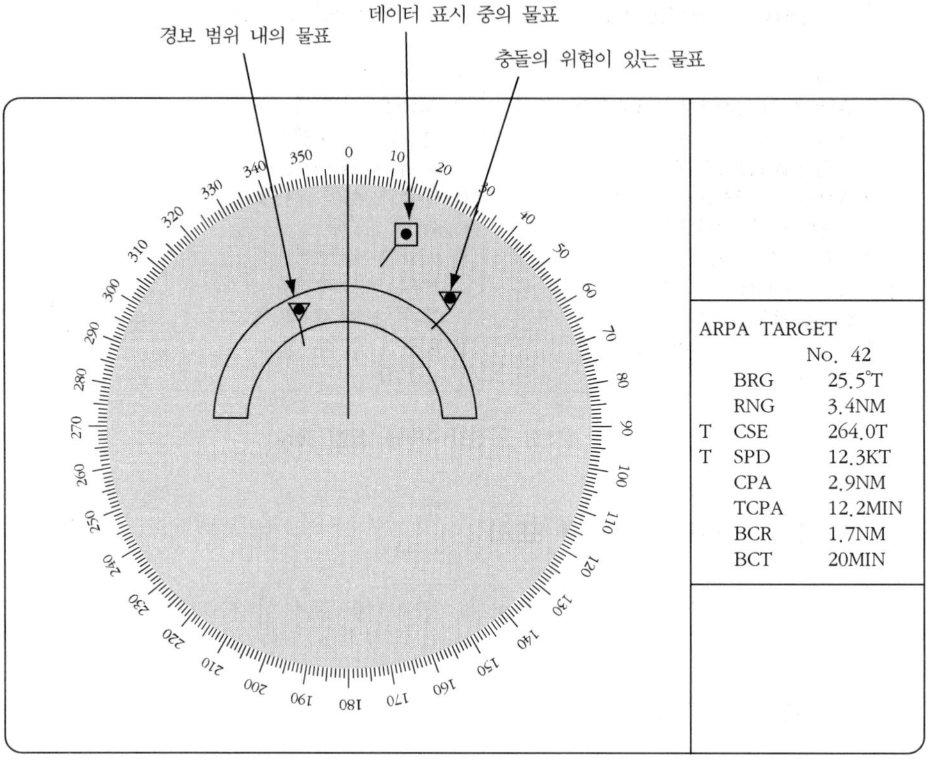

[그림 2-59] 물표 데이터 표시

② CSE/SPD SPD : 선택한 물표의 침로와 속도를 표시한다.(T : 진, R : 상대)

③ CPA/TCPA TCPA : 'CPA'란 물표가 자선에 가장 접근하는 거리이고, 'TCPA'는 그 시간을 의미한다. 양 항목 모두 자동적으로 계산된다.

④ BCR / BCT BCT : BCR는 선수 횡절 거리, BCT는 선수 통과시간을 나타낸다.

2) 목표 데이터 일람

목표 데이터 일람에는 ARPA(또는 AIS) 기능으로 포착하고 있는 모든 물표의 데이터를 표시할 수가 있다.

(1) 목표 데이터 일람 표시

목표 데이터 일람을 표시하는 경우는 다음의 순서를 행하여 준다.

① 트랙볼을 조작해 화면 우측의 목표 데이터 일람 아이콘을 선택한다.

[그림 2-60] 목표 데이터 일람 아이콘

② 왼쪽 버튼을 눌러 목표 데이터 일람을 표시한다.

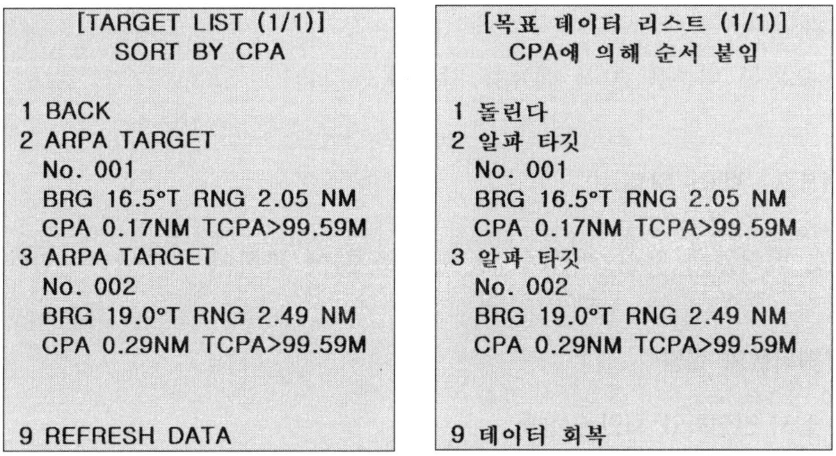

[그림 2-61] 목표 리스트

③ 휠을 돌려 '0 NEXT : 0 다음으로'를 선택해 휠이나 왼쪽 버튼을 누른다.

④ 오른쪽 버튼을 눌러 목표 데이터 일람을 닫는다.

(2) 목표 데이터 일람 차례 변경

데이터 항목(CPA, TCPA, BCR, BCT, 거리, 선속)별로 일람의 내용을 차례로 바꿀 수가 있다.

① 트랙볼을 조작해 화면 우측의 목표 데이터 일람 아이콘을 선택한다.

② 오른쪽 버튼을 눌러 목표 데이터 일람 메뉴를 연다.

[TARGET LIST MENU]	[목표 데이터 일람 메뉴]
1 SORT BY CPA/TCPA/BCR/BCT/ RANGE/SPEED	1 순서 붙임 CPA/TCPA/BCR/BCT 거리/속도

[그림 2-62] 목표 데이터 일람 메뉴

③ 휠을 돌려 '1 SORT : 1 순서 붙임'을 선택해 휠이나 왼쪽 버튼을 누른다.
④ 휠을 돌려 차례로 바꾸기의 기준이 되는 항목을 선택해 휠이나 왼쪽 버튼을 누른다.
⑤ 오른쪽 버튼을 눌러 메뉴를 닫는다.

2.15.8 벡터 모드

타깃 벡터들은 자선 헤딩(상대) 북쪽(트루)에 관하여 나타낼 수 있다.

1) 벡터들의 설명

(1) 접지 안정화와 해면 안정화

타깃 벡터들이 접지 안정화와 해면 안정화가 될 수 있다. 자선의 해면 안정화 방식이고, 전체 타깃들은 콤파스 헤딩을 사용해 바다를 참조하고 True Motion mode에 싱글 축 로그 대수 속력을 넣는다. 접지 안정화 방식은 자선과 모든 타깃은 접지 트랙 또는 세트를 사용해 접지를 참조하고 드리프트를 입력한다.

만약 정확성이 불만족스러운 것처럼 보인다면 세트와 드리프트를 바로잡아 넣는다. 설정하였던 것을 유념하고 드리프트는 레이더가 A/S타깃들을 나타내고 있을 때 세트와 드리프트는 사용하지 않도록 주의한다.

(2) TURE 벡터

TURE 운동방식에는 육지, 운항 마크들과 벡터 길이 0으로 레이더 화면상에 움직이지 않고 남아 있는 배의 앵커와 같은 모든 타깃을 고정한다. 그러나 바람 그리고 전류 중에서 벡터들은 자선에 영향을 미친 세트와 드리프트의 역수를 표현한 고정 타깃들을 위해 나타난다. 그리고 드리프트 값들은 알맞게 들어간다.

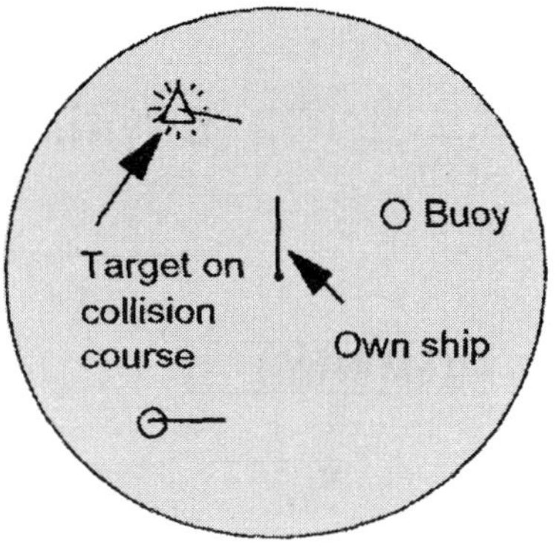

(a) 헤드-업 모드에서 TRUE 벡터

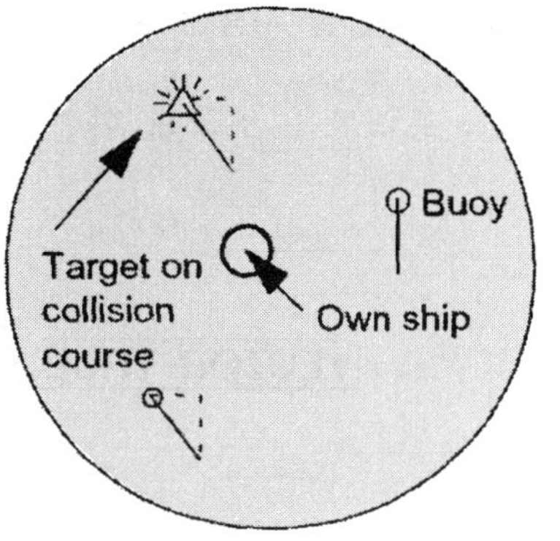

(b) 헤드-업 모드에서 상대 벡터

[그림 2-63] TRUE와 상대 벡터

(3) 상대 벡터

타깃 위의 상대 벡터는 육지와 같이 그라운드 위에서 움직이지 않는다. 육지, 운항 마크들과 배의 앵커는 자선 그라운드 트랙이 상대적으로 나타난다. 자선을 지나 통과한 벡터 확장 타깃은 충돌 코스에 있다(점선 라인 형태는 단지 이것에 대한 설명이다).

2) 벡터의 모드와 시간

벡터의 모드는 진과 상대에서 선택한다. 벡터 시간은 30초, 1분, 2분, 3분, 6분, 12분, 15분, 30분에서 선택할 수가 있다.

(1) 키보드를 사용

① VECTOR MODE : 벡터진/상대 키를 몇 차례 눌러 TREU : 진이나 RELATIVE : 상대를 선택한다. 선택한 모드는 벡터 모드 아이콘에 표시된다.
② VECTOR TIME : 벡터 시간 키를 몇 차례 눌러 벡터 시간을 선택한다. 선택된 시간은 벡터 시간 아이콘에 표시된다. ([그림 2-64] 참조)

(2) 트랙볼을 사용한 조작

① 트랙볼을 조작해 화면 우측의 벡터 모드 아이콘을 선택한다.

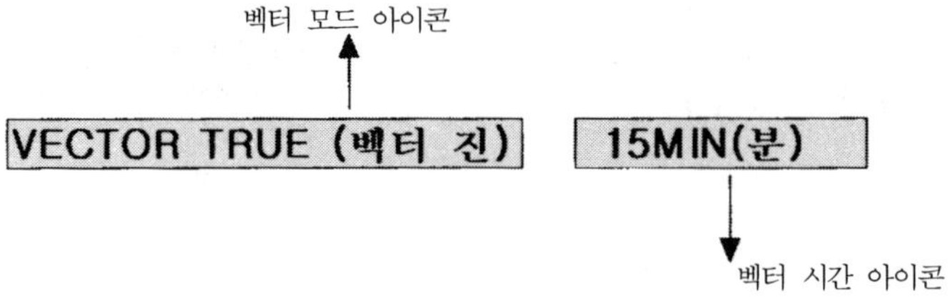

[그림 2-64] 벡터 모드 아이콘

② 왼쪽 버튼을 눌러 벡터 모드 아이콘 내에 'VECTOR TRUE : 벡터진' 또는 'VECTOR RELATIVE : 벡터 상대'를 표시한다.
③ 트랙볼을 조작해 벡터 시간 아이콘을 선택한다.
④ 왼쪽 버튼을 눌러 원하는 벡터 시간을 표시한다.

벡터의 첨단은 선택한 벡터 시간이 경과 후에 물표가 이동했다고 예측되는 위치를 나타내고 있다. 설정 시간을 바꾸어 벡터를 펴는 것으로 물표의 충돌의 가능성을 예측하는 유효한 기능이다.

2.15.9 항적 표시

물표의 항적을 일정한 시간마다 점을 그려서 표시할 수가 있다. 설정한 시간간격으로 점을 그려 간다. 물표의 선속이 바뀌면 점의 간격은 균등하게 나오지 않게 된다. 침로가 바뀔 경우는 항적은 직선으로 나오지 않게 된다.

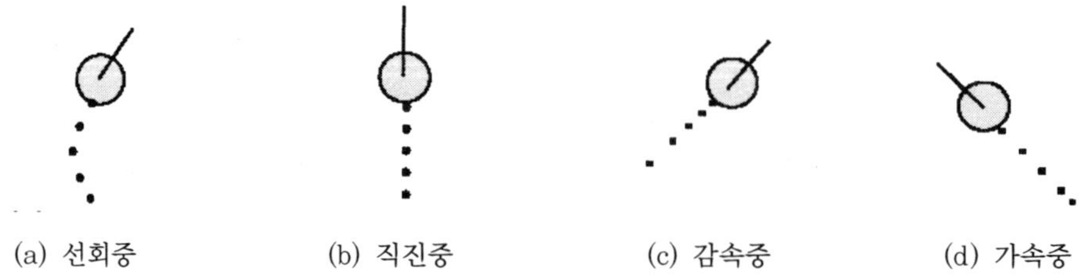

[그림 2-65] 항적 표시

1) 항적점 표시

항적점을 표시한다/하지 않는다. 항적점을 그릴 시간을 설정한다.

① 트랙볼을 조작해 화면 우측의 항적 아이콘을 선택한다.

진*항적 | 2MIN |

* : 설정에 의해 '상대'라고 표시되어 있는 경우도 있다.

[그림 2-66] 항적 아이콘

② 왼쪽 버튼을 눌러 OFF, 30초, 1분, 2분, 3분 또는 6분부터 원하는 간격을 선택한다. OFF를 선택하면 모든 항적을 소거해 또 지금 이후의 항적도 표시하지 않는다.

2) 항적 표시의 특징

항적 점수와 항적점의 색을 설정한다.

① 트랙볼을 조작해 화면 우측의 메뉴 아이콘을 선택해 왼쪽 버튼을 누른다.
② 휠을 돌려 '4 ARPA · AIS'를 선택해 휠이나 왼쪽 버튼을 누른다.

[ARPA · AIS]	[ARPA · AIS 메뉴]
1 BACK	1 돌아온다
2 GUARD ZONE STAB STAB HDG/STAB NORTH	2 가드 존 상대 방위 고정/진방위고정
3 GUARD POLYGON OFF/STAB GND/ STAB HDG/STAB NORTH	3 다각형 가드 OFF/육지 고정/상대 방위 고정/진방위고정
4 [TRIAL MANEUVER]	4 [시행조선]
5 [ARPA SYMBOL]	5 [ARPA 심벌]
6 [AIS SYMBOL]	6 [AIS 심벌]
7 [FUSION]	7 [융합 표시]
8 AIS FUNCTION OFF/ON	8 AIS 기능 OFF/ON

[그림 2-67] ARPA · AIS 메뉴

③ 휠을 돌려 '5'을 선택해 휠이나 왼쪽 버튼을 누른다.

[ARPA SYMBOL]	[ARPA 심벌]
1 BACK	1 돌아온다
2 ARPA SYMBOL COLOR	2 ARPA 심벌색
RED/GRN/BLU/YEL/	적/녹/청/황색/
CYA/MAG/WHT	물색/보라색/흰색
3 ARPA SYMBOL SIZE	3 ARPA 심벌 사이즈
SMALL/STD/LARGE	소/표준/대
4 PAST POSN COLOR	4 ARPA 항적색
RED/GRN/BLU/YEL/	적/녹/청/황색/
CYA/MAG/WHT	물색/보라색/흰색
5 PAST POSN POINTS	5 ARPA 항적 점수
5/10	5/10

[그림 2-68] ARPA 심벌 메뉴

④ 휠을 돌려 '3 ARPA SYMBOL SIZE : 3 ARPA 심벌 사이즈'를 선택해 휠이나 왼쪽 버튼을 누른다.

⑤ 휠을 돌려 원하는 색을 선택해 휠이나 왼쪽 버튼을 누른다.

⑥ 휠을 돌려 '5 ARPA POSN POINTS : 5 ARPA 항적 점수'

⑦ 휠을 돌려 '5'나 '10'을 선택해 휠이나 왼쪽 버튼을 누른다.

⑧ 오른쪽 버튼을 3회 눌러 메뉴를 닫는다.

2.15.10 조류의 보정

대수속도를 사용하고 있을 때는 조류 보정값을 입력한 위치보정값으로 할 수 있다. 일반적으로 ARPA 기능을 항해에 이용할 때는 '대지속도', 충돌예방에 이용할 때는 '대수속도'를 사용한다.

① 트랙볼을 조작해 선속 아이콘을 선택해 오른쪽 버튼을 누른다.

[SPEED MENU]	[선속 메뉴]
1 SHIP SPEED	1 선속 데이터
LOG(BT)/LOG(WT)/	대수 로그/대지 로그/
GPS/MANUAL/REF	GPS/수동선속/비교배
2 MANUAL SPEED	2 수동선속
0.0kt	0.0kt
3 SET DRIFT	3 조류 보정
OFF/ON	OFF/ON

[그림 2-69] 선속 메뉴

② 휠을 돌려 '3 SET DRIFT : 3 조류 보정'을 선택해 휠이나 왼쪽 버튼을 누른다.
③ 휠을 돌려 'ON'을 선택해 휠이나 왼쪽 버튼을 누른다.
④ 오른쪽 버튼을 눌러 메뉴를 닫는다.
⑤ 트랙볼을 조작해 회면 우측의 조류 아이콘을 선택한다.

SET(조류) | 66.8° T |

[그림 2-70] 조류 아이콘

⑥ 조류계를 읽어내 휠을 돌려 조류의 방위 수치를 맞춘다. 설정 후에 휠을 눌러 결정한다.
⑦ 트랙볼을 조작해 화면 추측의 보정 아이콘을 선택한다.

DRIFT(보정) | 7.2KT |

[그림 2-71] 보정 아이콘

⑧ 조류계를 읽어내, 휠을 돌려 조류의 유속을 맞춘다. 설정 후에 휠을 눌러 결정한다. [설정범위 : 00.0～19.9(kt)]

2.15.11 CPA / TCPA 경보 레인지 설정

ARPA는 최 접근점(CPA)에서의 예상 범위와 자선의 각 표적 추적의 예상 시간을 계속적으로 모니터한다. 어떠한 표적의 예상 CPA가 미리 설정된 CPA 경보 범위보다 적게 될 때와 그것은 설정된 TCPA는 미리 설정된 TCPA 경보 범위 보다 적을 때 ARPA는 경보를 울리고 스크린상에는 충돌 경고 레벨이 표시된다.

추가로, ARPA 심벌을 삼각형으로 바뀌며 그것의 벡터와 함께 반짝인다.

⚠경고

CPA/TCPA 경보

CPA/TCPA 경보의 주안점은 충돌위험 방지에 대하여 하나의 수단으로 믿지 말아야 합니다. 래이더든지 프로팅 AID로 쓰이고 있든지 말든지 충돌회피에 대하여 가시 경계를 유지하는 책임은 줄지 않습니다.

[그림 2-72] 경고

특징은 정확하게 사용하는 것을 제공하였고, 이것은 위협적인 표적으로부터 당신에게 알려줌으로써 충돌의 위험을 막는 것을 도울 것이다. GAIN, A/C SEA, A/C RAIN은 중요하다. 그리고 다른 레이더 컨트롤은 알맞게 조정된다.

CPA/TCPA 경보 레인지는 사이즈, 용적 톤수, 속력, 회전 실행과 자선의 다른 특색을 고려해 알맞게 설정해 두어야만 한다.

1) CPA/TCPA 경보 레인지 설정

CPA/TCPA 경보설정은 다음과 같이 한다.

① 트랙볼을 돌려 CPA LIMIT 박스를 선택한다. 만약에 'CPA LIMIT OFF'만으로 나오면 왼쪽 버튼을 눌러 CPA와 TCPA 박스들이 보이도록 한다.

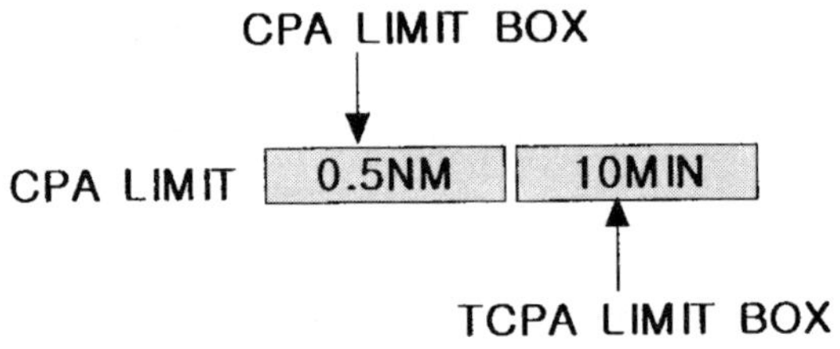

[그림 2-73] CPA LIMIT와 TCPA LIMIT 박스들

② 왼쪽 버튼이나 휠을 돌려 CPA LIMIT 박스를 선택하고 휠을 누른다.
- 왼쪽 버튼 : 0.5, 1, 1.5, 2, 3, 4, 5, 6(nm)
- 휠 : 0.5~20NM, 0~10NM은 1NM씩 증가, 그 이후는 0.5NM씩 증가

③ 트랙볼을 돌려 TCPA LIMIT 박스를 선택한다.

④ 왼쪽 버튼이나 휠을 돌려 원하는 TCPA 값을 선택하고 휠을 누른다.
- 왼쪽 버튼 : 1, 2, 3, 4, 5, 6, 12, 15(분)
- 휠 : 1~60분, 1분씩 증가

2) CPA/TCPA 경보승인

승인과 CPA/TCPA 경보해제는 키보드의 [ALARM ACK] 키를 누르거나 트랙볼로 ALARM ACK 박스를 선택하고 왼쪽 버튼을 누른다.

충돌경고 라벨과 삼각형 추적 심벌의 점멸과 벡터는 위험한 위치에서 없어질 때까지 화면에 남아 있거나 임의적으로 타깃의 추적을 끝낸다.

2.15.12 Guard Zone 설정

표적이 조작자 설정 Guard Zone을 지나갈 때 부저 소리와 화면 아래에 GIARD(적색)으로 표시된다. 타깃은 경고의 이유로 점멸 삼각형으로 바뀌어 뚜렷하게 표시된다.

1) 가드 존 활성화

하나 또는 둘의 가드 존(guard zone)이 설정된다. NO.1 가드 존은 3~6nm에서 가능하고, NO.2 가드 존은 NO.1 가드 존이 사용되고 있을 때 어느 곳이든 설정이 가능하다.

ARPA/AIS 가드 존 라인들은 청색이고, 레이더 가드 알람으로부터 그들의 침입을 구분한다.

① 트랙볼을 돌려 화면의 오른쪽에 있는 GZ(GUARD ZONE) 박스들 중의 하나를 선택한다.

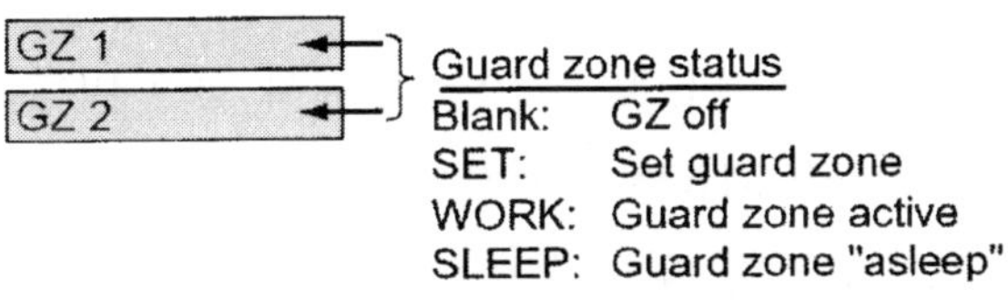

[그림 2-74] GZ 박스들

② 왼쪽 버튼을 누른다. GZ 박스는 바로 'GZx SET'를 읽는다.
③ 트랙볼을 돌려 커서를 A점에 놓고, 왼쪽 버튼을 누른다.
④ 트랙볼을 돌려 커서를 B점에 놓고, 왼쪽 버튼을 누른다.

GZ 박스는 바로 'GZx SET'를 읽는다.

만약 GZ2와 다각형 가드 존을 설정하고 있으면 적어도 3점을 설정한다.
마치려면 오른쪽 버튼을 누른다.

주의 : 표시상태는 GZ2 설정에서 반드시 WORK or SLEEP으로 되어야 한다.

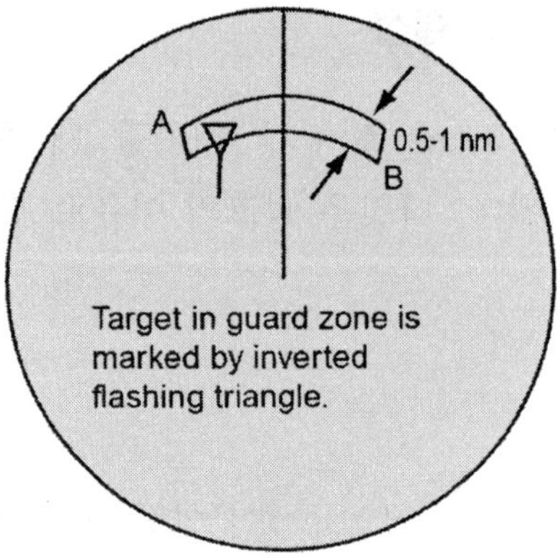

[그림 2-75] 가드 존

ARPA 혹은 AIS 표적이 가드 존을 위반했을 때 화면 오른쪽에 'GUARD'(적색) 메시지가 나타나고, 위반 표적은 거꾸로 된 삼각형으로 표시된다.

Note 1 : 자선 둘레의 360° 적용한 가드 존을 만들려면 A점과 같이 거의 같은 방향 (대략 ±3°)으로 B점을 설정하고 왼쪽 버튼을 누른다.

Note 2 : 만약 레인지 범위가 가드 존의 반보다 적게 바뀌면 GZ 박스는 'GZx OUT'를 읽는다. 만약 이 상태에서 왼쪽 버튼을 누르면 가드 알람 존은 'SLEEP STATE : 휴지상태'로 되고, 안내 박스는 'GZ WORK L=DELETE'라고 읽는다.

Note 3 : 가드 존 설정은 원호 모양이다. 이 가드 존은 3~10점으로 이루어진 다각형일지도 모른다.

Note 4 : 2 이상 경보 존(No.1과 No.2 Guard Alarm Zones)은 추가로 더해질 것이다. 이것은 한 번에 4개의 Guard Alarm Zones을 사용할 수 있다는 의미이다. ARPA 심벌은 Guard Alarm Zones에서 역삼각형으로 바뀌지 않는다. 단 이것들은 가드 존에서만 그렇게 한다.

2) 휴지(Sleeping), 가드 존 해제

① 트랙볼을 돌려 적합한 GZ 박스를 선택한다.

② 휴지 또는 적합한 가드 존의 해제 : SLEEP GUARD ZONE : 즉각 왼쪽 버튼을 눌러 화면으로부터 가드 존을 없애기 위해 즉시 누른다. GZ 박스의 지시는 'GZx WORK'에서 'GZx SLEEP'로 바뀐다. 재활성과 가드 존의 표시는

'GZx WORK'를 나타내기 위해 이 절차를 반복한다.

DEACTIVATE GUARD ZONE : GZ 박스가 없어질 때까지 왼쪽 버튼을 계속 누른다.

3) 가드 존 경보승인

승인과 가드 존 경보해제는 키보드의 [ALARM ACK] 키를 누르거나 트랙볼로 ALARM ACK 박스를 선택하고 왼쪽 버튼을 누른다.

4) 가드 존 조회

가드 존은 다음과 같이 HEADING 또는 NORTH로 조회될 것이다.

① 트랙볼을 돌려 화면의 오른쪽에 있는 MENU 박스를 선택하고 왼쪽 버튼을 누른다.

② 휠을 돌려 4 ARPA · AIS를 선택하고 휠이나 왼쪽 버튼을 누른다.

[ARPA · AIS]	[ARPA · AIS]
1 BACK	1 돌린다
2 GUARD ZONE STAB	2 가드 존 고정
STAB HDG/STAB NORTH	상대방위고정/진방위고정
3 GUARD POLYGON	3 가드 다각형
OFF/STAB GND/	OFF/육지고정/
STAB HDG/STAB NORTH	상대방위고정/진방위고정
4 [TRIAL MANEUVER]	4 [시험 조선]
5 [ARPA SYMBOL]	5 [ARPA 심벌]
6 [AIS SYMBOL]	6 [AIS 심벌]
7 [FUSION]	7 [융합표시]
8 AIS FUNCTION	8 AIS 기능
OFF/ON	OFF/ON

[그림 2-76] ARPA · AIS 메뉴

③ 휠을 돌려 2 GIARD ZONE STAB를 선택하고 휠이나 왼쪽 버튼을 누른다.

④ 휠을 돌려 알맞은 STAB HDG나 STAB NORTH를 선택하고 휠이나 왼쪽 버튼을 누른다.

⑤ 메뉴를 닫으려면 오른쪽 버튼을 두 번 누른다.

5) 가드 존 모양과 안정

No.2 가드 존의 모양은 부채꼴 또는 10점을 가진 다각형일 것이다.
(No.1. 가드 존의 모양은 항상 부채꼴이다.)

① 트랙볼을 돌려 화면의 오른쪽에 있는 MENU 박스를 선택하고 왼쪽 버튼을 누른다.
② 휠을 돌려 4 ARPA · AIS를 선택하고 휠이나 왼쪽 버튼을 누른다.
③ 휠을 돌려 3 GUARD POLYGON을 선택하고 휠이나 왼쪽 버튼을 누른다.
④ 휠을 돌려 알맞은 OFF, STAB GND, STAB HDG 또는 STAB NORTH를 선택하고 휠이나 왼쪽 버튼을 누른다.
   ㉠ OFF : 가드 존은 섹터이다. : 점들의 수는 4에 제한된다.
   ㉡ STAB GND : 가드 존은 육지에 대하여 고정이다. : 가드 존은 3~10점을 가진 다각형이다.
   ㉢ STAB HDG : 가드 존은 상대 방위에 대하여 고정이다. : 가드 존은 3~10점을 가진 다각형이다.
   ㉣ STAB NORTH : 가드 존은 진방위에 대하여 고정이다. : 가드 존은 3~10점을 가진 다각형이다.
⑤ 메뉴를 닫으려면 오른쪽 버튼을 두 번 누른다.

2.15.13 조작상의 경고

ARPA 시각적 트리거와 들리는 경보들의 원인이 되는 6개의 주 상태가 있다.

① 충돌 경보
② 가드 존 경보
③ 분실 타깃 경보
④ 수동 취득에 대한 타깃 가득 참 경보
⑤ 자동 취득에 대한 타깃 가득 참 경보
⑥ 시스템 실패

1) 충돌(CPA/TCPA) 경보

시각(충돌)과 들린 경보들은 미리 제한된 설정으로 타깃 떨어짐이 발생된다. CPA/TCPA 승인 경보가 들리면 [ALARM ACK] 키를 누르거나, ALARM ACK 박스를 선택하고 왼쪽 버튼을 누른다.

2) 가드 존 경보

시각(GUARD)과 들린 경보들은 사용자가 설정한 가드 존을 지날 때 발생된다. 승인과 가드 경보해제는 [ALARM ACK] 키를 누르거나, ALARM ACK 박스를 선택하고 왼쪽 버튼을 누른다.

3) 타깃 분실 경보

시스템이 타깃 추적을 잃어버림을 탐지하면 타깃 심벌은 반짝이는 다이아몬드(◇)로 되고 화면 아래에 LOST 라벨이 나타난다. 동시에 경보 들림이 1초 동안 일어난다.

승인과 분실 타깃 경보의 해제는 [ALRAM ACK] 키를 누르거나, ALARM ACK 박스를 선택하고 왼쪽 버튼을 누른다. R다음에 분실 타깃 마크는 사라진다.

4) 타깃 가득 참 경보(TARGET FULL ALARM)

메모리가 가득 찰 때 메모리 가득 찬 상태는 'TARGET-FULL(AUTO+MAN)'으로 나타나거나 짧은 삑 소리와 함께 화면에 적절한 지시가 나타난다.

5) 수동으로 얻어진 타깃들

메뉴에 설정된 것과 같이 수동으로 획득한 타깃의 용량이 도달했을 때 짧은 삑 소리와 화면 아래에 'TARGET-FULL(MAN)'라는 표시가 나타난다.

6) 자동으로 획득한 타깃들

메뉴에 설정된 것과 같이 자동으로 획득한 타깃의 용량이 도달했을 때 짧은 삑 소리와 화면 아래에 'TARGET-FULL(AUTO)'라는 표시가 나타난다.

7) 시스템 실패 경보

SPU 보드가 레이더나 외부 장비로부터 신호가 받아들여지지 않을 때 위반 장비의 표시와 함께 'ARPA SYSTEM ERROR'를 화면에 보여준다. 또한 가칭 경보는 해제된다. 분실 신호들은 〈표 2-9〉에 보여진 것과 같이 표시된다.

〈표 2-9〉 시스템 실패 경보

Missing Signal(신호 분실)	표 시
*Speed log signal	LOG(로그)
*Heading signal, Gyrocompass	GYRO(자이로)
Trigger signal rader	TRIGGER(트리거)
Video from radar	VIDEO(비디오)
*Bearing signal from radar antenna	AZIMUTH(방위)
*Heading pulses from radar antenna	HEADLINE(선수선)

* 경보는 ARPA와 함께 혹은 ARPA없이 사용 가능한다.

2.15.14 시험 항해

시험 항해(trial maneuver)의 형태는 타깃 정보의 갱신의 갱신을 방해하지 않은 채 자선시험에 대해서 모든 추적 타깃에 대한 효과를 시뮬레이터한다.

1) 시험 항해의 종류(Types of Trial Maneuvers)

시험 항해에는 정적과 동적 2가지의 종류가 있다.

(1) 동적 시험조선

동적 시험 항해는 추적 타깃과 자선의 예정 위치를 나타낸다. 일정한 지연시간을 가지고 하고자 하는 자선의 선속과 코스를 입력한다. 임의로 설정한 모든 추적 타깃의 현재 선속과 코스가 그대로 유지된다. [그림 2-77]과 같이 1분 간격으로 예정된 위치를 나타내고 1초마다 타깃과 자선의 미래 움직임들을 시뮬레이터한다.

지연시간은 현재 시간과 자선이 속도와 코스를 실제로 바꾸기 시작했을 때의 시간으로부터 동작 지연시간을 나타낸다. 자선 시험은 이를테면 키 지연, 회전

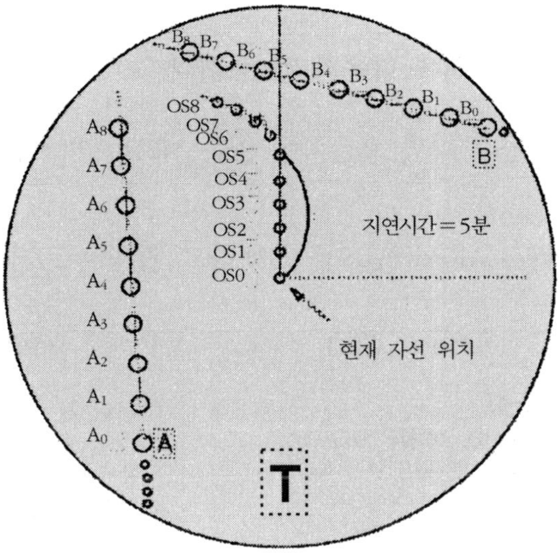

[그림 2-77] 동적 시험조선

지연과 가속 지연 특성을 고려해야 한다. 이것은 대형선들에게 중요하다.

지연시간은 즉시 시작과 1분 내에 종료 설정 상태이다.

[그림 2-77]에서 자선은 5분의 지연시간 동안 바로 나아갈 것이고(시험 후라도) 조작자가 설정한 속력과 코스가 얻어질 때까지 속력과 코스가 바뀐다([그림 2-77] OS7 위치).

일단 동적 시험조선은 시작되었다. 시험조선이 끝날 때까지 자선의 속력, 코스와 지연시간을 바꿀 수 없다.

(2) 정지 시험조선

정지 시험조선은 시뮬레이션의 마지막 시뮬레이션만 나타낸다.

만약 앞에서 서술한 동적 시험조선과 같이 같은 상황으로 추적 속력, 코스와 지연시간을 입력한다면 화면은 자선에 대해 중간 위치를 빼고 타깃 A에 대한 A7 위치, 타깃 B에 대한 B7 위치, OS7 위치를 바로 보여준다. 이렇게 정지 시험조선은 시험결과를 바로 알고 싶을 때 편리하다.

시험조선에서 배의 움직임을 정확한 시뮬레이션을 위해 가속과 회전 실행과 같은 자선의 특성을 설치하는 동안 초기 설정에 알맞은 설정을 해야만 한다.

2) 시험조선 실행

시험조선 실행을 위해 다음과 같이 한다.

① 트랙볼을 돌려 화면 오른쪽에 있는 MENU 박스를 선택하고 왼쪽 버튼을 누른다.

② 휠을 돌려 4 ARPA · AIS를 선택하고 휠을 누르거나 왼쪽 버튼을 누른다.

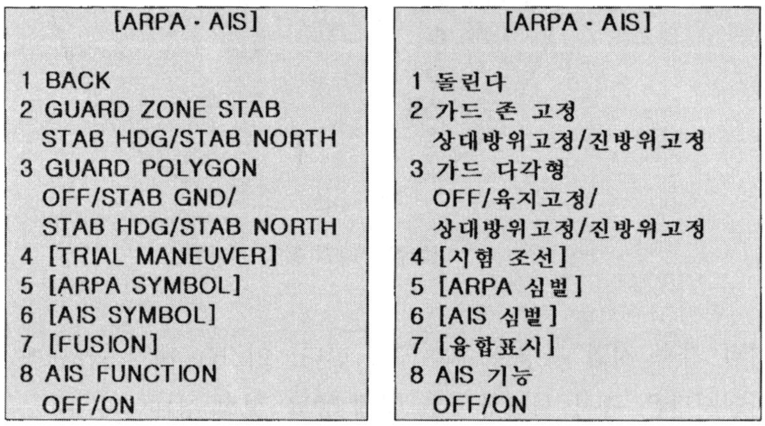

[그림 2-78] ARPA · AIS 메뉴

③ 휠을 돌려 4 TRIAL MANEUVER를 선택하고 휠이나 왼쪽 버튼을 누른다.

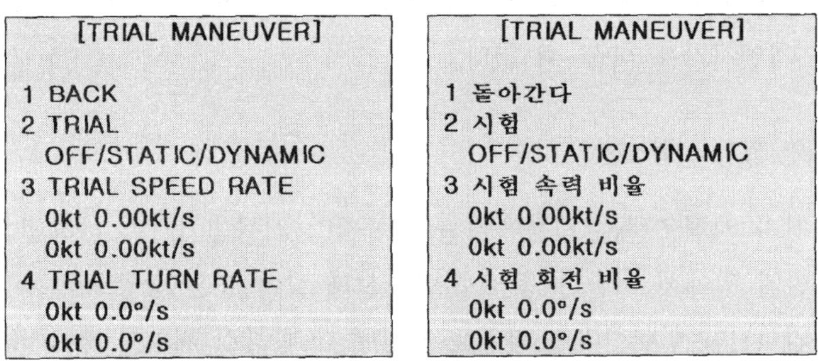

[그림 2-79] 시험 기동 연습 메뉴

④ 휠을 돌려 2 TRIAL을 선택하고 왼쪽 버튼이나 휠을 누른다.

⑤ 휠을 돌려 알맞은 STATIC 또는 DYNAMIC 선택하고 왼쪽 버튼이나 휠을 누른다.

⑥ 휠을 돌려 3 TRIAL SPEED RATE를 선택한다. 휠로 시험 속력 비율을 설정한다 : 휠을 돌려 숫자를 선택한다. : 휠을 눌러 설정한다.

⑦ 휠을 돌려 4 TRIAL TURN RATE를 선택한다. 휠로 시험 회전 비율을 설정한다 : 휠을 돌려 숫자를 선택한다. : 휠을 눌러 설정한다.

시험 속력과 시험 회전 비율 2개의 결합이 제공된다. [그림 2-80]과 같이 보여진 설정에 의해 데이터를 넣는다. 이것은 여러 가지 배의 속력에 대한 결과에 대해 정확한 시험 기동 연습을 알맞게 제공한다.

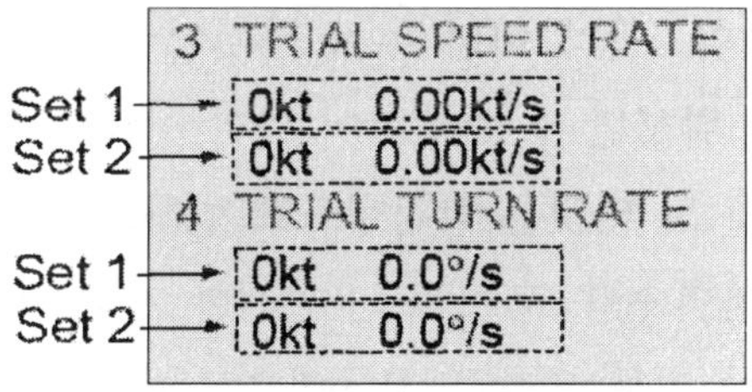

[그림 2-80] TRIAL SPEED RATE

⑧ 메뉴를 닫으려면 오른쪽 버튼을 3번 누른다. 그러면 화면 오른쪽에 [그림 2-81]과 같이 TRIAL 박스가 나타난다.

[그림 2-81] TRIAL 박스

⑨ 트랙볼을 돌려 TRIAL 박스를 선택하고, TRIAL SET가 표시되도록 휠이나 왼쪽 버튼을 누른다. 그러면, TRIAL 박스는 TRIAL 설정을 읽고 아래와 같은 TRIAL 박스 위에 박스가 나타난다.

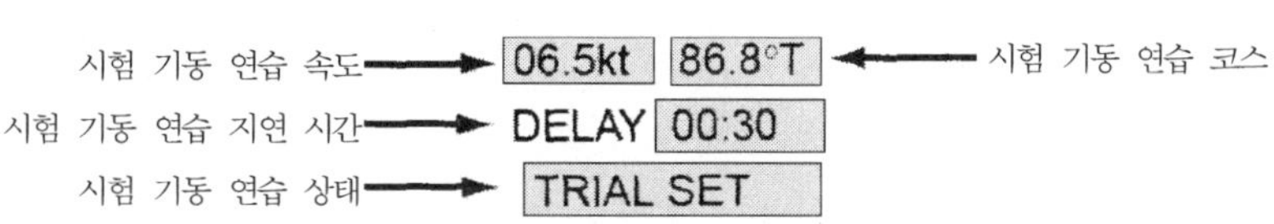

[그림 2-82] 시험 기동 연습 파라미터 박스

⑩ 휠을 사용해서 DELAY에서 지연 시간을 설정한다. 이것은 자선의 새로운 위치를 받은 뒤의 시간이다. 이것은 시뮬레이션 시작 시간은 아니다. 자선

의 로딩 조건 등에 따라 지연 시간을 바꾼다. 휠을 돌려 지역을 선택하고 ; 휠을 눌러 설정한다.

⑪ 휠을 돌려 코스 설정 박스를 선택한다. 휠을 사용해 코스 설정을 한다. 휠을 돌려 지역을 선택한다. ; 설정을 위해 휠을 누른다.

⑫ 휠을 돌려 속력 설정 박스를 선택한다. 휠을 사용해서 속력을 설정한다. 휠을 돌려 지역을 선택한다. ; 설정을 위해 휠을 누른다.

⑬ 휠을 돌려 TRIAL SET를 선택한다. TRIAL WORK를 나타내기 위해 왼쪽 버튼이나 휠을 누른다. 시험 연습을 하는 3분 동안은 'T'문자가 화면 아래 부분에 나타난다. 만약 어떤 추적 타깃이 자선의 충돌 코스에 있다고 예보한다면(다시 말하면 추적 선박이 미리 설정되어 있는 CPA/TCPA 한계선에 들어온 것임) 그 타깃은 삼각형으로 변하고 반짝이다. 만약 이곳이 일어나면 자선의 시험속력, 코스 또는 안전한 기동 연습을 얻기 위한 지연시간은 바뀐다. 시험 기동 연습은 자동적으로 종료되고, 정상적인 레이더 영상은 3분 뒤에 교정된다.

3) 시험 연습 종료

시험 기동 연습은 시작 3분 후 자동적으로 종료된다. 수동으로 끝내려면 다음과 같이 해준다.

① 트랙볼을 돌려 오른쪽 아래에 있는 TRIAL 박스를 선택한다.

② TRIAL OFF가 보이도록 왼쪽 버튼을 눌러 끌어내린다.

2.16 레이더 견시

2.16.1 일 반

1) 최소 거리

최소 거리는 거리 축척 1.5 혹은 0.75 마일에서 사용되는 최소 거리로 10m2의 반사파 지역을 지닌 타깃이 여전히 안테나 위치를 표시하는 지점으로부터 분리되어 보이면서 정의된다. 그것은 주로 펄스 길이, 안테나 높이와 주요 뱅 제한과 디지털 양자화와 같은 것을 처리하는 신호에 의존한다. 좋은 선명도 혹은 영상의 명확함을 얻기 위하여 짧은 거리 축척을 사용하는 것은 좋은 실행법이다. IMO Resolution A. 477(XII)와 IEC 936은 50미터 미만의 최소 거리를 요구한다.

2) 최대 거리

레이더 최대 탐지거리인 Rmax는 수면상 안테나 높이, 수면상 타깃 높이, 타깃의 모양이나 물질과 기후 조건과 같은 몇 가지 요소에 의해 상당히 다양하다.

보통 대기상태에서 최대 거리는 레이더 시야 혹은 그보다 더 짧게 동등하다. 레이더 시야는 레이더 신호의 회절특성 때문에 시각적 시야보다 6% 정도 더 길다. 그것은 강수나 강우와 같은(레이더 신호를 흡수하는) 기상에 의해 탐지거리가 줄어든다는 점에 유의해야 한다.

2.16.2 X-Band와 S-Band

맑은 날씨에는 위와 같은 공식은 X나 S-Band 레이더에 있어서 큰 차이를 주지 않는다. 그러나 큰 기상 변화에서는 S-Band 레이더가 X-Band 레이더보다 더 긴 탐지거리를 갖는다.

2.16.3 레이더 해상도

레이더 해상도에는 방위와 거리해상도 두 가지 중요한 요소가 있다.

1) 방위해상도

방위해상도는 같은 거리에서 가까이 붙어 있는 두 타깃으로부터 수신한 에코의 분리된 점들처럼 표시하는 레이더 성능이다. 그것은 안테나 길이와 상호적으로 파의 길이에 비례한다. 송신 안테나의 길이는 2.5(IMO resolution)보다 좋은 방위 해상도에 대해 선택되어져야 한다. 이 상태는 보통 1.2미터(4피트)의 안테나 혹은 X-Band 이상의 길이에서 만족이 된다. S-Band 레이더는 약 12 피트(3.6미터) 혹은 그 이상의 안테나를 필요로 한다.

2) 거리해상도

거리해상도는 같은 방위에서 서로 인접한 두 개의 타깃으로부터 수신한 에코의 분리된 점들처럼 표시를 하는 성능이다. 이것은 오직 펄스 길이에 의해 결정된다. 거리와 방위해상도를 결정하는 것에 대한 시험 타깃은 $10m^2$의 에코 영역을 확보하는 레이더 반사기이다.

2.16.4 방위정확도

레이더의 가장 중요한 기능 중 하나는 측정 타깃의 방위가 얼마나 정확한가이다. 그 정확성은 기본적으로 레이더 빔의 좁은 폭에 의해 결정된다. 그러나 방위는 보통 선박 헤딩에 상대적이고 그래서 설치에서 헤딩 마커의 적절한 조절은 방위정확성을 확실하게 하는 중요한 요소가 된다. 방위를 측정할 때 오차를 최소화하기 위해서는 적당한 거리를 선택하여 화면상 극단적인 위치에 타깃상을 놓는 것이다.

2.16.5 거리측정

타깃 거리측정 또한 레이더의 매우 중요한 기능이다. 일반적으로 거리측정에는 고정 거리환과 VRM 두 가지 수단이 있다. 고정 거리환은 미리 설정된 간격으로 화면상에 나타나 있으며 대략적인 거리측정을 할 수 있다. VRM의 직경은 타깃 안쪽 가장자리를 접하기 위해 늘렸다 줄였다 할 수 있으며 더욱 정확한 거리측정을 가능하게 해준다.

2.16.6 거짓 상

때때로 에코 신호가 타깃이 없는 곳 혹은 있더라도 사라지는 위치에 나타나기도 한다. 그러나 만일 당신이 왜 그것들이 표시가 되는지에 대해 그 이유를 이해한다면 그것들은 인지가 된다.

2.16.7 다중 상

다중 상은 전송된 펄스가 거대선, 다리 혹은 방파제와 같은 단단한 물표에 부딪혀 되돌아올 때 발생한다. 두 번째, 세 번째 혹은 그 이상의 상이 화면상에 실제 타깃 거리의 이중, 삼중 혹은 그 이상의 거리에서 관측이 될 것이다. 다중 반사상은 종종 이득(감도)을 줄이거나 적절하게 A/C SEA 조절기를 조절하여 없앨 수 있다.

2.16.8 측로브 상

매 순간 레이더 펄스는 전송되고, 몇몇 복사선은 빔의 각 측면으로 새어나가는데 이를 'sidelobes'이라고 부른다. 만약 타깃이 주로브뿐만 아니라 측로브에 의해 감지되는 곳에 존재한다면 측상은 같은 거리상의 실제 상 양 옆에서 보일 것이다. 측로브는 보통 짧은 거리상에 있는 강한 타깃으로부터 보인다. 그것들은 이득을 잘 줄이거나 A/C SEA 조절을 적절히 하면 줄일 수 있다.

2.16.9 실제 형상

당신의 선박에 근접한 상대적으로 거대한 타깃은 화면상에 두 지점에서 나타날 수 있다. 그들 중 하나는 실제 타깃으로부터 직접 반사된 실제 상이고, 다른 하나는 거대한 물체에 의한 거울 효과나 당신의 선박에 근접한 물체의 거울 효과에 의해 발생한 거짓 상이다. 예를 들어 만약 당신의 선박이 거대한 금속 다리에 가까이 있다면 그와 같은 거짓 상이 일시적으로 화면에 나타날 것이다.

2.16.10 새도우 영역

안테나 송신 경로 중에 있는 연돌, 스택, 마스트나 데릭은 레이더 빔을 막는다. 스캐너 각도가 몇 도 더 이상이 되면 감지 불가한 구획이 생길 것이다. 이 영역에 있는 타깃은 감지되지 않는다.

3. 쌍곡선 항법장치

3.1 쌍곡선 항법의 원리

3.1.1 쌍곡선의 의의

쌍곡선(hyperbola, 雙曲線)이란 평면 위에 있는 두 정점으로부터의 거리의 차가 일정한 점들의 집합으로 만들어지는 곡선을 말한다. 이때 기준이 되는 두 정점을 초점이라 한다. [그림 2-83]에서 초점 A와 B 두 점에서 D점까지의 거리를 각각 140마일 및 80마일, E점까지의 거리를 100마일 및 40마일 F점까지의 거리를 80마일과 20마일이라 하면 이들의 거리차는 초점을 기준으로 언제나 60마일이다. 이와 같이 거리차가 일정한 D, E, F, G 등을 연결한 선은 쌍곡선이 된다. 또한 이것과 대칭하는 위치에 또 다른 쌍곡선을 그릴 수가 있다.

초점 A와 B를 잇는 직선 AB를 기선(base line)이라 한다. 또 그 바깥쪽을 기선의 연장선이라 하며 C를 지나는 기선의 수직이등분선을 중심선(center line)이라 한다. 그 선상에는 초점에서 거리차가 0이며, 연장선상에서의 거리차는 기선의 길이와 같고 이 경우 100마일이 된다.

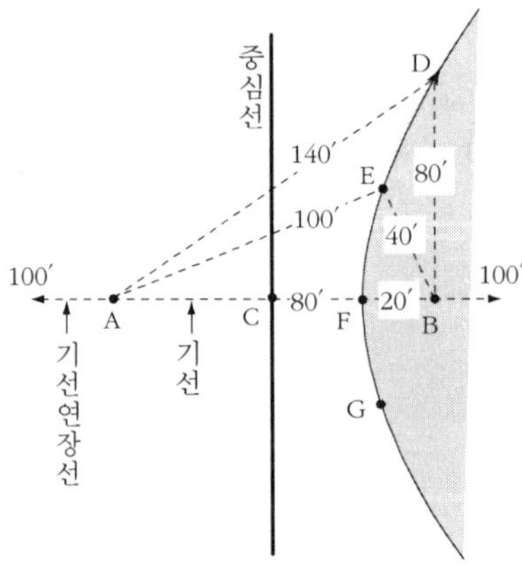

[그림 2-83] 쌍곡선

3.1.2 쌍곡선군의 성질

쌍곡선군은 다음과 같은 성질을 가지고 있다.

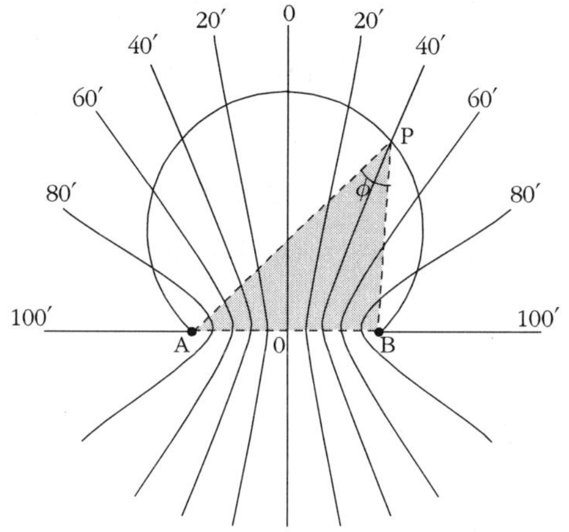

[그림 2-84] 쌍곡선군

① 각 쌍곡선과 기선의 교차된 점의 간격은 모두 같다. 즉 거리차의 변화가 20마일의 쌍곡선군인 경우는 기선상의 간격은 그 반인 10마일이다.

② 인접하는 두 쌍곡선의 간격은 기선상에서 가장 짧고 기선에서 멀어짐에 따라 커지게 된다.

③ 각 쌍곡선의 간격은 중심선 부근에서 가장 좁고 중심선에서 멀어질수록 기선의 연장선에 가까울수록 크다.

④ 각 쌍곡선의 간격이 같은 점의 자취는 초점 A와 B를 지나는 원호의 군이 된다. 그림의 원호 APB는 그 하나를 나타낸다.

이 원호상에서는 두 정점 A, B를 보는 각 ϕ가 일정하므로 쌍곡선의 간격 S는

$$S = a\ \mathrm{cosec} 1/2\phi$$

단, S : 임의의 점에서 쌍곡선의 간격

a : 기선상의 쌍곡선의 간격

ϕ : 임의의 점으로부터 그 정점 A, B 사이의 각도

각 ϕ가 180°일 때, 즉 기선상에서는 $S = a$가 되며 가장 작게 된다. ϕ가 작게

됨에 따라 쌍곡선 사이의 간격은 크게 되고 ϕ가 0, 즉 기선의 연장선상에서는 무한대가 된다. 또 AB를 지나는 원호상에서는 원주각 ϕ는 모두 똑같으므로 이 원주상에서는 선간격도 같게 된다.

예를 들어, 선박이 두 점 A와 B로부터의 거리차를 측정할 수 있다고 하면 그 선박은 두 점으로부터 같은 값의 거리차를 가진 한 개의 쌍곡선상 어딘가에 있게 된다. 동시에 또 다른 한 조의 두 점으로부터의 차를 측정하면 그 배는 동시에 또 하나의 쌍곡선상에 있게 되어 그들 2개의 쌍곡선의 교점을 구하면 선위가 결정된다. 이들 쌍곡선군을 이미 계산하여 두고 해도상에 기재된 것을 쌍곡선 해도라 한다.

3.1.3 거리차를 구하는 방법

거리차를 구하는 방법에는 펄스 비교에 의한 방법, 위상비교에 의한 방법, 펄스 비교와 위상비교를 병용하는 방법이 있다.

1) 펄스 비교에 의한 방법

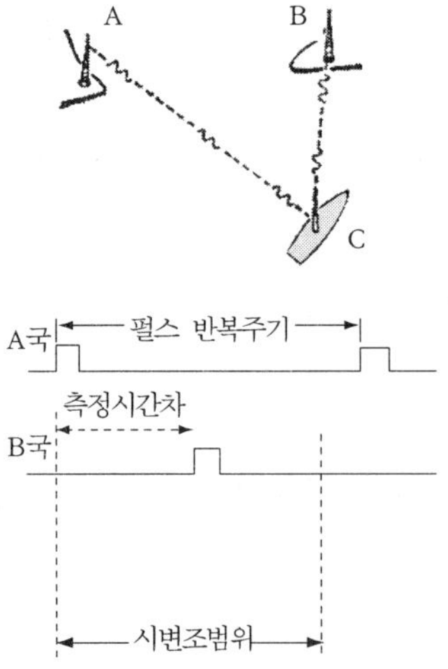

[그림 2-85] 펄스 간격

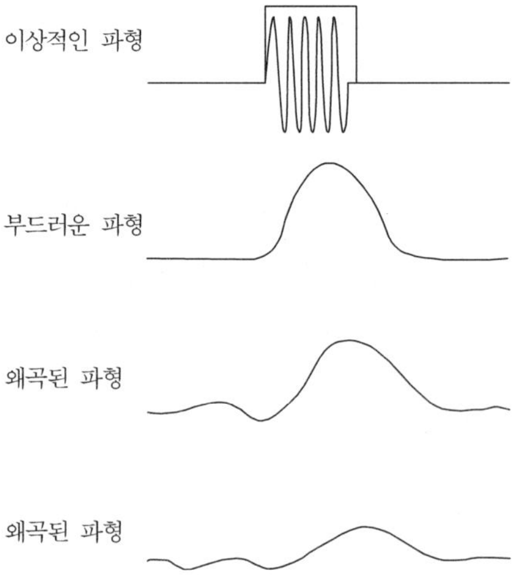

[그림 2-86] 파형

[그림 2-85]에 두 개의 펄스 신호 A와 B를 수신하여 신호가 도달하는 시간관계를 CRT상에 나타나게 하였다. 이 그림과 같은 펄스 A와 B에서는 상승시간이 수직이기 때문에 측정하는 기준점이 명료하므로 간단하고 정확하게 읽을 수 있다.

이러한 형은 Loran이나 레이더에서도 반드시 필요하나 기술상은 아주 곤란하다. 그것은 단일 주파수를 가진 전파의 파형은 정현파[3]이기 때문에 실제로는 이러한 파형을 만들기는 어렵다. 그래서 여러 가지 파형을 조합시켜 그것에 비슷하도록 한다.

상승시간이 급할수록 합성하는 데에는 주파수 대역을 넓힌다. 이 때문에 신호 이외에 잡음이 들어갈 여지를 만들게 된다. 또한, 주파수가 낮을수록 기타 잡음이 많이 발생하므로 쌍곡선 항법에서는 광대역으로 하는 것은 곤란하고 그 위에 광대역폭의 신호는 타무선국에도 방해를 끼친다. 결국 상승시간의 급한 펄스 파형을 사용하지 못하므로 양자의 타협점으로서 [그림 2-86]과 같이 부드러운 파형으로 하였다. 그러나, 측정 기준이 명확하지 않게 되어 그 정확성이 나빠진다. 또한 [그림 2-86]과 같이 왜곡된 파형에서는 도저히 정확성이 높은 펄스 계측을 기대하기에는 무리이다.

Loran을 보면 Loran A(2MHz), Loran C(100kHz)인 펄스 파형은 [그림 2-87]이다. 상승시간이 급한 것은 고주파수에 있어서 펄스를 합치는(envelop marching) 것은 쉽다. 그러나, 전파범위를 넓히는 데에는 고주파수일수록 감쇠가 크기 때문에 저주파수를 사용하지 않으면 안 된다. 이러한 방식의 측정정도는 Loran A에서는 0.3～1.0μs가 된다. 이 값은 전파의 속도 3×10^8m/s로 나누면 90~300m가 되나 쌍곡선에서는 기선으로부터 멀어질수록 위치선의 발산이 있기 때문에 정확성은 떨어지게 된다.

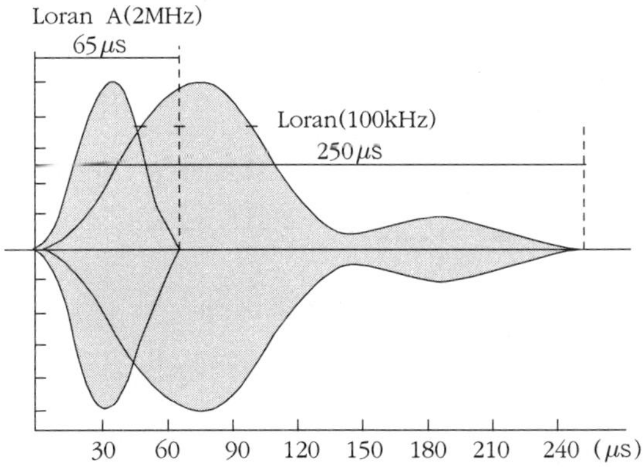

[그림 2-87] Loran 펄스 파형

3) 정현파(sine wave) : 파형이 사인 곡선이 되는 파. 발진기로부터 얻게 되는 교류 전압, 전류는 정현파에 가깝다.

2) 위상비교에 의한 방법

Loran은 많은 주파수를 합성한 펄스 파형의 시간차를 측정함으로써 파형이 찌그러짐이 오차를 일으키는 하나의 원인이 된다. 따라서 정확성을 높이기 위해서는 주파수 그 자체의 위상을 측정하는 방법이 있다.

[그림 2-88]에서 지속파의 전파가 왼쪽에서 오른쪽으로 진행하여 관측점 A를 지날 때에 한개의 파형을 1사이클(cycle) 그 거리를 1파장이라 한다. 파장 λ는 전파의 전파속도 V_ρ와 주파수 f에서 $\lambda = V_\rho / f$로 구할 수 있다. 1사이클은 360° 이기 때문에 파의 진행에 따라 점 A에서 관측한 전파는 0°→90°→180°→270°→360°로 위상이 변하게 된다.

이 관계를 이용하면 B와의 거리가 15km될 때에는 A에서는 50μs에 도달하고, 사용 주파수가 10kHz라면 위상은 180° 틀리게 된다. 위상을 나타내는 데에 앞에서 말한 것처럼 도를 사용하는 외에 1사이클을 %로 나타내는 센티사이클(centi cycle, cec), 파장의 %인 센티레인(centi lane, cel) 또는 시간의 단위로 (μs) 등이 있다.

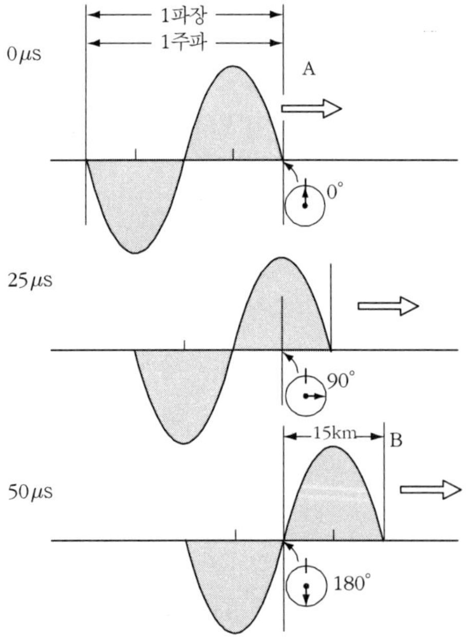

2점간의 거리가 λ/2파장=15km로 한다.

2소요시간$=(15\times10^3)/(3\times10^8)$
$=5\times10^{-5}$sec
$=50\times10^{-6}$ sec$=50\mu$sec

λ/2파장=50cel

[그림 2-88] 지속파의 전파

위상은 1°까지 측정이 가능하고, 그 정도도 높다. 예를 들면 Decca에서는 3m까지 검출할 수 있다. 측정 조건으로서는 정현파의 파장이 더욱 일정하고 결코 왜곡되어서는 안 되기 때문에 안정된 지표파가 대상이 된다. 그렇게 하면 공간파가 들어가기는 어려우므로 사용범위는 대개 300마일로 지표파가 전파하는 곳이 된다.

그러나 위상측정에서는 1사이클 속에서 어느 위상인가를 재는 것이나 이러한 파는 연속하여 무수하다고 해도 좋을 정도로 많이 도달하기 때문에 단순히 위상을 측정하여도 어느 사이클에 속하는가를 [그림 2-88]에서와 같이 알 수 없으며, 이것을 불확실성(ambiguity)이라 한다. 이것이 위상측정 방식의 숙명적 결함이며, 그 때문에라도 또 하나의 위상을 측정하지 않으면 안된다.

2개의 국으로부터 동시에 발사된 전파는 [그림 2-89]와 같이 등속도로서 국을 중심으로 하여 확장되어 간다. 여기서 동심원은 위상 0°를 나타내기 때문에 양파의 위상차가 0°인 점을 연결하는 선을 등위상선이라 하며 쌍곡선이 형성된다.

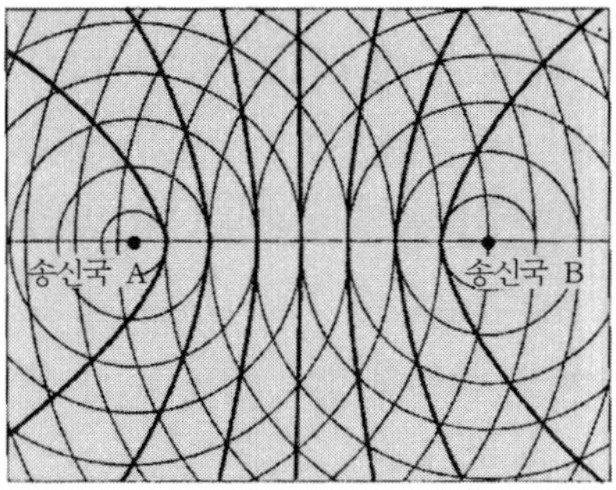

[그림 2-89] 쌍곡선의 형성

3) 펄스 비교와 위상비교를 병용하는 방법

펄스 비교 방식과 위상비교 방식의 장점을 이용하여 병용하는 가장 대표적인 방법은 Loran C방식이다. Loran C는 Loran A의 펄스와 Decca의 위상차를 혼합하여 측정한다. 주파수도 Loran A의 2MHz보다 더욱 낮은 100kHz(LF대)를 이용한다. 이러한 저주파는 변동이 심한 전리층보다는 반사층(D층)이 안정되어 공간파의 일정하게 지연되면서 전파범위가 확대되게 된다. 낮에는 이런 공간파의 범위가 약 2,300마일이 된다.

3.2 쌍곡선 항법 시스템의 종류

3.2.1 Loran

장거리 무선 항법 시스템의 하나로 해상, 육상, 항공기 등의 폭넓은 이용범위와 높은 정확도로 위치측정을 할 수 있는 시스템이며 LOng Range Navigation에서 유래되어 LORAN이라 한다. 로란 방식은 쌍곡선 항법의 일종으로 쌍곡선 항법 방식 중 가장 일찍 실용화되어 제2차 세계대전 중인 1942년 초에 처음으로 Loran A방식이 사용되었고, 세계대전 후 민간용에도 개방되어 널리 보급되었다.

로란은 미국의 메사추세스 공과대학(MIT)을 주체로 하는 위원회에 의하여 개발되었으나, 그 역사가 오래이므로 Loran A, B, C, D와 같은 여러 방식이 제안되어 그것들을 합쳐 로란족(Loran family)이라 부른다.

로란족은 처음에는 단파 2MHz Loran A로 시작되었으나, 그 후 저주파 로란 시스템(LF Loran)으로 발전되어 180kHz를 이용하는 주기 정합 로란(CYCLAN)으로 개발되어 자동화 시스템을 갖추게 되었으며, 연이어 100kHz를 사용하는 Loran C가 개발되었다. 현재 전 세계에는 우리나라가 운영하는 코리아 LORAN-C 체인(9930 East asia chain)을 포함하여 27개 체인(68개 송신국)이 운영되고 있다. 이용범위는 약 1,200마일(2,200km)이며 이 범위내에서 적합한 수신기를 갖춘 사용자는 전천후로 이용가능하며 100kHz의 안정된 저주파 사용과 장거리 전파특성으로 여타 무선 항행 원조장치에 비해 무선 항법 시스템으로 우수성이 인정되고 있다.[4)]

〈표 2-10〉 Loran의 종류

방 식	측정방식	주파수	이용범위(해리)	정 도	개발 연도
Loran A	시간차	2MHz	600	0.5～5NM	1942년
Loran B	시간차, 위상차	2MHz	25	15～100m	시험 후 폐기
Loran C	시간차, 위상차	100kHz	1200	500m	1959년
Loran D	시간차, 위상차	100kHz	500	20～360m	미 해군용

최근 널리 사용되고 있는 위성항법 시스템인 GPS와 비교하면 절대 정도는 다소 떨어지지만 재현성이 좋아 특정 지점의 추적, 접근 등 연근해 어업과 선박

4) "포항-광주 해상무선표지국 홈페이지(www.loran9930.go.kr/) Loran-C 소개" 인용

항해용으로 유익하게 쓰이고 있으며, 유럽 연합에서는 각국의 협력으로 GPS오차 보정신호를 기존 구축된 Loran C 시스템에 실어 보내는 Eurofix 시스템으로 발전되어 이용되고 있다.

3.2.2 Decca

Decca(데카) 방식은 로란 방식과 같이 쌍곡선 항법 방식의 일종이나 근본적으로 다른점은 펄스파를 사용하지 않고 지속파를 이용한다는 점이다. 데카 방식은 제2차 세계대전 중 영국 데카회사가 개발하여 1944년 노르망디 상륙작전에서 위력을 발휘하게 되었다. 그 후 정도가 높은 전파항법 방식으로서 유럽에 널리 이용하게 되었고, 캐나다, 인도 등에서도 이용하고 있다. 이 방식의 특징은 계측기가 자동지시방식이기 때문에 지침을 읽는 것만으로 족하고 다른 전파항해계측기에 비해 사용법이 극히 간단하고 정도가 높다.

1976년경에는 50개의 chain이 운영되어 활발히 사용되었다. GPS의 개발로 2000년경 거의 폐쇄되어 지금은 운영하고 있지 않고 있다.

3.2.3 Omega

Omega(오메가) 방식은 데카와 같이 2국으로부터의 전파의 위상차를 측정하여 쌍곡선의 위치선을 구하는 방식이다. 데카가 100kHz대(70~126kHz)의 전파를 사용하는데 비하여 오메가는 10～14kHz의 초저주파를 사용하는 관계로 전파의 도달거리가 대단히 멀기 때문에, 8개의 송신국만 설치하여 전 세계 어디서나 이용가능할 뿐만 아니라 기선이 길기 때문에 위치선의 발산도 적어서 그 선위오차도 주간에 약 1마일, 야간에 2~3마일의 높은 정도인 전파항법 방식이다.

오메가는 1960년대 초부터 연구가 활발히 진행되었다. 즉, 미해군 전자연구서(NEL : Naval Electronic Laboratory)와 미해군 전파연구소(NRL : Naval Radiation Laboratory)가 중심이 되어 여러 연구기관의 협조를 얻어 광범위한 실험을 거쳐, 1968년경부터 본격적인 송신국의 건설에 착수하여 8개의 송신국이 완성되었다.

오메가가 데카와 같은 위상비교 방식을 취하기 때문에 연속적이고 자동적인 선위측정이 가능하며 경제적인 측면에서도 우수한 방식으로 기대되어 재래식의 전파항법 방식의 범주안에서는 이 이상의 방식의 출현은 기대할 수 없다는 의미,

즉 전파항법 방식의 마지막 방식이라는 뜻으로 희랍문자의 마지막 문자를 따서 오메가(Ω)란 이름이 붙여졌다. 그러나, GPS의 개발로 1977년경 완전 폐쇄되었다.

3.3 Loran C

3.3.1 Loran의 원리

[그림 2-90]과 같이 평면상 2개의 송신국 A와 B에서 동시에 펄스 전파를 발사한다. 기선 AB의 수직이등분선상에서는 A, B에서 등거리에 있기 때문에 펄스파는 동시에 수신된다. 즉 시간차는 0이다. 수신지 S에 기선 수직이등분선으로부터 A쪽에 있다고 하면, 우선 A의 전파를 수신하고 다음에 B쪽의 전파를 수신한다. 그 시간차를 t라 하면

$$t = (\mathrm{SB} - \mathrm{SA}) / V$$

여기서, V는 전파의 속도이다. V값은 매우 큰 값이기 때문에 시간차 t는 μs 단위로 재는 극히 적은 양이 된다. 이 시간차 t를 측정할 수 있으면 위치선이 결정된다.

그러나 A, B 양국에서 동시에 신호 펄스를 발사하기 때문에 [그림 2-90]과 같이 기선이 수직이동선의 양측에 같은 시간차의 위치선이 1본씩 있게 된다. 이러한

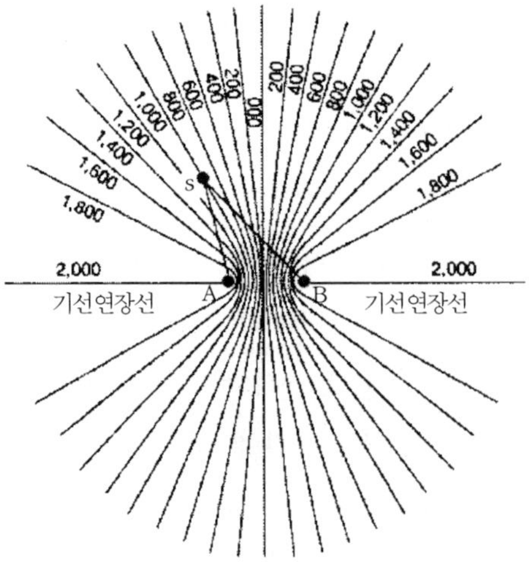

[그림 2-90] Loran 쌍곡선

송신방식을 동시 펄스 송신방식이라 하며, 이렇게 하면 어느 것인가를 구별할 수 없다. 그래서 로란 방식에서는 추종 펄스 송신방식을 채택하고 있다.

3.3.2 송신방식

Loran C 신호파는 [그림 2-91]과 같이 서로 1000μs간격을 가진 8개의 펄스군을 발사한다. 주국의 9번째 펄스는 주국 신호와 종국 신호의 구별을 할 수 있게 하기 위한 것으로, 8개의 펄스 간격은 모두 1000μs이나 주국이 8번째와 주국의 8번째와 9번째 펄스 사이의 간격은 식별이 용이하게 하기 위해 2000μs, 1500μs, 또는 500μs 중의 하나를 취한다.

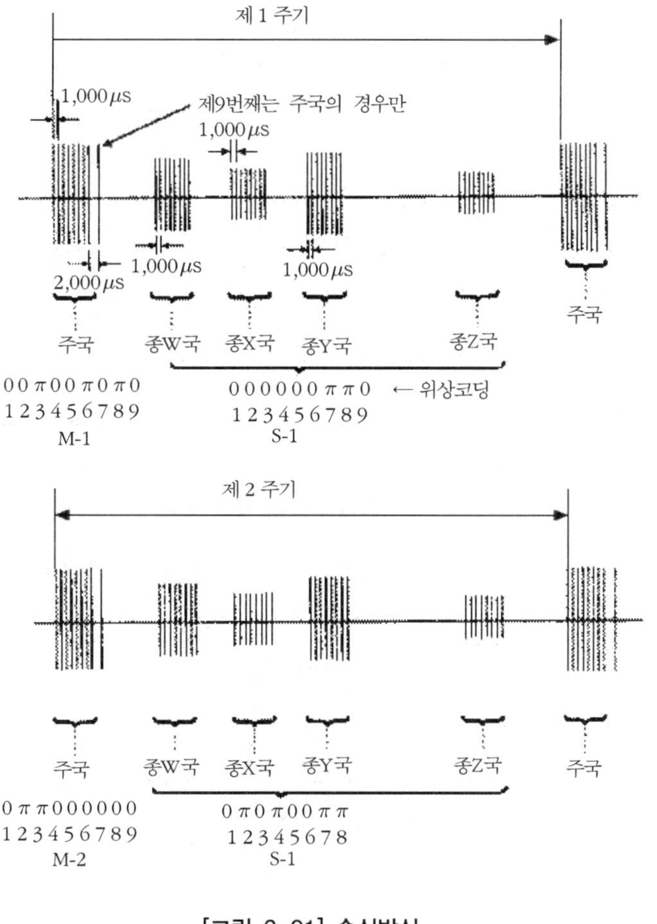

[그림 2-91] 송신방식

각각의 펄스는 [그림 2-91]과 같이 위상 코딩을 100kHz 방송파로 행하여 주국의 제1주기의 1, 2, 5, 7 및 9 펄스는 0상, 3, 4, 6 및 8 펄스는 π상이다. 제2주기는 $0\pi\pi000000$으로 서로 다르게 변조하여 발사하고 제 3주기부터는 제 1주기, 제 2주기를 반복한다.

[그림 2-92]에 나타낸 것처럼 0상 펄스와 π상 펄스에서는 상승하는 모양이 180° 다르게 되어 있다. 또한, 펄스폭은 200μs로 공간파가 지표파에 중첩되어 수신된다. 공간파 지연시간은 최소 35μs 이상이기 때문에 신호파형의 시각인 30μs를 사용하면 전부 지표파이다. 이 30μs 차이를 아주 가파른 끝을 지닌 펄스가 되도록 하면 좋으나, 그 만큼 대역폭이 넓게 된다. 이 타협점으로 [그림 2-92]에 나타낸 것처럼 상승점에서 80μs에서 최대 진폭에 달하고 시작의 30μs에서 그 60%에 달한다. 이 30μs 중에서 100kHz의 반송파를 3사이클 포함하게 된다. [그림 2-93]은 공간파인 경우의 수신파형을 나타내고 있다.

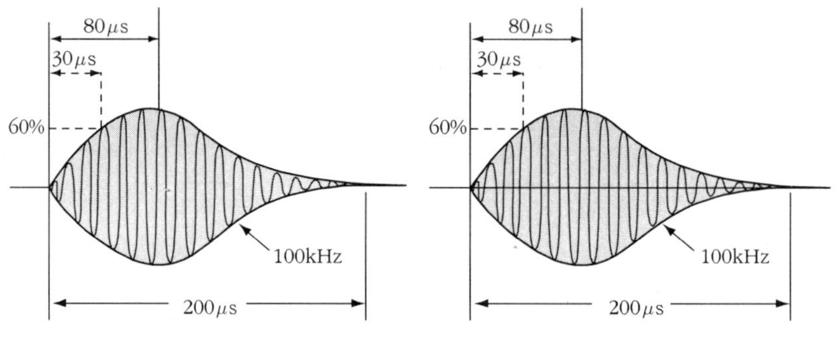

(a) 0상 펄스　　(a) π상 펄스

[그림 2-92] 펄스 모양

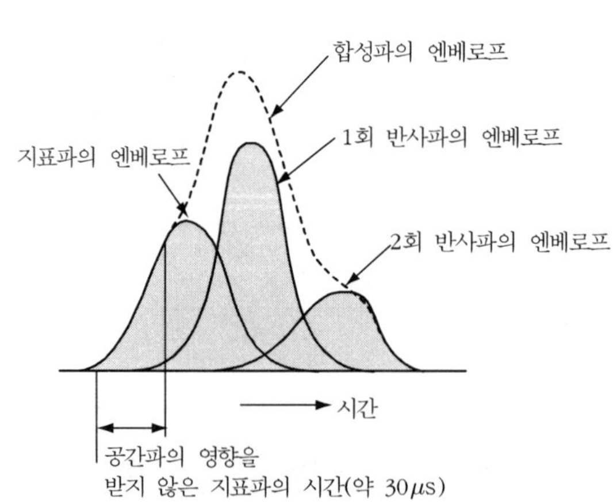

[그림 2-93] 공간파 수신파형

3.3.3 Loran국의 식별

① 주파수(frequency) : 이용범위를 넓히기 위하여 저주파를 사용하는 Loran C방식은 주파수에 비하여 대역폭이 넓으므로 전 체인이 100kHz의 단일 주파수를 사용한다.

② 펄스 반복률(pulse recurrence rate) : 주파수에 의한 식별이 불가능한 불리한 점을 보완하기 위하여 기본 펄스 반복률은 여섯 가지의 기본 펄스 반복률(S, L, H, SS, SL, SH)을 갖고 있으며, 개별 펄스 반복률은 0~7까지의 8개가 있어서 Loran C방식의 펄스 반복률은 모두 48가지이다.

3.3.4 Loran 송신국의 배치

Loran C 체인은 하나의 주국과 2~4개의 종국으로 구성되고, 기선장은 약 100 정도이다. 동일 체인내의 각 송신국은 같은 반복주기로 펄스파를 발사하므로 하나의 체인을 동시에 측정하여 2~4조의 위치선을 얻을 수 있게 되어 있고, 이용자는 한 체인을 선택하여 계속해서 위치를 결정하면서 항해할 수 있어 편리하다.

주발진기는 루비듐(Rb : Rubidium) 또는 세시움(Cs : Cesium) 발진기를 쓰고 있어 10^{-11}/day 정도의 안정도를 갖고 있고, 첨두출력은 1.5~3MW이며, 안테나는 190~400m의 우산형 안테나를 쓰고 있다. 동기 결보신호는 주국이 9번째 펄스파의 점멸(on/off) 또는 이동신호에 의한다. Loran C 체인의 주국 및 종국의 배치의 대표적인 것은 [그림 2-94]와 같다.

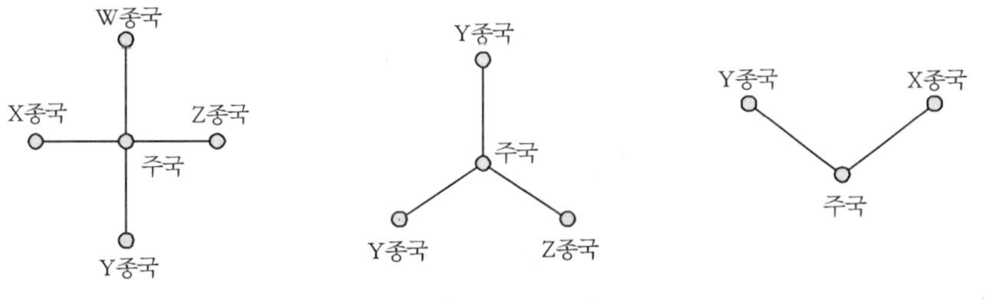

(a) 성형5국 배치 (b) 성형4국 배치 (c) 3개조 3국 배치

[그림 2-94] 송신국 배치

3.3.5 수신장치

Loran 수신기는 공중선(antenna), 공중선 결합기(antenna coupler) 및 수신지시기(receiver indicator)로 구성되어 있으며, 초기에는 전원부(power supply)가 별도로 설치되어 있었다.

1) 공중선

안테나는 될 수 있는 한 높고 수직에 가까운 것이 바람직하며 길이는 7~30m 정도로 적어도 6m 이상이 필요하며 T형 안테나 또는 3~8m 채찍 안테나가 많이 이용되고 있다.

2) 공중선 결합기

공중선 결합기는 안테나 회로의 동조를 잡기 위한 동조 코일로서 [그림 2-95]와 같이 한쪽 끝은 안테나에, 다른 쪽 끝은 동축 케이블로 수신지시기에 연결한다. 안테나의 길이에 따라서 수신기의 이득이 최대가 되도록 그 유효권수를 조정한다.

일반적으로 수신기가 작동하고 있지 않을 때는 Relay로써 안테나를 접지시킬 수도 잇다. 또한, 정전기에 의한 고전압을 피하기 위하여 방전간격이 설치되어 있다.

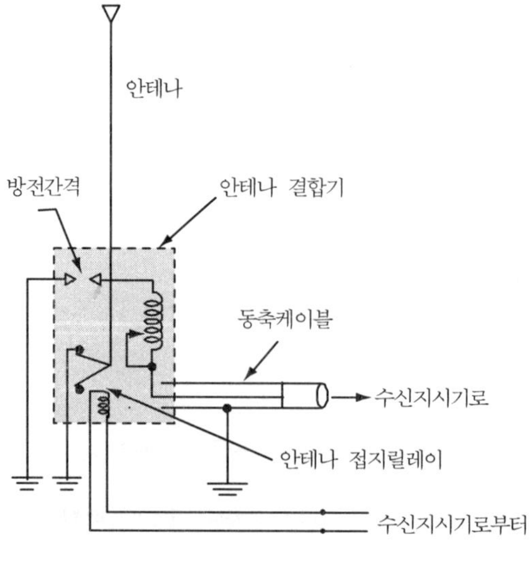

[그림 2-95] 공중선 결합기

3) 수신지시기

Loran 수신지시기는 수신회로, 시간회로, 방형파 발생회로, 딜레이 회로, 페데스탈(Pedestal) 회로, 소인회로 및 AFC 회로 등으로 구성되어 있다.

4) 자동 Loran C 수신기(LC-90)

자동 Loran C 수신기의 겉보기는 [그림 2-96]과 같다. 작동시에는 전원 스위치(PWR)를 ON하고, 위치측정에 필요한 화면 선택을 행한 후 추측위치의 위도, 경도의 입력 등 초기 설정을 행하면 수신지시기와 같이 현재의 위치가 자동적으로 표시된다. 또한, 정지시에는 전원 스위치를 OFF하면 된다.

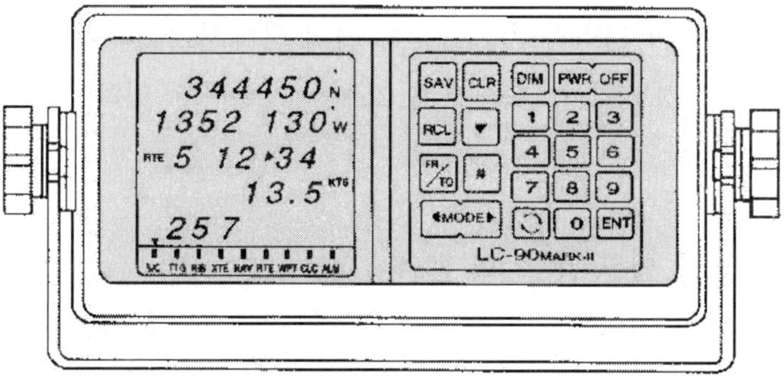

[그림 2-96] Loran C 수신기

3.3.6 선위의 정도

1) 측정시간차의 정도

(1) 송신기 동기 오차

주 · 종국 간의 발사 전파의 동기가 유지되지 못하면 그것은 바로 측정오차로 나타난다. Loran C방식에 있어서의 동기 오차는 보통 0.03~0.06μs 정도이며, 펄스 동기에 있어서의 동기 오차는 최대 3μs, 위상 동기 오차는 최대 0.15μs 이내로 유지된다. 만일 동기 오차가 상기한 오차를 초과하면 고장 신호를 발한다.

(2) 수신기의 측정정도

안정된 지표파를 수신할 경우 Loran C에 있어서는 자동식에서는 0.1μs, 가시 수동식에서는 윤곽비교 2~3μs, 위상비교 0.1μs 정도의 측정정도를 갖는다.

(3) Loran표의 정도

Loran표는 일정한 전파 전파 속도를 사용하여 계산되었으며(2996929km/sec), 대지도전율, 기타에 의하여 실제 전파의 속도는 이와 일치하지 않으므로 그로 인한 오차가 생긴다. 이러한 오차는 때에 따라서는 3μs까지 달할 수 있다.

(4) 공간파 수정표의 오차

공간파 수정표(SWC표)는 평균적인 전리층의 높이에 대한 지연된 공간파의 수정치이며, 전리층의 상태의 변화에 따라 상당한 오차를 포함하게 된다. 이 오차는 송신국으로부터의 거리가 가까울수록 커서 국에서 250해리 부근에서 평균 오차 7μs, 800해리 정도에서 평균 오차 2μs를 기록하고 있다. 보통 평균 오차는 2μs로 보면 된다.

2) 시간차 오차로 인한 위치선의 편위

일반적으로 1v의 시간차 측정오차에 의한 위치선의 편위량을 거리(해리)로 표시하면 다음과 같다.

위치선 편위량(해리) = $0.081 \mathrm{cosec}\phi/2$

단, ϕ는 수신점에서 주국과 종국을 본 협각

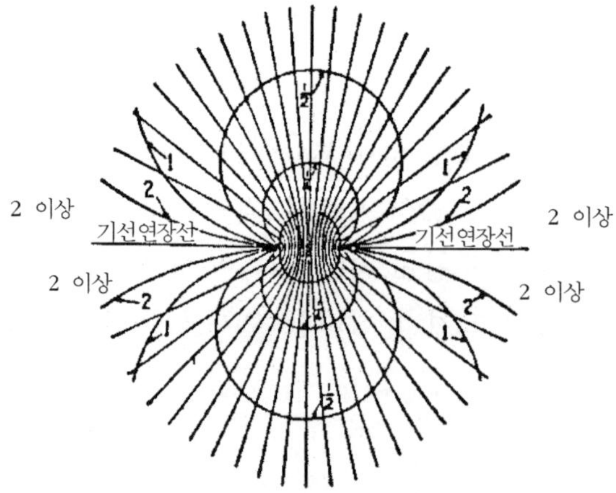

[그림 2-97] 위치선의 편위오차

따라서 위치선의 편위오차는 [그림 2-97]과 같이 기선상에서 가장 작고, 기선에서 멀어질수록 또 기선 연장선에 가까울수록 증가한다.

3.3.7 Loran C 한국 체인의 시스템 구성과 운영현황

1) Loran C 한국 체인의 개요

1979년 12월 미공군과 해안경비대는 합동으로 한국의 포항과 광주, 일본의 홋카이도와 게사시에 송신국을 요코다에는 통제국과 감시국으로 구성된 Loran C 체인(command lion chain)을 설치하게 되었고 1988년에는 포항과 광주에 해상무선표지소를 신설하였다. 그 이듬해 한국과 미국 간에 EALC(East Asian Loran C chain, GRI 5970)에서 운영, 독트린을 교환하고 한국·미국 공동 운영을 하게 되었다.

1992년는 포항 해상무선표지통제소를 신설하였으며 그 이듬해에는 동아시아 체인 통제권을 인수받고, 한·일 간에 의정서 및 기술협정을 맺고 한국, 일본 공동 운영을 하게 되었으며, 1995년 8월에는 한국, 일본, 러시아 간에 Loran C/Chayka 결합 체인을 구성하여 한국 체인(GRI 9930)의 운영을 개시하게 되었다. 현재에는 포항표지소는 폐지되고 포항 해상무선표지소에서 운영을 하고 있다.

2) 한국 체인의 구성

한국 체인은 송신국과 통제국 및 감시국으로 구성되어 있으며 각 시스템의 제원은 〈표 2-11〉, 〈표 2-12〉와 같다.

〈표 2-11〉 Chain 구성 현황

구분	송신국					통제국	감시국
	주국	종 국					
송신국명	포항	광주	게사시	니지마	우수리스크	대전	울산 간절곶 및 평택
출력(kW)	150	50	1500	1600	700	–	–
운영국가	한국	한국	일본	일본	러시아	한국	한국

〈표 2-12〉 송신국 현황

구분	송신국명	송신국 좌표	송신국 장비 (출력 : kW)	안테나 높이	C-Delay/ 기선거리	비고
Control Station	대전	N 36°21'45 01386" E 127°17'30 68256"				체인통제 프로그램
Master	포항 (한국)	N 36°11'05 450" E129°20'27 440"	ACCUFIX6500 (150㎾)	137M		이중발사 GRI89300
W	광주 (한국)	N 35°02'23 996" E126°32'27 295"	ACCUFIX6500 (50㎾)	122M	11000/ 945.97	–
X	게사시 (일본)	N 26°36'25 110" E128°08'56 999"	AN/FPN-45 (1500㎾)	190M	22000/ 3565.52	이중발사 GRI89300
Y	니지마 (일본)	N 34°24'11 943" E139°16'19 437"	ACCUFIX7500 (1600㎾)	213M	37000/ 3095.64	이중발사 GRI89300
Z	우수리스크 (러시아)	N 44°31'58 323" E131°38'26 504"	CHIKA (700㎾)		51000/ 3162.44	이중발사 GRI89300

(1) 송신 시스템

한국 체인의 송신국은 32 HCG 송신기(32 HCG transmitter)와 송신기 조종 콘솔(transmittr control consol) 그리고 주 전원부(PPU : Prime Power Unit)로 구성되어 있다.

(2) 통제 및 감시 시스템

한국체인의 통제 및 감시 시스템은 송신국과 운영국으로 분리하여 구성되어 있다. 송신국에서는 광주 수신국과 지바 통제소로부터의 정보를 ASDL망을 통하여 HUB에서 통제하고 또한 간절갑과 평택 감시국을 통하여 DSU(회선종단장치)로써 송신국의 정보를 감시하도록 장치되어 있다.

한편 운영국에서는 정부 인터넷을 초고속 통신이 제공될 수 있도록 DSU, Router, HUB가 장치되어 있고 또한 그 정보를 SDSL망을 통해 송신국을 관리할 수 있도록 운영하고 있다.

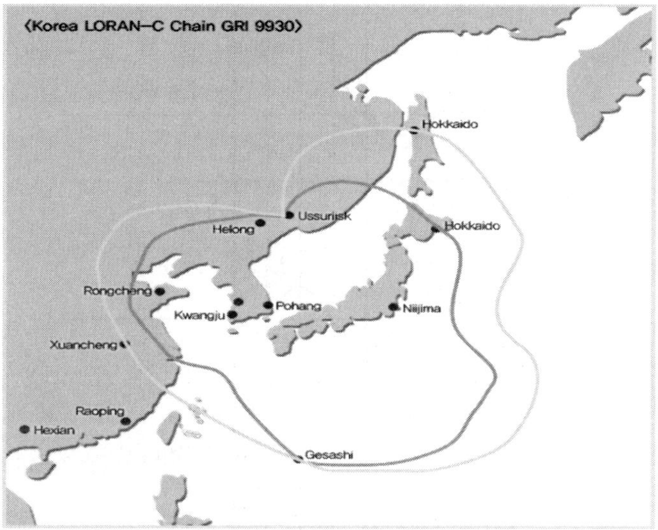

[그림 2-98] 한국 체인

3.4 Decca

3.4.1 Decca의 원리

주국 및 종국으로부터 주파수와 위상이 똑같은 전파를 발사하면 양국의 중앙에서는 양국으로부터의 전파는 동시에 도달하기 때문에 그 위상은 서로 같다. [그림 2-99](a)에는 양국의 중앙 P에 전파가 도달한 순간을 나타내고 있다. P점으로부터 $\lambda/4$ 떨어진 Q점에 주국으로부터의 전파가 도달한 때는 종국으로부터의 전파는 [그림 2-99](b)와 같이 Q′점에 도달하고 있다. 이 그림에서 Q점에서의 역위상이라는 것을 알 수 있다. 더욱이 P점으로부티 $\lambda/2$ 떨어진 R집에서는 [그림 2-99](c)와 같이 동위상이 된다. 이와 같이 하여 기선의 중앙으로부터 반파장 떨어질 때마다 동상이 된다. 기선상 이외의 곳에서도 양국으로부터의 거리차가 $\lambda/2$ 또는 그 정수배가 되면 동상이 된다. 때문에 동상인 점의 궤적은 쌍곡선이 된다.

이와 같이 동상인 2개의 쌍곡선이 겹치는 부분을 [그림 2-100]과 같이 1레인(Lane)이라 한다. 실제의 데카 방식에서는 1레인을 100등분하고 있다. 전파의 주파수를 300kHz라 한다면 1파장은 1000m이기 때문에 1레인은 500m가 된다. 더욱이 이것을 100등분하면 5m가 된다. 데카 방식에서는 기선상에서는 약 5m까지 측정할 수 있다.

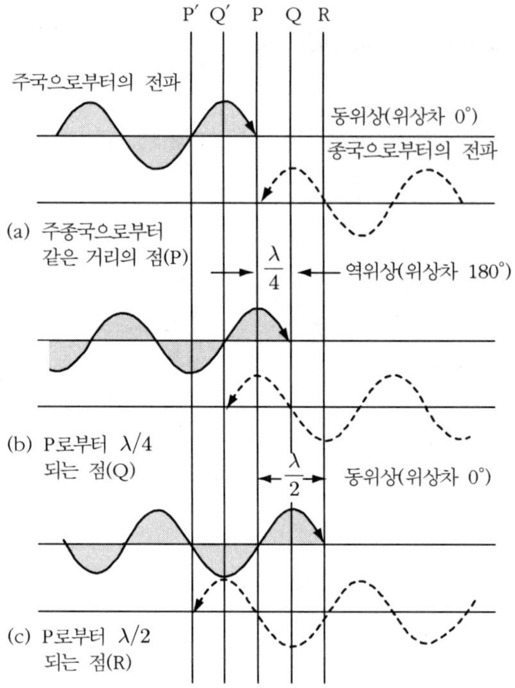

[그림 2-99] Decca 위상

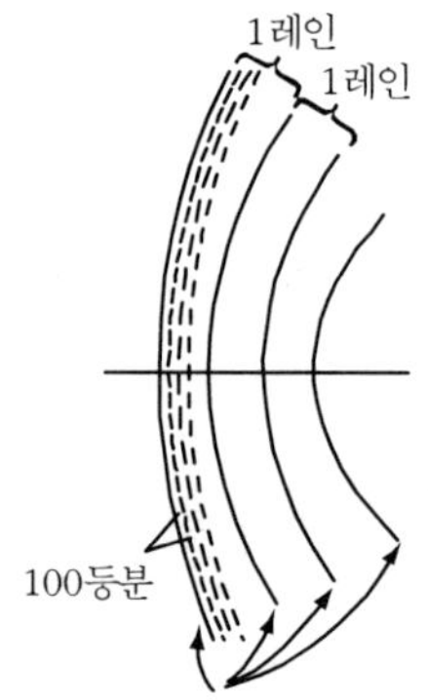

[그림 2-100] Decca 레인

3.4.2 Decca의 특징

Decca 항법방식의 특징은 다음과 같다.

① 쌍곡선 항법방식(위상차의 위치선)

② 사용주파수 70~130kHz 지속파(CW파)

③ 주국 1개, 종국 3개인 4국 Chain

④ 기선의 길이 60~120마일
⑤ 이용범위 약 250~350마일(주간 350마일, 야간 250마일)
⑥ 지시기가 연속자동지시장치로 되어 있어 취급이 간단하고 선위정도가 높다.
⑦ 이용지역 : 서유럽, 스칸디나비아 반도, 페르시아, 캐나다, 인도, 남아연방, 호주, 일본

3.4.3 Decca의 배치

Decca 송신국은 하나의 주국(master station)에 대하여 3개의 종국이 배치되어 있고, 그 각각은 적종국(red slave station), 녹종국(green slave station), 자종국(purple slave station)이라 하고, 주국과 적종국이 만드는 레인을 Red lane, 주국과 녹종국이 만드는 레인을 Green lane, 주국과 자종국이 만드는 레인을 Purple lane이라 한다.

3.4.4 주파수분할 방식

두 국으로부터의 전파의 위상을 서로 비교하기 위해서는 두국의 주파수가 같아야 하지만, 주파수가 같은 두 전파가 공간에서 혼합되면 하나의 전파로 되어 서로 분리할 수 없기 때문에 비교주파수를 만들어 위상을 비교하는 주파수분할 방식을 채택하고 있다.

[그림 2-101]에서 주국에서 150kHz의 전파를, 종국에서는 100kHz의 전파를 발사한다. 선박에서는 2개의 수신기를 가지고 있어 이들의 전파를 별개로 받아 주

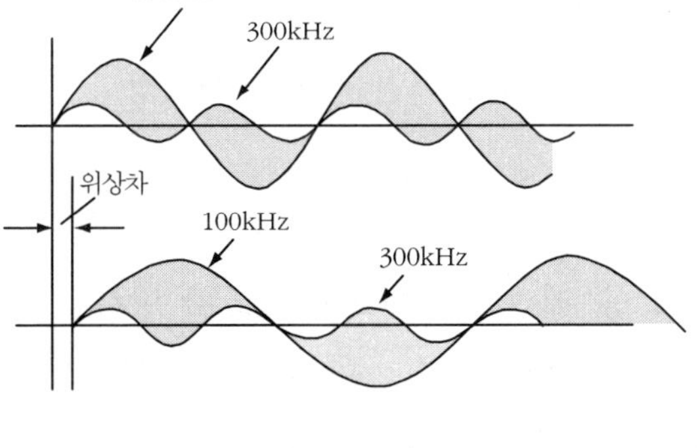

[그림 2-101] 주파수분할

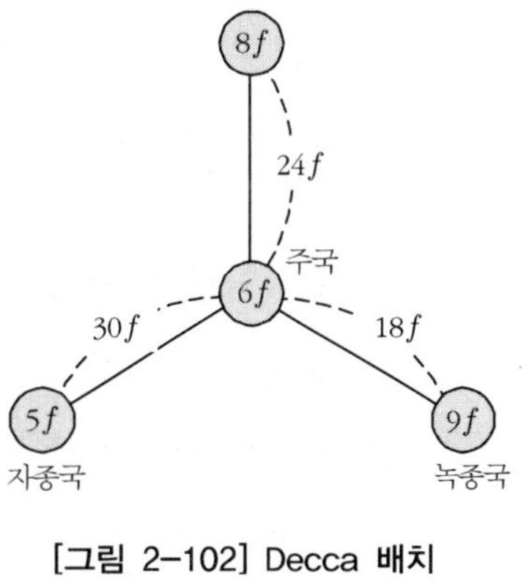

[그림 2-102] Decca 배치

파수증배기에 의해 2배 또는 3배로 하여 300kHz의 전파를 만들어 이 300kHz의 전파의 위상차를 측정한다.

[그림 2-102]와 같이 고정되어 있기 때문에 주종국에서 발사된 300kHz의 전파로써 위상비교를 행하는 것과 똑같다. 실제 사용주파수는 [그림 2-102]와 같이 기본주파수($1f=14$kHz)의 정수배가 되도록 하여 [그림 2-102]와 같이 주국에서는 $6f$, 적종국에서는 $8f$, 녹종국에서는 $9f$, 자종국에서는 $5f$의 주파수를 발사주파수로 하고 위상비교주파수는 발사주파수의 최소공배수에 해당되는 주파수로 Red lane에서는 $24f$, Green lane에서는 $18f$, Purple lane에서는 $30f$가 되며, 기본주파수 $1f$를 14kHz로 하였을 때의 위상비교주파수와 레인 폭은 〈표 2-13〉과 같다.

〈표 2-13〉 국의 위상비교주파수와 레인 폭

국	위상비교주파수(kHz)	기선상의 레인 폭(m)
Red(적종국)	336	446
Green(녹종국)	252	595
Purple(자종국)	420	357

3.4.5 레인 식별

1) 레인 식별(LI : Lane Identification)의 필요성

① 레인의 애매성(lane ambiguity) : 위치선이 어느 레인에 속해 있는지 알지 못한다.

② 출항 경우는 자동 추종되므로 필요 없으나, 데카 이용범위 밖에서 안으로 들어오는 경우 레인 식별이 어렵다.

③ 비교주파수를 낮추면 레인 폭이 넓어져 레인 식별의 필요성도 감소한다.

2) 레인 식별의 원리

① Decca 송신국에서 전파발사 중 레인 식별신호(LI-signal) 발사

② 수신기에서 레인 식별 미터(LI-meter)로 주·종국의 $1f$ 성분 위상비교

③ Zone : 기본주파수의 위상차가 0°인 인접 두 쌍곡선 사이의 구역, 적조국(24레인), 녹조국(18레인), 자조국(30레인)

3) 존 문자(Zone Letter)와 레인 번호(Lane Number)

① 기선상 1Zone의 폭은 약 5.8마일(기선의 길이를 60~120′로 본 경우 약 10~20개 Zone이 들어 있다.

② Zone 문자는 A~J(10개 문자)

③ 각 Zone 내의 레인 번호는 구별이 편리하도록 주국 쪽에서 종국 쪽으로 차례로 번호가 붙여져 있다. 적종국(0~23 : 24개), 녹종국(30~47 : 18개), 자종국(50~79 : 30개)

④ 레인 번호 C23 : 적종국의 주국에서 종국 쪽으로 3번째 Zone의 마지막 레인, E65 : 자종국의 5번째 Zone 16번째 레인

3.4.6 Decca Chart의 이용법

[그림 2-103]은 영국 체인의 Zone을 나타낸 것으로 데카 수신기상에서는 [그림 2-103]의 오른쪽 아래에 있는 것과 같은 3개의 데코미터(decometer)가 있다. 선박이 어느 항구를 출항할 때 그 선박의 데코미터(위상차 판별기)를 선위에 맞추어 Setting한다. 그렇게하면 선박이 항해함에 따라서 데코미터의 단침이 회전하고 단침이 1회전하면 장침이 1눈금 움직이게 되며, 장침이 1회전하면 Zone을 가리키는 문자가 변한다.

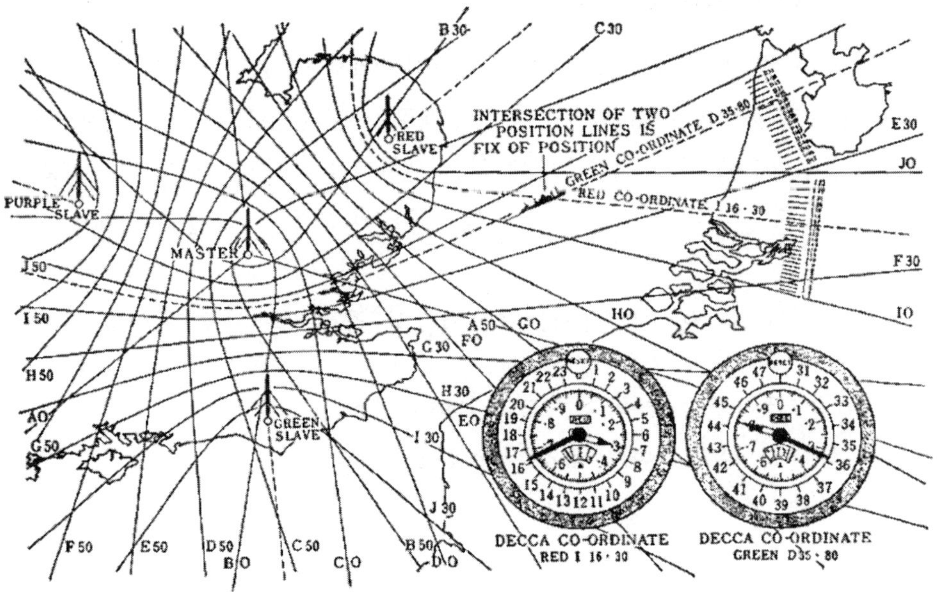

[그림 2-103] Decca Chart

어느 시각에 데코미터가 [그림 2-103]과 같았다고 하면 이때 위상차는 RED I16.30과 GREEN D35.80이 된다. 이 값은 데카의 쌍곡선의 위치선이 되고 이 값을 데카 해도에 표시하면 선위를 구할 수 있다.

3.4.7 Decca 위치선의 오차

1) 공간파 혼입 영향

지속파의 위상차를 측정하기 때문에 위상이 불안전한 공간파가 지표파에 혼입되면 오차가 발생한다. 또한 공간파의 강도는 전리층의 상태에 따라 변하며, 주간보다 야간, 여름보다 겨울, 저위도 지방보다 고위도 지방에서 증가하며, 송신국으로부터 멀어질수록 공간파 전계강도가 증가한다. 지표파의 전계강도를 G, 공간파의 전계강도를 S라 하였을 때의 합성파에 대한 위상변동 RMS값 σ(레인으로 표시)는

$$\sigma \fallingdotseq S/9G$$

로 나타낼 수 있다.

2) 전파의 전파속도의 변화

Decca 해도에서 그려진 위치선을 송신국에서 발사된 전파가 일정한 속도로 전파되는 가정하에서 계산된 것이나 실제로는 전파경로의 지형, 대지도전율, 대기분포, 주파수에 따라 전파속도에 의한 오차를 나타낸다. 데카 해도 또는 데카 데이터 시트에는 수정치 이외에 다음 3종류의 기호가 색별로 기재되어 있다.

N/A : 이 지역에서는 이 색깔의 위치선을 사용 못한다.

A : 수정 후의 오차는 0.1lane 이내

B : 수정하여도 오차는 0.1lane 이상

3) 송신국과 수신기의 상대적 위치에 의한 위치선의 편위

데카 방식의 경우 위치선의 편위오차는 일반적으로 다음 식으로 표시된다.

$$\Delta S = \Delta l W \mathrm{cosec}(\phi/2)$$

단, ΔS : 위치선의 편위오차(m), Δl : Decometer 시도의 오차(lane)
W: lane폭(m), ϕ : 수신점에서 본 주국과 종국의 협각

3.5 사용상 주의사항

3.5.1 Loran C

① 중심선 가까이의 위치선을 이용할 수 있는 국을 택해야 한다.(여기서, 중심선이란 기선의 수직 이등분선을 말한다.)

② 위치선의 교각이 될 수 있는대로 직각에 가까운 국을 선택해야 한다.

③ 기선 연장선에 대해서 지표파로는 25μs 이내, 공간파로는 200μs 이내의 범위인 해역에서 측정을 해야 되는 선국은 피해야 한다.

④ 송신국에서 800마일 이내의 지점에서는 공간파가 매우 불안정하므로 측정에는 사용하지 않는 것이 좋다. 공간파는 800마일 이상 떨어진 곳에서 E_1 파를 사용한다.

3.5.2 Decca

① 사용중에 때때로 영점을 재조정하는 것이 좋다. 수신상태를 확인하면 그만큼 측정값에 신뢰성을 주게 된다.

② 전원을 넣어 곧 사용할 때는 측정을 계속 영점을 맞추어 수신기에 처음 일어나는 오차를 적게 되도록 해야 한다.

③ 원거리이며 야간일 때에는 레인 식별이 곤란하고 또 측정의 정밀도가 떨어질 때가 있으므로 주의해야 한다. 이와 같을 때는 적어도 3회 연속적으로 레인 식별을 하여 레인 번호를 확인한 후에 레인의 설정을 해야 하고 선위의 측정은 될 수 있는대로 회수를 여러 번 하는 것이 좋다.

④ 야간 LI-meter가 나타내는 레인 번호와 위상차계(decometer)의 레인 번호

와의 사이에 오차를 일으켰을 때는 다음과 같이 하여 레인의 설정값을 수정한다.

1분 간격으로 3회 레인 식별을 하여 3회 모두 0.5레인 이상의 차가 있으면 0.5레인 이하가 되도록 위상차계의 긴 침의 설정을 다시 고쳐야 한다. 그래서 그후 3회 연속하여 레인 식별을 하여 0.5레인 이내가 되도록 한다.

4. 위성항법장치

4.1 위성항법 시스템의 발달

위성항법 시스템(GNSS : Global Navigation Satellite System)은 2차 세계대전에 등장한 지상에 위치한 송신기에서 발사되는 전파의 도달시간에 따른 거리정보를 바탕으로 비교적 정확한 위치를 얻을 수 있는 전파항법으로부터 위성의 전파를 활용하는 것으로 발전하였다.

기상에 구애받지 않는다는 장점 아래 현재 운용되고 있는 전 세계적인 위성항법 시스템은 미국의 GPS와 러시아의 GLONASS가 있으며, 민간전용 위성항법 시스템의 필요성을 인식한 EU(European Union)가 갈릴레오(Galilleo) 프로젝트를 추진하고 있다. 그리고 중국은 북두항법 시스템(Beidou Navigation System)을 준비하고 있으며 일부 국가에서는 지역위성항법시스템(RNSS : Regional Navigation Satellite System)을 구축하려 하고 있다.

4.2 위성항법장치의 원리와 구성

4.2.1 GPS의 기본 원리

전 세계적으로 널리 사용되고 있는 위성항법장치로 미국의 GPS(Global Positioning System)가 사용되고 있다. GPS의 기본 원리는 위치를 알고 있는 여러 개의 중거리에 있는 인공위성에서 발사하는 전파를 수신하고, 그 도달시간으로부터 관측자까지의 거리를 구하여 위치를 결정하는 방식이라고 볼 수 있다. 위치결정 방식을 4단계로 나누어 제시한다.

1) 1단계 : 위성을 이용한 삼각측량의 방법

만일 우리가 인공위성으로부터 11,000마일 떨어진 지점에 위치하고 있는 것을

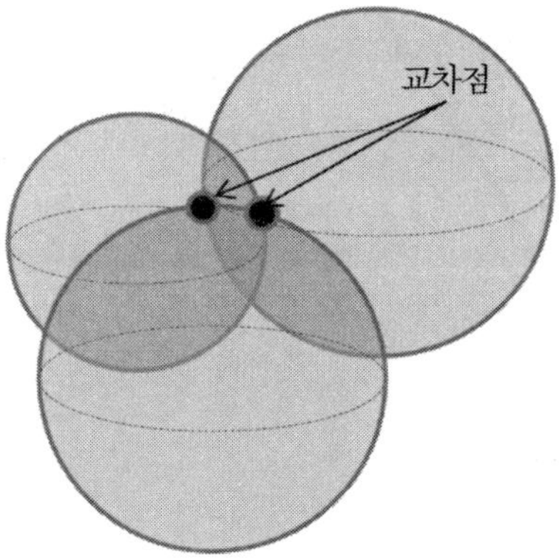

[그림 2-104] 위성을 이용한 삼각측량법 원리

확실히 알고 있다면 가상으로 반경이 11,000마일인 큰 구체를 그릴 수 있다. 또한, 동일한 시간에 우리는 인공위성 B로부터 12,000마일 지점에 있다고 가정한다. 이 경우 우리는 우주공간에서 위성 A로부터의 11,000마일과 위성 B로부터 12,000마일이 교차하는 타원형 부분 안에 있게 된다. 여기에 제 3의 위성을 추가하면 [그림 2-104]와 같이 정확한 위치를 산출해 낼 수 있다.

즉 위성 A, B와 동일시간에 위성 C로부터 13,000마일 지점에 위치하고 있다고 하면 3개의 위성이 서로 교차하여 보통 2개의 교차점이 생기게 된다. 2개의 점이 형성되는 이유는 11,000마일과 12,000마일의 2개 구체가 교차하는 타원형 구역을 13,000마일의 구체가 관통하면서 3개의 구체가 서로 교차하여 2개의 교차점, 즉 고정점이 생기게 되는 것이다. 결국 3개의 위성으로부터 각각의 신호에 대한 통달범위에 의해 2개의 점만이 우리가 있는 지점으로 볼 수 있는 것이다. 여기에 3개의 위성으로부터 우리가 서있는 지점까지의 거리를 측정하면 이 2점 중 어느 한 점에 우리가 위치하고 있음을 알 수 있다. 이와 같이 이론적으로는 3개의 위성만으로 거리를 측정할 수 있다. 그러나 정밀한 위치측정을 위해서는 4개 이상의 위성으로부터의 거리측정이 필요하다. 그런데 선박은 항상 지표상에 있으므로 최소 2개의 위성까지의 거리만 알고 있으면 위치를 구할 수 있으며 오차수정을 위해서는 3개의 위성까지의 거리가 필요하다.

2) 2단계 : 위성으로부터의 거리측정

GPS는 우리가 있는 곳에서 위성까지의 거리를 알 수 있다는 것이 전제가 되어야 한다. GPS 위성들로부터 우리가 얼마나 떨어져 있는지를 알아보기 위해서는

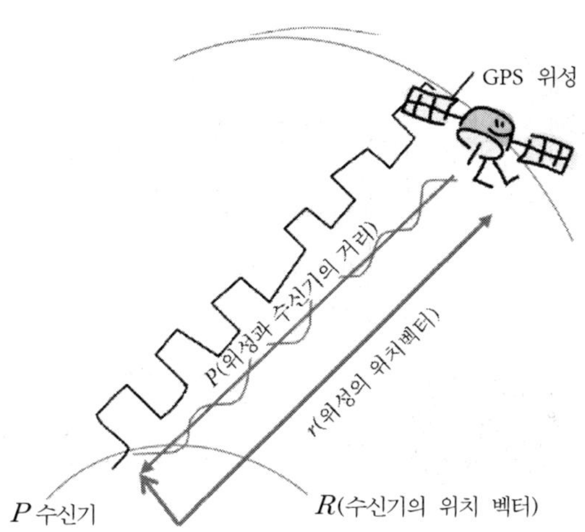

$R = r + P$
R : XYZ 혹은 위도, 경도, 높이(미지량)
r : 위성에서 제공(전체역학 사용계산)
p : 빛의 속도 × 경과시간(측정치)

[그림 2-105] 위성으로부터의 위치 측정

'속도×이동시간'의 공식을 이용하면 간단하다. GPS는 전파를 사용하는 것이고 이 무선전파는 빛이 속도로 진행한다. 즉, 빛이 속도와 같이 초당 186,000마일을 이동한다. 만약 GPS 위성이 무선 메시지를 보내기 시작한 때와 무선신호를 수신할 때를 정확하게 측정할 수 있다면 무선 메시지가 도달되는 시간을 측정하고 이를 거리로 환산할 수가 있다. 물론 빛이 속도가 매우 빠르기 때문에 짧은 시간 동안에 시간측정이 가능한 시계가 있어야 한다.

사실 GPS 위성이 바로 머리 위에 있다면 무선 메시지가 우리가 있는 곳까지 도달하는 시간은 0.06초가 걸릴 것이다. GPS에 의하여 시간을 정확하게 측정할 수 있게 된 것은 GPS 위성에 장착된 시계(원자시계)가 매우 정확하기 때문이며, 대부분의 GPS 수신기들도 ns(10^{-9})까지의 정확한 시간측정(0.00000001초)이 가능하기 때문이다.

GPS 무선신호의 진행시간을 측정하기 위해서는 무선신호가 언제 위성을 떠났는지 정확하게 아는 것이 필요하다. 이를 위해서 위성과 수신기는 동기화되어 있고 정확하게 같은 시기에 같은 코드를 발생시킨다. 따라서 위성으로부터 코드를 수신하고 다시 코드를 되돌려 보낸 후 수신기가 [그림 2-106]과 같이 동일한 코드를 만드는데 어느 정도의 시간이 소요되는지를 측정한다. 즉 위성으로부터 받은 코드와 수신기 자체에서 만들어진 코드간의 시간차이가 얼마나 되는가를

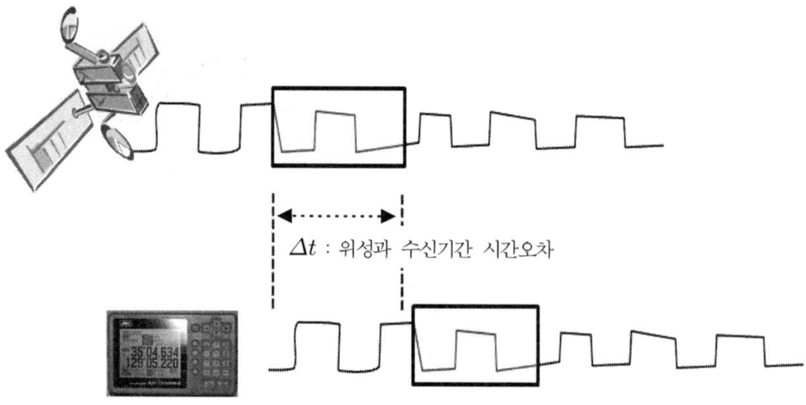

[그림 2-106] 위성과 수신기간 시간오차 원리

계산하는 것이다.

시간차이를 쉽게 이해하기 위해 당신과 당신의 친구가 축구장 반대편에 각각 서 있다고 상상해 보자. 이제 당신과 친구가 정확하게 같은 순간에 10을 소리쳐 세 본다. 운동장에서 당신이 들을 수 있는 것은 스스로 소리친 음뿐이다. 하나, 둘, 셋…… 잠시 후 당신의 친구 목소리가 들리기 시작할 것이다. 하나, 둘…… 당신이 셋이라고 소리쳤을 때 당신의 친구가 하나라고 소리치는 음을 들을 수 있을 것이다. 이는 당신의 친구 목소리가 운동장 건너 당신에게 도달하는데 시간이 걸리기 때문이다.

즉 당신이 "하나"라고 소리친 시점과 당신의 친구가 "하나"라고 똑같은 순간에 소리칠 때에도 당신이 친구 목소리를 들을 수 있는 시점은 당신이 소리친 순간보다 늦게 들린다. 이를 이용하여 시간차이를 측정할 수 있다. 즉 시간차이는 음이 운동장을 건너서 진행된 시간간격으로 GPS 시스템의 동작원리 중 하나이다.

3) 3단계 : 시간측정 방법

우리는 빛이 초당 186,000마일을 진행한다는 것을 알고 있다. 만약 위성과 수신기가 1/100초 정도 동기가 되지 않는다면 거리측정시 1,860마일만큼 차이가 발생하게 된다. 그러면 수신기와 위성간의 코드가 정확히 같은 시간에 발생되고 있는지를 어떻게 알 수 있다는 것인가? GPS 위성들은 각각 원자시계를 가지고 있다.

원자시계는 우리가 믿을 수 없을 만큼 정확하지만 가격이 상당히 비싸다. 원자시계의 가격은 약 100,000달러로 각 위성들은 4개씩의 원자시계를 장착하고 있다. 이 원자시계는 인간이 지금까지 발전시킨 가장 안정되고 정확한 기준 시계이다. 그래서 원자시계가 12시 정오를 가리킬 때 이 시간은 정확하게 12시 정오라고 단언할 수가 있다.

이 시간이 정확하다는 것은 위성을 위해서는 매우 좋은 일이지만 지상에 있는 우리들에게는 엄청난 부담이 된다. 왜냐하면 만약 우리가 사용하는 GPS 수신기에 100,000달러짜리 원자시계를 장착해야 한다면 GPS 이용자들에게는 엄청난 비용을 부담하게 되기 때문이다.

다행스럽게도 GPS 수신기는 가격이 저렴하면서도 GPS 이용에 적합한 시계를 사용하여 거리를 측정하는 방법이 있다. 이 방법은 하나의 예비위성을 추가하여 거리를 측정할 경우 불완전한 동기를 보상할 수가 있다는 것이다. 3차원 공간에서 3개의 위성으로부터 각각의 거리를 측정한 결과 하나의 교차점을 나타낼 수 있다면 네 번째의 불완전한 측정값은 어떠한 Timing offset를 제거할 수 있다고 한다.

왜 추가되는 측정값은 Clock Offset를 제거하는가? 우선 수신기에 내장된 시계가 GPS 위성의 원자시계처럼 완벽하지는 않다. 그러면 이 시계가 약간 빠르다고 가정하고 이 시계가 12시 정오를 가르쳤을 경우 실제 시간은 오전 11 : 59 : 59초라 하자. 이제 위치계산 과정에서 무슨 일이 일어나는지 살펴보자. 위성에서 우리가 서 있는 지점까지의 거리를 일반적으로 km나 마일 단위를 써왔다. 이 거리 단위는 시간으로 계산된 값이다. 이제 거리에 대하여 말할 때 “초”로 간단하게 표현하자.

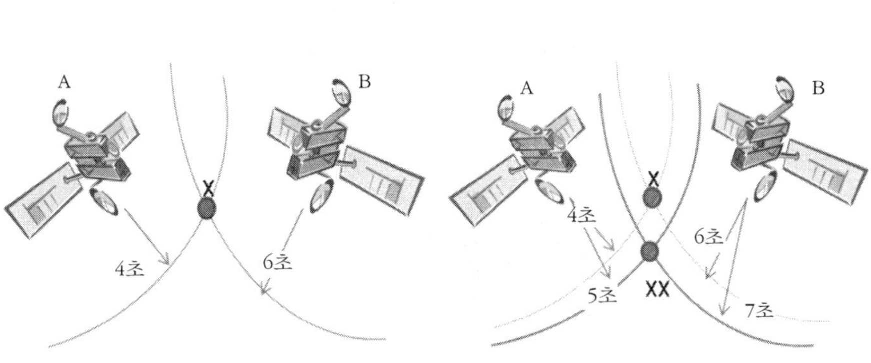

[그림 2-107] 시간측정 방법의 원리

[그림 2-107]과 같이 위성 A로부터 4초 거리에 있고 위성 B로부터 6초 거리에 있다고 하자. 2차원에서 이들 2개의 거리가 교차하는 지점인 X가 우리가 서있는 위치임을 알 수 있다. 만약 모든 시계가 완벽하게 동작한다면 "X"는 우리가 얻을 수 있는 위치이다. 하지만 우리가 불완전한 수신기를 사용하고 있고 수신기에 내장된 시계가 1초 빠르다면 어떻게 되겠는가?

수신기의 시계가 1초 빠르다면 그림과 같이 위성 A까지의 거리는 5초가 되고 위성 B까지의 거리는 7초가 될 것이다. 이렇게 되면 2개의 원이 당초 지점 X가 아닌 XX지점에서 교차하게 된다. 만약 수신기에 내장된 시계가 조금 빠르다는 것을 알아낼 수 있는 방법이 없다면 XX가 정확한 해답처럼 보일 것이다. 하지만 이 지점은 수 마일을 벗어난 값이다.

만약 우리가 완벽한 시계를 가졌다면 [그림 2-108]과 같이 실제로 위성 C는 우리가 이 실제 위치로부터 8초의 위치에 있다고 본다. 그림에서와 같이 이런 원들은 3개 위성까지의 실제 거리를 나타내기 때문에 이 모든 3개의 원들은 그림과 같이 한 점에서 교차한다.

만약 여기에 1초가 더해진다면 위성 A와 B의 의사거리는 XX점에 교차하지만 위성 C의 의사거리는 XX점과 교차되지 않는다. GPS 수신기내에 내장된 컴퓨터는 한 개의 점에서 교차되지 않는 불일치된 측정값을 갖게 되었을 때 무엇인가 잘못되어 있음을 알게 된다. 이때 수신기에 내장된 컴퓨터는 재빠르게 시계를 offset하여 시간을 더하거나 빼기 시작한다.

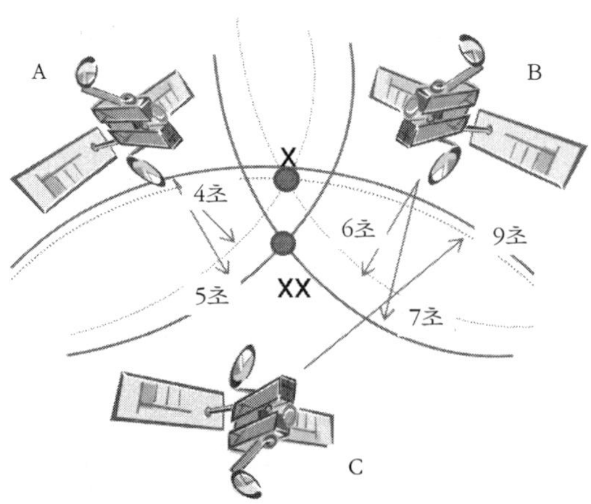

[그림 2-108] 시계 오차 제거

결국 3개의 측정값으로부터 같은 양의 시간을 더하거나 빼고 시간을 조정해서 3개의 원이 하나의 점에서 교차되도록 한다. 결국 3개의 측정값에서 1초를 감함으로써 하나의 점에서 원이 교차할 수 있음을 알게 된다. 결국 이러한 방법으로 시계가 1초 빠르다는 것을 알게 된다. 즉 시계에 의한 오차는 하나의 측정값을 추가로 첨가함으로써 수신기에서 있을 수 있는 어떤 일관된 시계오차를 제거할 수가 있다.

4) 4단계 : 위성의 위치

지금까지 우리는 위성의 위치를 알고 있는 것으로 가정하였다. 그런데 우리는 위성의 위치를 어떻게 알까? 위성은 20,200km의 높이로 지구 주위로 돌고 있다. 미국 공군에서는 이 GPS 시스템 계획에 따라 각 위성은 아주 정확한 궤도를 따라 움직이도록 하였다. 그러므로 대기의 영향이 없는 한 위성은 정확하게 자기의 궤도를 따라 움직이므로 우리는 미리 위성의 위치를 알 수 있다. 어떤 수신기는 각 위성의 궤도를 표시하는 위성궤도력(ephemeris almamnac)을 컴퓨터의 롬(ROM)에 저장하였다가 사용하기도 한다.

위성의 궤도에 대한 수학적 모델은 그 자체로도 정확하지만 더 확실히 하기 위해서는 위성을 계속 감시하여야 한다. 이 일은 [그림 2-109]와 같이 미국 국방부가 관할하는 지상의 5개의 감시국이 하고 있다. 각 위성은 12시간마다 한 번씩 지구 주위를 돌고 있으므로, 감시국 중 어느 한 국을 하루에 2번씩 지나게 되어 있다. 위성이 지날 때 감시국은 위성의 높이, 위치, 속력을 정확히 측정한다.

[그림 2-109] GPS 모니터국

이 값은 위성의 원래 값과 차이가 있는데 이를 궤도오차(ephemeris error)라고 한다. 이 궤도오차는 달과 태양의 인력과 태양의 복사압으로 생기며 그 크기는 작다. 육상 감시국은 이 오차를 측정하여 이것을 위성에 보낸다. 위성에서는 이 값을 수신기 쪽으로 송신한다. 그러므로 위성은 가짜 잡음신호를 송신할 뿐만 아니라 정확한 위성의 위치 오차와 시스템의 상태에 관한 데이터 메시지를 송신한다.

4.2.2 GPS의 신호분석

GPS(Global Positioning System)는 인공위성을 이용한 범세계적 위치결정 체계로, 정확한 위치를 알고 있는 위성에서 발사한 전파를 수신하여 관측점까지의 소요시간을 관측함으로써 관측점의 위치를 구하는 체계이다. 즉, GPS 측량은 위치가 알려진 다수의 위성을 기지점으로 하여 수신기를 설치한 미지점의 위치를 결정하는 후방교회법(resection method)에 의한 측량방법이다.

GPS의 전파는 〈표 2-14〉 같이 P 신호와 C/A 신호의 두 가지 신호로 변조되어 있다. GPS 신호는 C/A코드, P코드 및 항법 메시지 등의 신호가 L1 및 L2파의 2개 밴드에 실려 지상으로 방송이 되며, L1/L2파는 각 코드 신호 및 항법 메시지를 운반한다고 하여 반송파(carrier wave)라 한다. P신호는 Precision의 뜻으로 위치측정정도가 높으며 잡음에도 강한 신호이다. C/A 신호는 Clear/Acquisition의 뜻으로, GPS 전파를 수신하는 경우에는 먼저 이 C/A 신호를 잡아서 동기를 잡고 데이터를 해독한 후에 P신호로 넘어간다. 따라서 C/A 신호는 동기를 잡기가 쉽고 이 신호만으로도 개략의 거리측정이 가능하다.

궤도정보는 GPS 측위 정확도를 좌우하는 중요한 사항으로서 방송력과 정밀력으로 구분되며 Almanac과 같은 뜻이다.

〈표 2-14〉 GPS 위성의 송신전파

송신 주파수 MHz	변조의 비트율			최소 수신감도	
	P신호 (위성식별정보)	C/A신호 (위성식별정보)	항법 데이터 (위성궤도정보)	P신호 (군용)	C/A신호 (항법 메시지)
1575.42(L1)	10.23Mb/s	1.023Mb/s	50b/s	−163dBw	−160dBw
1227.6(L2)	10.23Mb/s	변조없음	50b/s	−166dBw	−

〈표 2-15〉 궤도정보의 방송력과 정밀력 비교

방 송 력	정 밀 력
Broadcast ephemeris	Precise ephemeris
사전에 계산되어 위성에 입력한 예보궤도로서 실제 운행궤도보다 정확도 낮음	실제위성의 궤적으로서 지상 추적국에서 위성전파를 수신하여 계산된 궤도정보
위성전파를 수신하지 않고도 획득 가능	정밀 궤도정보로서 후처리 방식의 정밀 기준점 측량시 적용

궤도정보의 방송력과 정밀력을 비교해보면 〈표 2-15〉와 같다.

L1 주파수대에는 서로 90°의 위상차를 갖는 두 개의 반송파에 각기 다른 위상변조를 하고 있으며, 이 L1 신호를 식 (2-1)로 표시한다.(L2 주파수대는 P신호뿐이므로 식의 오른쪽 제 2항이 없는 더욱 간단한 형태가 된다.)

$$S_{L1} = A_P C(t) P(t) \cos(\omega_r t) + A_c D(t) C(t) \sin(\omega_r t) \qquad (2\text{-}1)$$

단, A_p : P신호의 진폭

A_c : C/A 신호의 진폭이며, A_p보다 3~6dB 강하다.

$D(t)$: 데이터 신호이며, ±1의 2진 부호로 50b/s의 속도로 변조되어 있다.

$P(t)$: PN 신호이며, ±1의 2진 부호로 10.23Mb/s의 속도로 변조되어 있다.

ω_r: 반송파의 각속도

$C(t)$: PN 신호이며, ±1의 2진 부호로 1.023Mb/s의 속도록 변조되어 있다.

여기서 PN 신호라 하는 것은 의사잡음(PseudoNoise)이라 하는 신호로 +1의 부호와 −1의 부호가 불규칙적으로 같은 확률로 나타나는 긴 신호이다.

4.2.3 GPS의 위치 측정방식

GPS는 기본적으로 위성과 수신기간의 거리를 측정한 후 미지점의 좌표를 계산해 내는 측량장비인데, 이 거리를 측정하는 방식에는 코드 신호 측정방식과 반송파 신호 측정방식이 있다.

1) 코드 신호 측정방식

위성에서 발사한 코드와 수신기에서 미리 복사된 코드를 비교하여 두 코드가 완전히 일치할 때까지 걸리는시간을 관측하여 여기에 전파속도를 곱하여 거리를 구하는데 이때 오차가 포함되어 있으므로 의사거리(pseudo range)라 한다.

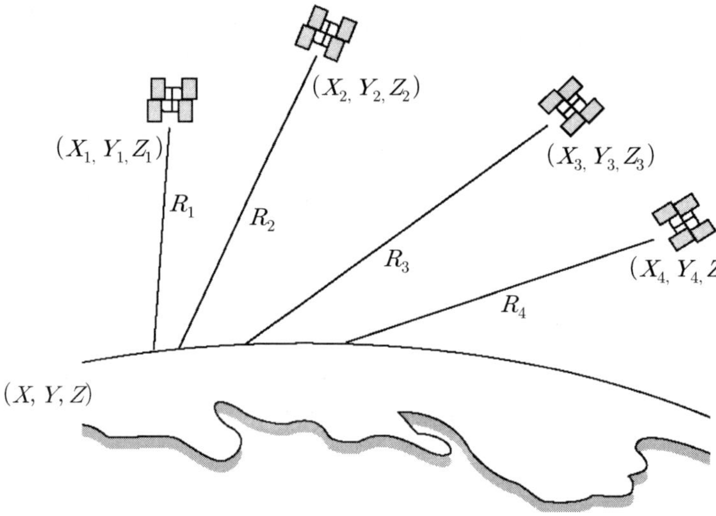

[그림 2-110] 코드 신호 측정방식

$$R = [(X_R - X_S)^2 + (Y_R - Y_S)^2 + (Z_R - Z_S)^2]^{\frac{1}{2}} \cdot C \cdot dt \qquad (2\text{-}2)$$

단, R : 위성(S)과 수신기(R)간의 거리, X_R, Y_R, Z_R : 수신기의 좌표값

X_S, Y_S, R_S : 위성의 좌표값, C : 전파의 속도

dt : 위성과 수신기 간의 시각동기오차

2) 반송파 신호 측정방식

코드신호를 운반하는 반송파는 그 자체가 정현파로서 L1파의 경우 약 19cm, L2파의 경우 약 24cm의 파장으로 위성과 수신기 간의 파장 개수를 측정함으로써 거리를 계산할 수 있는데 이와 같이 위상차에 의한 간섭법으로 거리를 측정하는 방법이다.

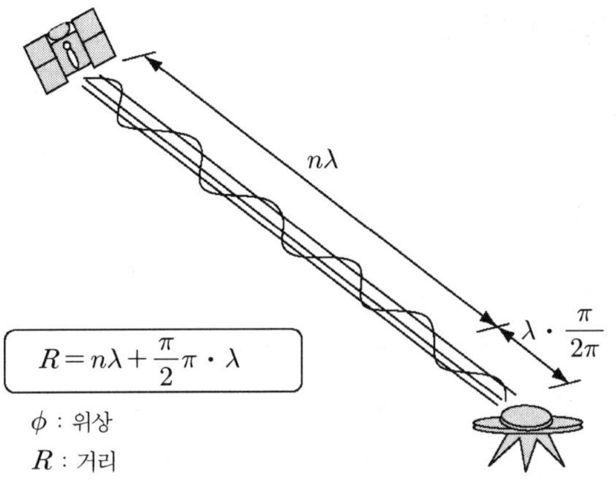

[그림 2-111] 반송파 신호 측정방식

$$R = \left(N + \frac{\phi}{2\pi}\right) \cdot \lambda + C(dT + dt) \qquad (2\text{-}3)$$

단, R : 위성과 수신기간의 거리, N : 위성과 수신기간의 반송파의 개수
ϕ : 위상각, λ : 반송파의 파장
C : 광속도, $dT + dt$: 위성과 수신기의 시계 오차

3) 코드 신호와 반송파 신호의 비교

코드 신호와 반송파 신호의 특징과 용도를 비교하면 〈표 2-16〉과 같다.

〈표 2-16〉 코드 신호와 반송파 신호 비교

구분	방 송 력	정 밀 력
특징	• 동시에 4개 이상의 위성 신호를 수신해야 함 • 코드 신호가 2진법 체계이므로 측위 계산이 간단하고 신속하나 정확도가 다소 떨어짐	• 동시에 5개 이상의 위성신호를 수신해야 함 • 수신기에 마지막으로 수신되는 파장의 위성을 정확히 알 수 없으므로 이를 모호정수(ambiguity)라 하며 수신기 1대만으로는 정확한 Ambiguity를 결정할 수 없기 때문에 최소 2대 이상의 수신기로부터 정확한 위상차를 구함
용도	• 단독측위(1점측위, 절대측위) : 허용오차 약 5~15m • 2대 이상의 GPS를 사용하는 상대측위 중 코드 신호만을 해석하여 측정하는DGPS 측위 : 허용오차 약 1m	• 후처리 정지측량(스태틱 측량) : 허용오차 5mm+1ppm • 후처리 이동측량(키네마틱 측량) : 허용오차 수cm • 실시간 이동측량(RTK 측량) : 허용오차 1~3cm

4.3 위성항법장치의 종류

4.3.1 GPS

1) GPS의 개요

GPS(Global Positioning System)는 미해군이 1950년대 후반부터 위성기반 항법 시스템인 Transit, Timation 등을 운용한 경험을 바탕으로 1970년대 초에 미국 국방성이 설립한 GPS JPO에 의해 개념연구가 시작되어, 1978년 2월에 최초의 Block Ⅰ 위성이 발사되었고 이후로 2, 3단계에 걸친 시스템 설계와 검증이 이루어졌다. 1993년 정상가동이 선포된 GPS는 GNSS의 대명사가 되었으며, 초기에는 군용으로 개발되었으나 민간에게 그 사용이 허락되어 1990년대 중반 이후부터 비약적인 사용 증가가 발생되었다. 2000년 5월 미국에서 GPS SA(Selective Availability)를 제거하게 되어 위치 정확도는 수십 미터 정도로 향상되었다.

GPS를 구성하는 요소는 위성국(space segment), 위성을 제어하고 관리하는 지상국(control segment) 그리고 위성신호를 수신하여 위치를 구하는 수신기(user segment)로 구성되어 운용된다.

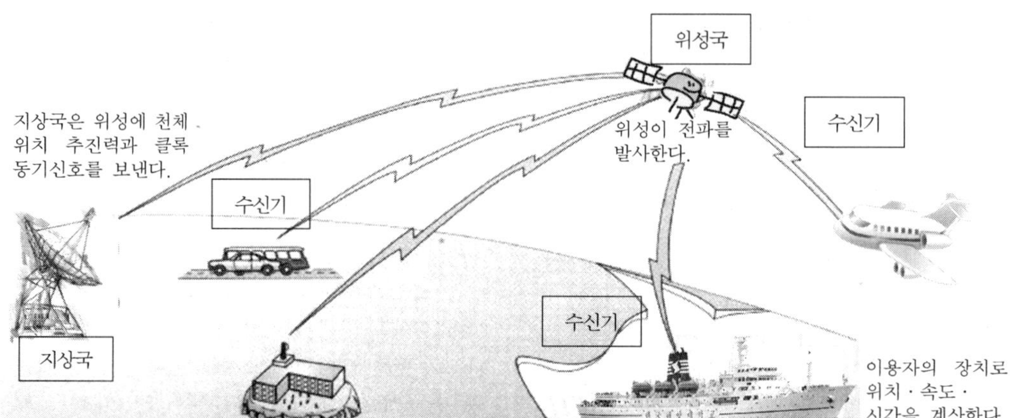

[그림 2-112] 위성항법 시스템 구성도

2) GPS의 구성

GPS는 21개의 기본 위성과 3개의 예비 위성으로 구성되는 24개의 위성과 이들을 지원하는 육상제어시설로 구성된다. 육상제어시설은 위성의 궤도와 위성시간을 측정하는 적어도 4국 이상으로 구성되는 육상감시국과 이들이 자료를 수집하여 궤도를 계산하는 주 제어국 및 이들 자료를 위성에 송신하여 입력시키는 송신국으로 구성되어 있다.

위성궤도는 [그림 2-113]과 같이 20,200km의 높이에 6개가 거의 원모양의 궤도를 이루어 배치되어 있고, 이 궤도에는 공전주기가 약 12시간인 위성이 균등한 간격으로 4개씩 모두 24개의 위성이 배치되어 있다. 이렇게 하면 지구상의 어디에서나 적어도 4개, 평균 5~6개의 위성 전파를 수신할 수 있다.

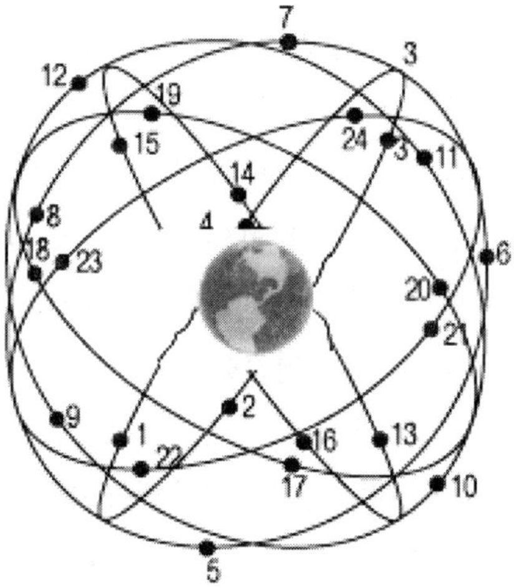

[그림 2-113] 위성 배치도

3) GPS 위치선의 오차

GPS 위치선의 오차로는 구조적 요인에 의한 오차(위성에 탑재된 원자시계의 오차, 위성궤도의 오차, 전리층과 대류권에 의한 위성신호의 전파지연에 따른 오차, 전파의 다중경로(multipath), 즉 건물 따위의 벽면 등에 부딪혀 반사되어 수신되는 부정확한 전파에 의한 오차)와 위성의 배치상황에 따른 GPS 오차, 그리고 SA(Selective Availability)에 의한 GPS 오차로 크게 세 가지의 오차가 있으며, 여기에서는 이를 다시 다섯 가지의 오차로 분류하였다.

(1) 전파속도의 변동에 따른 오차

전파의 속도는 우주 공간에서는 일정하지만 전파가 위성에서 지상의 관측자까지 오려면 이온층과 대기층을 지나므로, 이곳에서 전파의 속도가 변한다. 우선, 이온층에 대하여서는 다음과 같은 방법을 이용하여 해결하고 있다.

첫째로, 장기간의 관측을 통하여 이온층에서 평균적인 속도변동을 구하고 이 값을 측정값에 가산하는 방법이다. 그러나 이 값은 실제와 차이가 있다.

둘째로는 2개의 서로 다른 주파수를 가진 전파를 이용하는 방법으로 이것은 이온층이 전혀 없는 것과 같은 효과를 얻을 수 있다. 대기층에서는 물방울이 GPS의 신호에 영향을 주고 있으나 이것을 정확하게 수정하는 것은 불가능하다. 다행히도 이것은 위치에 영향을 줄만큼 크지 않다.

즉, 고주파 신호가 전리층을 지날 때는 속도감소는 물론, 전파의 굴절로 인하여 전파의 진행방향이 휘게 된다. 전파의 전체 지연값은 주파수의 제곱에 거의 반비례하는데, 전술한 바와 같이 항법신호를 L1, L2의 2개 주파수로 송신하는 것은 이들 2개 주파수를 비교해서 지연값을 결정하려는 것이다. 역시 MCS에서 보정에 필요한 파라미터를 결정해서 이를 주기적으로 위성에 보내고, 위성은 이를 다시 GPS 사용자에게 송신한다. 한편, 대류권에서의 지연은 주파수와 무관하며 비교적 작은 값이다. 전리층과 대류권을 다 고려할 때 전파지연으로 인한 거리오차는 2.4∼5.2m 정도이다.

(2) 시계 오차와 수신기 오차

위성 시계 자체는 정확하지만 상대성 이론에 따르면 이것도 약간의 오차가 있다. 이 오차는 감시국에서 조정하지만, 그렇게 한다하더라도 때때로 측정위치에 오차를 생기게 하는 수가 있다. 각 위성에 탑재된 시계가 매우 안정된 것이긴 하지만 역시 오차가 생길 수 있는데, 이 오차는 수신기에서 시계보정계수를 통하여 수정된다.

(3) 다중 경로(Multiful-path) 오차

이 오차는 위성에서 발사된 신호가 육지나 다른 곳에 부딪혔다가 수신기에 갈 때 생기는 오차이다. 최근의 수신기는 진보된 신호처리 기술과 특수한 안테나를 사용하여 이 문제를 최소로 줄이고 있으나, 상황이 나쁜 경우에는 측정위치에 큰 오차가 발생하기도 한다. 신호의 전파 도중 주변 건물 등에 반사됨으로써 여러 경로를 통해서 신호를 수신하게 되는 경우 거리측정에 관계되는 신호의 특성이 왜곡되어 오차가 생기는 것을 말한다. 이 다중 경로 전파로 인한 오차는 비교적 작으며 대개 1.2～2.7m 정도이다.

한편, 다른 요인에 인한 오차는 경감시킬 수 있으므로 측위의 정확도를 관리할 수 있으나, 이 다중 경로에 의한 문제는 발생을 예측하기 곤란하며 예기치 못한 오차가 되어 버리는 수가 있다. 일반적으로, 위성으로부터의 신호가 물체에 반사된 후 수신 안테나에 도래하는 것은 위성의 앙각이 낮은 경우가 많기 때문에 안테나의 수평방향 감도를 낮게 하여 저고도의 위성으로부터 신호를 수신하지 않게 하는 것이 유일한 대책이다.

(4) GDOP(Geometric Dilution Of Precision) 오차

이 오차는 기하학적 오차를 말하며, 위치를 정확히 측정하기 위해서는 우리의 위치에서 볼 때 위성 사이의 각도가 큰 위성을 선택하여야 한다. 이것을 이론적인 개념으로 설명한 것이 바로 이 GDOP이다. 좋은 수신기에서는 보이는 모든 위성의 상대적인 위치를 분석하고 이 GDOP가 가장 작은 4개 이상의 후보 위성을 선택하여 위치를 구한다.

(5) 고의 오차(S/A, Selective Ability)

미국 국방부에서는 위 4가지의 오차 이외에 오차를 고의로 발생시켜 위치의 정확도를 떨어뜨리고 있다. 이것은 걸프 전쟁 이후부터 군사적인 목적으로 시행하다가 2000년 5월 1일부로 해제하였으나 언제 다시 시행될지 모른다.

오차들을 종합하여 보면 GPS는 여러 가지 오차가 있지만 오차의 값의 크기는 C/A 모드의 경우 100m 내외가 된다. 수신기에 따라 오차의 크기는 달라지겠지만, GPS의 고의 오차의 크기에 따라 GPS의 정확도가 결정된다고 볼 수 있다. 연안 또는 육상에서 보다 정확한 위치를 측정하기 위하여 각 나라에서는 DGPS를 개발 운용하고 있다.

4) GPS 오차 수정

GPS 오차를 수정하는 방법은 후처리 방법과 실시간 처리 방법 두 가지가 있다.

(1) 후처리 방법

후처리 방법의 원리는 [그림 2-114]와 같다.

첫째 다수의 GPS 수신기를 기지점과 미지점 간에 망을 구성하여 설치하고 동시관측(세션 관측 실시), 둘째 각 수신기는 단지 위성신호만을 수신하여 데이터 저장(측량방법에 따라 수십초~수시간), 셋째 수집된 관측 데이터는 소정의 간섭 측위용 처리 소프트웨어에 의해 각 수신 기간의 기선 벡터량을 구하며, 넷째 최초 기선을 고정으로 하고 최소 제곱법에 의한 망조정 계산을 통해 미지점의 좌표를 결정하는 방법이다.

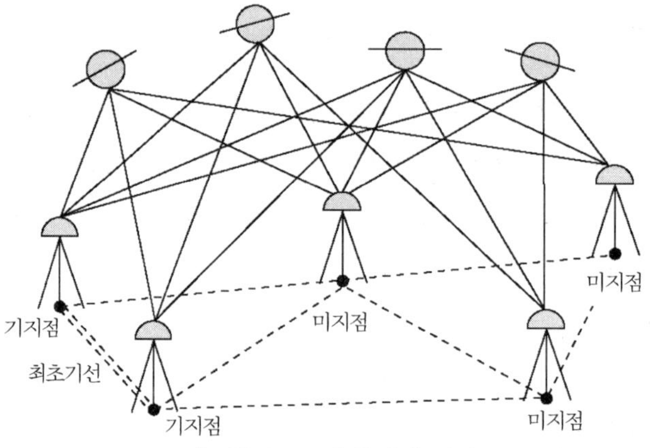

[그림 2-114] 후처리 방법

(2) 후처리 방법을 이용한 오차 제거

첫째, 사이클 슬립(cycle slip : 주파단절)은 어떠한 이유에서 사용 가능한 위성신호가 GPS 본체에 충분히 전달되지 않음으로써 측위 정확도에 영향을 미치거나 측위가 되지 않는 현상을 말한다. 즉, GPS 반송파 위상 추적 회로에서 반송파 위상차의 값을 순간적으로 놓치므로 인해 발생하는 오차를 뜻한다. 사이클 슬립의 원인으로는 GPS 안테나 주위의 장애물에 의한 신호단절(상공 시계 미확보), 높은 신호잡음(noise), 낮은 신호강도(GPS 안테나와 본체를 연결하는 케이블이 너무 길거나 저항이 큰 경우), 낮은 위성 고도각(임계고도각인 15°상공 이하에 존재하는 위성의 신호수신시)에 의하여 발생된다.

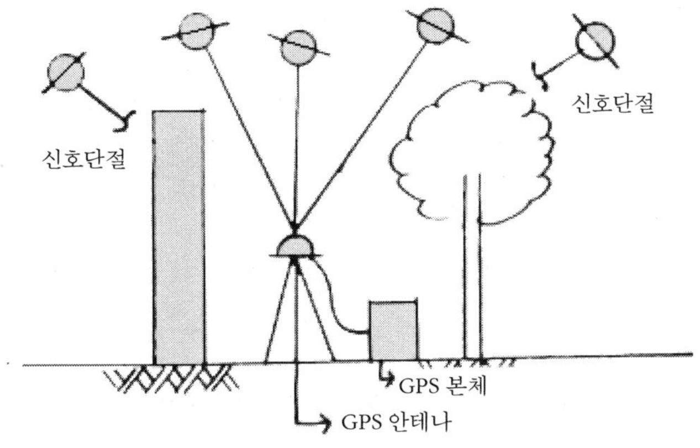

[그림 2-115] 후처리 방법을 통한 사이클 슬립 제거

그리고 사이클 슬립은 후 처리시 소정의 소프트웨어상에서 수동 또는 자동으로 발견, 편집되고, 실시간 측량시에는 RTK GPS 장비 자체에서 검출되어 스스로 재초기화를 시도하는 것으로 없어진다.

둘째 RINEX(Receiver Independent Exchange) Format 정적 간섭 측위시 기종이 서로 다른 GPS 수신기를 혼합하여 관측하였을 경우 어떤 종류의 후처리 소프트웨어를 사용하더라도 수집된 GPS 데이터의 기선해석이 용이하도록 고안된 세계 표준의 GPS 데이터 포맷(자료형식)이다.

셋째, RTCM SC-104(Radio Technical Commission for Maritime)의 약어로서 DGPS 측량시 기지국 GPS에서 생성한 위치보정신호(correction data)를 이동국 GPS로 전송할 때 사용하는 세계표준의 위치보정 데이터 포맷이다. 현재 우리나라 국토해양부에서 설치한 비콘 DGPS 기지국에서도 RTCM SC-104 포맷에 의한 위치보정신호를 방송 서비스하고 있다.

넷째, Ambiguity(불명확상수 또는 모호정수) 간섭 측위시 수신기에 마지막으로 수신되는 파장의 위상이 불명확하므로 이를 불명확상수, 모호정수, 정수치 편기(bias)라고 하며 반드시 2대 이상의 GPS 수신기를 사용하여 위상차를 구한다.

다섯째, 세션(session) 관측 정적 간섭측위에 의한 정밀 기준점 측량시 적용되는 GPS 관측기법으로서 최소 4대 이상의 GPS를 1개 관측 그룹으로 하여 일정시간 동안 동시에 관측(측량)하는 것을 세션 관측이라 한다.

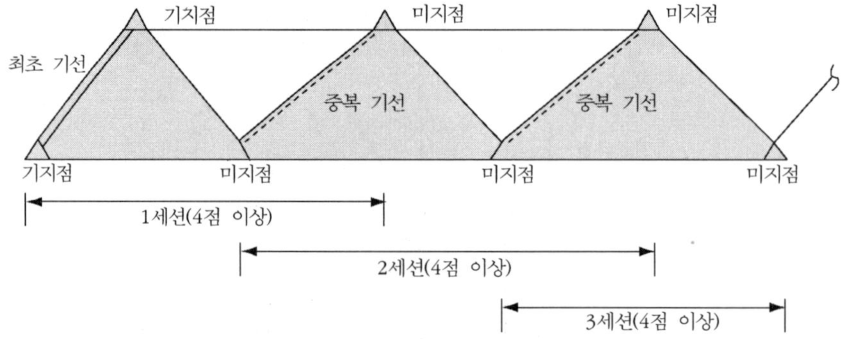

[그림 2-116] 세션 관측

① 세션간에는 반드시 중복 기선을 취해야 한다.
② 1세션의 연속관측시간은 최소 2시간(기본 측량은 4시간) 이상으로 한다.
③ 각 세션의 관측간격은 4시간 이상으로 한다.
④ 관측 데이터 취득간격(에포크 : Epoch)은 30″ 이내로 한다.
⑤ 관측시 GPS 안테나는 동일한 방향(통상 북방향)으로 향한다.
⑥ 관측시 GPS 안테나로는 mm 단위까지 측정하여 입력한다.

(3) 실시간 처리 방법

실시간 처리 방법의 원리는 최소 2대 이상의 수신기가 필요(기지국 GPS 및 이동국GPS)로 하고 기지국 GPS는 위성에 의해 측정된 좌표와 기지점 좌표와의 차이값을 계산하여 위치보정 데이터를 생성하여 이를 무선 모뎀 등을 통해 이동국 GPS로 송신한다.

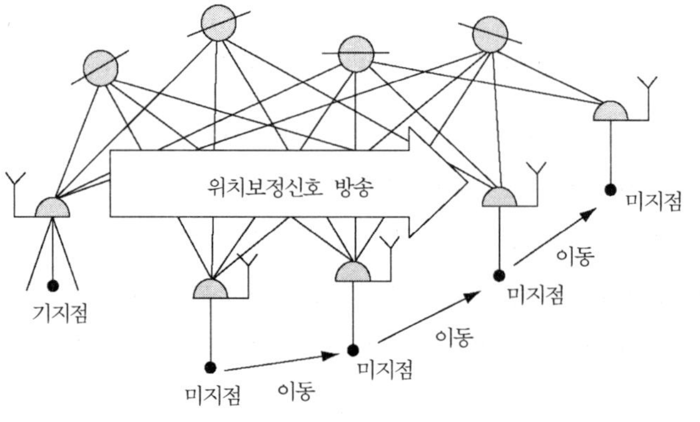

[그림 2-117] 실시간 처리 방법

마지막으로 이동국 GPS는 위성에 의해 측정되는 좌표와 기지국 GPS에서 송신된 위치보정량을 수신하여 미지점의 좌표를 실시간으로 계산하고 결정하는 방법이다.

(4) 후처리 방법과 실시간 처리 방법 비교

후처리 방법과 실시간 처리 방법을 상호 비교하면 〈표 2-17〉과 같다.

〈표 2-17〉 후처리 방법과 실시간 처리 방법 비교

구 분	후처리 방법	실시간 처리 방법
측량 방법	• 스태틱(static) 측량 : 정지측량 (정밀 정지측량) • 키네마틱(kinematic) 측량 : 이동측량(신속 정지측량)	• DGPS(Differential GPS) 측량 : 실시간 코드 측위 • RTK(Real Time Kinematic) 측량 : 실시간 간섭측위
위성신호 처리방식	• 스태틱 측량 : 반송파 신호처리 • 키네마틱 측량 : 반송파 신호처리	• DGPS : 코드 신호처리 • RTK : 반송파 신호처리
위성신호 수신시간	• 스태틱 측량 : 최소 30분~최대 4시간 이상 • 키네마틱 측량 : 최소 15~30초 이상	위성신호 수신 즉시 매 1초 간격으로 측위 수행됨
정확도	• 스태틱 측량 : 5mm+1ppm 내외 • 키네마틱 측량 : 10mm+3ppm 내외	• DGPS : 0.2~1m • RTK : 1~3cm

5) GPS 위치결정에 필요한 입력사항

① 위성의 고도를 선택한다.
② 신호 대 잡음비를 선택하여 운용한다.
③ PDOP(Position Dilution Of Precision/GDOP)의 값을 설정한다.
④ 안테나의 높이를 설정한다.
⑤ 사용 해도에 맞는 측지 기준을 설정 운용한다.

6) GPS 수신기 분류

GPS 수신기는 크게 나누어 1주파형과 2주파형으로 구분되며 무선 모뎀 및 RTK 프로그램 장착 여부에 따라 후처리용과 실시간 처리용으로 세분할 수 있다.

(1) 1주파형 GPS

1주파형 GPS는 후처리용, DGPS, RTK/DGPS용으로 분류된다.

〈표 2-18〉 1주파형 GPS 수신기

구 분	1주파형 GPS		
	후처리용	DGPS	RTK / DGPS 용
사용 위성신호	L1 반송파	C/A 코드	L1 반송파
초기화 시간	즉시	즉시	15분
무선 모뎀	불필요	필수	필수
정확도 ① 후처리시 ② 실시간 처리시	5mm+1ppm	불가 20cm~1m	5mm+1ppm 1~3cm
측량 가능범위 ① 후처리시 ② 실시간 처리시	10km 이내	10km 이내	10km 이내
용 도	10km 이내에서의 기준점, 도근점, GCP 측량	• 해상에서의 수심 측량 • 허용오차가 비교적 큰 분야의 GIS 측량 • Car Navigation • ITS 분야	• 장애물이 비교적 적은 지역에서의 실시간 매핑 • 10km 이내에서의 기준점, 도근점, GCP 측량(단, 후처리 방식으로) • 정밀 해상공사 측량

1주파형 GPS 수신기의 공통적 특징은 첫째, 위성신호 중 L1파만 사용하고, 둘째, 10km 이상의 거리측정시 위성신호가 전리층을 통과할 때의 전파지연으로 인해 오차가 커지므로 일반적으로 10km 이내에서의 측량에 적용된다. 셋째, RTK 측량시 초기화 시간이 길다(15분). 넷째, 고층건물, 가로수와 같은 장애물이 많은 지역에서는 RTK 측량시 다음과 같은 사유로 GPS 장비가 초기화를 다시 해야 하므로 이런 현상이 잦은 도심지 측량에는 다소 불편하다.

① 건물 가로수 등에 의해 사이클 슬립이 발생되어 위성신호가 단절되는 경우
② 무선 모뎀 신호가 방해전파나 장애물에 의해 차단되어 위치보정 신호의 수신이 불량한 경우

따라서 장애물이 적은 해상, 농림지, 소도시 지역에서 사용된다.

(2) 2주파형 GPS

2주파형 GPS 수신기 특징을 살펴보면 〈표 2-19〉와 같다.

〈표 2-19〉 2주파형 GPS 수신기

구 분	2주파형 GPS	
	후처리용	RTK / DGPS 용
사용 위성신호	L1/L2 반송파	L1/L2 반송파
초기화 시간	즉시	30초
무선 모뎀	불필요	필수
정확도 ① 후처리시 ② 실시간 처리시	5mm+1ppm	5mm+1ppm 1~2cm
측량 가능범위 ① 후처리시 ② 실시간 처리시	10km 이상	10km 이상 무선모뎀 성능에 따라 2km~40km
용 도	• 10km 이상의 장거리 기준점 측량 • 후처리 구조물 변위계측	• 도심지에서의 실시간 매핑 및 GIS 측량 • 육상 공사 측량 • 정밀 해상공사 측량 • 10km 이상의 장거리 기준점 측량 • 실시간 구조물 변위계측

2주파형 GPS 수신기는 첫째, 위성신호 중 L1/L2파를 모두 사용하고, 둘째, L2파에서 전리층 지연 오차를 보징하므로 10km 이상의 장거리 측량에 직용한다. 셋째, 초기화 시간이 매우 짧다(30초 이내). 넷째, 도심지 측량, 항타 측량과 같이 주변에 장애물이 많은 경우 GPS 장비가 초기화를 다시 하더라도 대기시간이 짧아 즉시 측량 작업에 임할 수 있다. 마지막으로 도심지에서의 측량에 주로 사용되는 등의 공통점이 있다.

7) GPS의 활용

(1) 비콘형 DGPS(Beacon DGPS)

선박의 안전운항을 목적으로 국토해양부에서 설치한 비콘 기지국에서 방송하는 위치보정 데이터를 수신하여 이동국 GPS 한 대만으로 1~3cm의 정확도로 위치를 측정할 수 있는 실시간 GPS 장비이다.

(2) 휴대용 GPS(Hand-Held GPS)

소형 GPS로서 휴대가 간편하며 약 5~15m 정도의 위치측정이 가능하여 주로 답사나 측량계획용으로 사용된다.

(3) 기 타

원격탐측 분야의 GCP 측량 및 항만 하역 크레인 위치유도 등에 쓰여진다.

4.3.2 DGPS

1) DGPS의 정의

기본적으로 사용되는 GPS만으로 충분한 정밀도를 제공하긴 하지만 좀 더 향상된 정확도를 가진 체계를 위한 방법을 DGPS(Different GPS)라고 한다. 이는 기본 GPS에 수반하는 여러 오차요인을 제거함으로써 움직이는 물체에 있어서는 수 m, 정지한 대상에 대해서는 1m 이내의 위치측정을 가능하게 만들어준다. 기본 GPS에 비해 괄목할만한 정밀도를 제공하는 DGPS는 GPS가 선박이나 항공기의 항법에 국한된 것에 비해 자동차 및 정밀성이 요구되는 측지 등까지 응용될 수 있는 길을 마련하였다.

〈표 2-20〉 GPS와 DGPS의 비교

	GPS	DGPS
원리	인공위성을 통한 삼각측량 원리 사용	인공위성을 통한 삼각측량 원리와 기준국에서의 보정
장점	시간과 위치에 관계없이 순간 위치 포착	오차를 수 미터 내로 좁힐 수 있어 높은 정확도 유지
단점	최대 100m 가량의 오차 발생 위성신호 수신불가 지역에서는 사용할 수 없음	기준국 운용이 필요함 수신기에서 무선경보를 수신할 수 있어야 됨

2) DGPS의 개요

GPS 신호는 지상으로 내려오는 동안 여러 가지 오차 발생요인(궤도오차, 시계오차, 전리층과 대류권 통과시 발생하는 시간지연에 관계되는 오차)들에 의하여 약간의 오차와 지연이 발생하게 된다. 위치계산에 들어간 각 Timing 신호들은 약간씩의 오차를 갖고 있으므로 위치계산시 각각의 Timing 신호가 합성되게 된다. 지상에서의 약간의 거리차이는 우주공간상에 떠있는 인공위성에서 볼 때 사소한 것으로 취급된다.

만약 지상에 있는 2개의 수신기가 수백 km 이내로 근접해 있다면 수신기로 도달되는 신호들은 사실상 같은 대기(atmosphere)권을 통과하므로 사실상 동일한 오차로 취급한다. Differential GPS는 GPS timing 신호의 오차를 측정하고 기준국 주위에 있는 수신기 사용자들에게 공통오차 정보를 전송한다. 공통오차를 수신한 기준국 주위에 있는 수신기 사용자들은 자신의 위성으로부터 직접 수신한 GPS 신호, 즉 의사거리(pseudo range)에서 기준국과 수신기 사이의 공통오차를 제거하는 방법으로 모든 오차를 제거할 수 있으며 특히 미 국방성이 고의로 삽입한 S/A 오차도 제거시킬 수 있다.

그럼 기준국에 있는 수신기는 어떻게 오차를 측정할까? 정밀하게 측정된 일정지점에 기준국 수신기를 설치한다. 이 기준국은 주위에 있는 수신기처럼 GPS 신호를 수신한다. 그러나 기준국은 보통 사용하고 있는 수신기와 같이 동작하는 것 이외에 위성에서 직접 수신한 위치와 이미 측정된 위치를 서로 비교하여 차이가 나는 공통오차를 기준국 주위에 있는 수신기 사용자들에게 전송하고 기준국 주위에 있는 수신기들은 이 공통오차을 수신하여 수신기가 측정한 의사거리에 공통오차를 제거함으로써 자신의 위치를 정확하게 측정할 수 있다. 좀 더 쉽게 표현하면 기준국에서 계산된 공통오차는 미리 정해진 표준양식으로 부호화하여 기준국 주위에 있는 수신기들에게 공통오차 정보를 전송한다. 기준국의 수신기가 공통오차 정보를 전송하는 것은 마치 위성 1로부터의 신호는 10ns 지연, 위성 2로부터는 3ns 지연, 위성 3으로부터는 6ns 지연 … 이라고 방송하는 것과 같다고 보면 무난할 것이다. 그리고 기준국으로부터 전송된 공통오차는 기준국 주위에 있는 수신기들이 이들 공통오차 정보를 기초로 자신이 이용하는 위성에 대하여 오차보정을 실시하게 된다.

3) DGPS의 구성과 우리나라 운영현황

(1) DGPS 구성

① 중앙사무소(central office) : 기준국과 감시국의 DGPS 시스템 운용상태를 통신망(PSDN)을 이용하여 원격으로 감시하고 제어한다.
② 기준국(reference station) : 정확한 기준점에 GPS 안테나를 설치하여 각각의 GPS 위성신호를 수신하여 측정된 거리와 알고 있는 거리를 비교 후 그 오차값을 보정하여 RTCM SC104(Radio Technical Commission for Maritime Service, Special Committee 104)의 포맷 형식에 따라 이용자에게 보정값을 방송한다. 또한 GPS 정상 유무를 알리는 Integrity 기능을 수행한다.
③ 감시국(intergrity monitor station) : 정확히 알고 있는 지점에 DGPS 수신기를 설치하여 위성오차 보정신호가 한계치를 벗어날 경우와 위성신호 이상시 경보 메시지를 중앙사무소에 전달 및 GPS 기준점으로 활용한다.

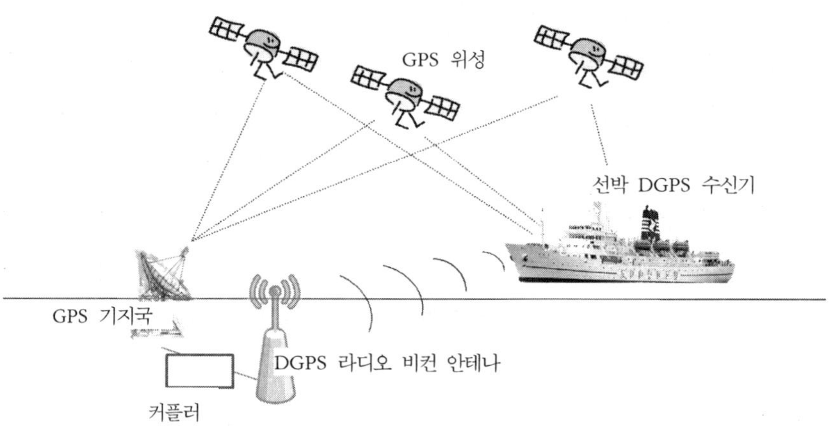

[그림 2-118] DGPS의 구성

(2) 우리나라의 DGPS 운영 현황

1998년 설치를 시작하여 2000년 말 우리나라의 DGPS 보정 기준국은 팔미도, 어청도, 마라도, 거문도, 영도, 장기곶, 주문진, 울릉도 등을 완성 운용하고 있으며, 소흑산도, 소청도, 고성(저진) 3곳이 추가로 운영하여 서비스하고 있다. 송신 주파수 300kHz(Radio Beacon : 283.5～325kHz)대로 송신 데이터는 RCTM

SC104의 Message Type 3, 5, 7, 9, 16을 포함하고 있으며, 300W의 출력으로 연안 100마일 해상에서 이용이 가능하다.

DGPS를 실현하기 위해서는 오차정보를 제공하는 시설과 통신수단이 필요하나 이 DGPS를 이용하면 정확도는 2~5m 정도로 개선된다. 따라서 입출항, 협수로 통항시 선박의 위성정도 개선과 항만공사, 간척사업, 어장구역관리 및 수로측량 등에 활용이 가능하다.

1998년 8월 서해안(팔미도, 어청도) 지역을 시작으로 2002년 11월 소청도, 소흑산도, 저진 지역의 기준국이 추가적으로 설치 운영되고 있다. 따라서 현재 운영되고 있는 기준국은 팔미도, 어청도, 마라도, 거문도, 영도, 호미곶, 주문진, 울릉도, 소청도, 저진, 소흑산도로 총 11지역이다.

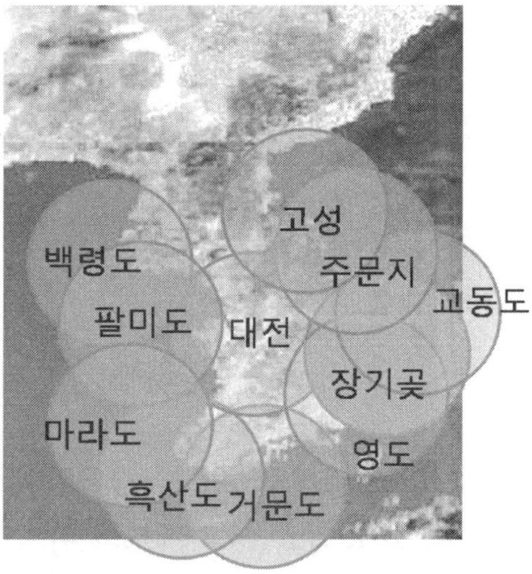

[그림 2-119] 우리나라 DGPS 기준국과 유효범위

4) WGS 84 좌표계(World Geodetic System 84)

GPS에 의해 측정되는 좌표는 WGS84 좌표계에 의한 지심좌표계로서 현재 우리가 사용하고 있는 벳셀 타원체에 준거한 경위도 좌표계와는 지역에 따라 약 750m 정도의 차이가 발생한다. 따라서 GPS 측량시는 WGS84 좌표계를 우리나라 측지계로의 변환이 필요하다.

(1) 후처리 측량시

① 최초의 고정점(기지점)은 국가삼각점을 사용하며 WGS 84 좌표계로 변환시킨 것이어야 한다.

② 우리나라 좌표계를 WGS84 좌표계로 변환시 VLBI를 이용한 우리나라의 원점 이동량은 dx=−114.2565m, dy=+459.8065m, dz=+646.9485m이다.

(2) 실시간 측량시

7parameter, MRE, Molodensky법 등 여러 가지 좌표변환 방식이 있으며 주로 7parameter법에 의한 실시간 좌표변환 프로그램이 사용되고 있다.

4.3.3 GPS 사용 실습

실제 다양한 종류의 GPS가 사용되고 있지만 주요 사용법은 기본 틀에서 벗어나지 않는다. 실제로 사용중인 GPS를 가지고 실습하도록 한다.

1) GPS를 이용한 위치작도

(1) 위치선정 방법

[그림 2-120]의 GPS 화면을 보면 위도/경도의 값을 보게 된다. 위도 35° 04.634′ N, 경도 129° 05.220′E 값을 읽고 해도의 위도/경도에 각각 하나의 직선을 긋게 되면 교차하는 하나의 점으로 나타나게 된다. 이 때의 교차점이 현재 GPS상의 위치점이 될 것이다.

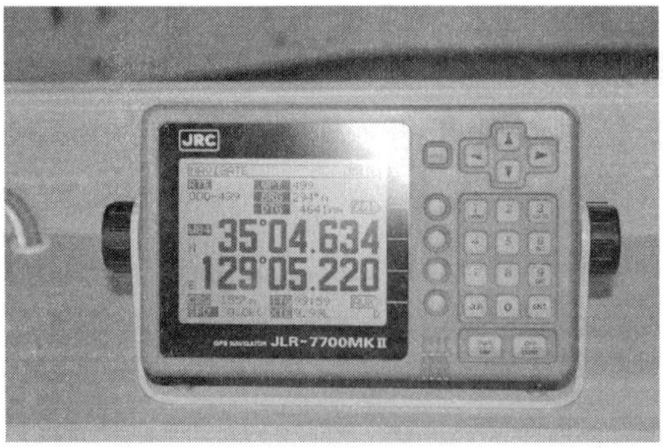

[그림 2-120] JLR-7700MKII GPS NAVIGATOR

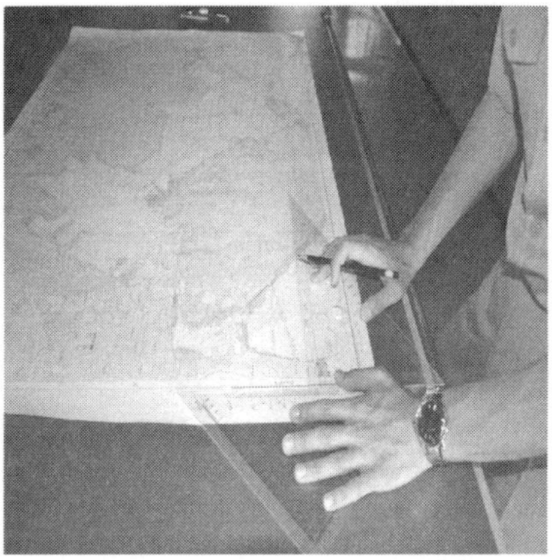

[그림 2-121] 위치 작도(위도)

[그림 2-122] 위치 작도(경도)

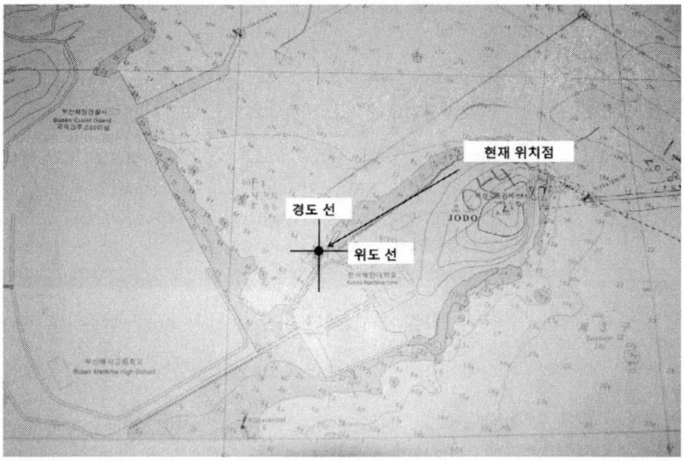

[그림 2-123] GPS 위치점

(2) 위치작도

위치를 작도할 때에는 아래의 오차를 주의하여 정확한 선위를 구하여야 하겠다.

① 시간오차 : 선박은 항해중이므로 선박의 속력을 감안하여 GPS상에 위치를 읽고 위치를 선정하는 시간을 최소화시켜야 한다.

② 인적오차 : 올바르게 읽은 선박의 위치를 해도상에 이동시켜 표시하다 보면 인적인 오차에 의하여 오차가 발생되는데 삼각자의 운용 등을 숙달하여 오차를 줄이는 노력을 하여야 하겠다.

(3) GPS를 이용한 위치작도법의 주의사항

GPS를 이용한 위치작도법의 주의사항은 해도의 표준지시계(DATUM)가 무엇을 기준으로 되어 있는지를 확인하고 GPS의 지시계와 일치하는지를 확인하여 위치를 선정한다. (만일 불일치시에는 GPS상의 지시계를 변경하거나 오차만큼을 감각하여 해도에 위치를 선정하여야 한다.)

2) GPS의 간단한 사용방법

(1) 키 사용법

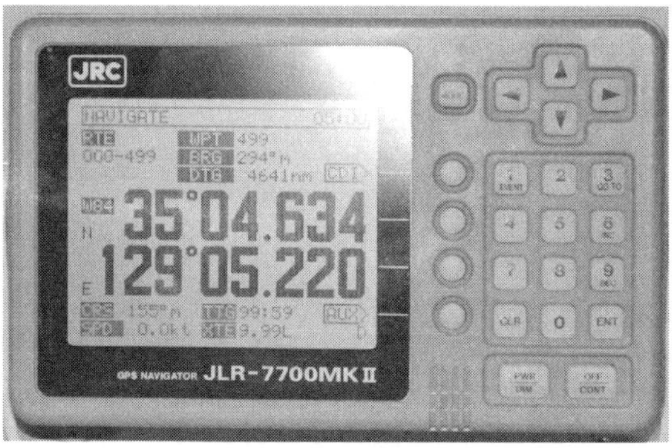

[그림 2-124] GPS 수신기 사용 버튼

①  버튼은 숫자 1의 값을 입력하거나, waypoint 번호를 memory시킬 때 'EVENT'로 사용된다.

②  버튼은 숫자 2의 값을 입력할 때 사용된다.

③  버튼은 숫자 3의 값을 입력하거나, 하나의 목적지를 설정할 때 사용된다.

④  버튼은 숫자 4의 값을 입력할 때 사용된다.

⑤  버튼은 숫자 5의 값을 입력할 때 사용된다.

⑥  버튼은 숫자 6의 값을 입력하거나, PLOT scale을 확대하거나, contrast를 조정할 때 사용된다.

⑦  버튼은 숫자 7의 값을 입력할 때 사용된다.

⑧ 버튼은 숫자 8의 값을 입력할 때 사용된다.

⑨ 버튼은 숫자 9의 값을 입력하거나, PLOT scale을 축소하거나, contrast를 조정할 때 사용된다.

⑩ 버튼은 숫자 0의 값을 입력할 때 사용된다.

⑪ 버튼은 화면 선택에 사용된다. (Navigate, Plot screen, Way point, Sat satellite 모드 전환시)

⑫ 버튼은 주어진 데이터를 입력 실행시키는데 사용된다.

⑬ 버튼은 잘못 입력된 데이터를 지우거나 알람 소리를 끄는데 사용된다.

⑭ 버튼은 커서를 이동하거나 목록상의 Way points를 움직이는데 사용된다.

⑮ 버튼은 메뉴에서 선택의 기능을 수행한다.

⑯ 버튼은 전원을 켜고 끄거나, 화면 밝기를 조절하거나, contrast 조정을 시작하거나 종료하는데 사용된다.

(2) 전원의 ON/OFF

① 전원을 켤 때에는 버튼을 Self-checks 화면이 나올 때까지 눌러 준다.

※ 전원을 켜서 정확한 위치를 구하기 위해서는 2분 정도의 시간이 필요하다. (DGPS 리시버와 연결되거나 최종 RESET 기능을 수행하기 위해서 2분 정도의 시간이 필요하다.)

② 전원을 끌 때에서는 버튼을 동시에 눌러 끌 수 있다.

(3) CONTRAST의 조정

버튼을 누르고 눌러 Contrast를 증가시키고 감소시킬 때에는 버튼을 누르고 버튼을 눌러 contrast를 감소시킨다.

(4) BACKLIGHT의 조정

버튼을 누르면 초기 설정은 'LOW'로 설정되어 있는데 누를 때 'HIGH', 'OFF' 순으로 조정된다.

(5) 모드 화면의 선택

버튼을 누르면 [그림 2-125]와 같이 나타난다. 이때 버튼을 이용하여 각각의 모드(NAVIGATE, PLOT, WAYPOINT, SAT-STATUS)를 선택한다.

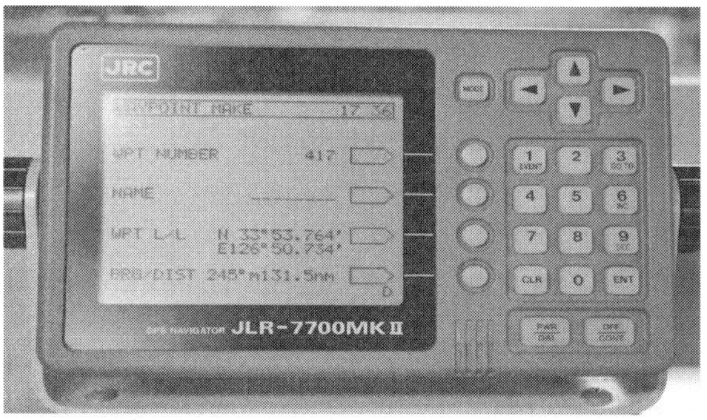

[그림 2-125] GPS 모드 선택 화면

① NAVIGATE 모드 선택

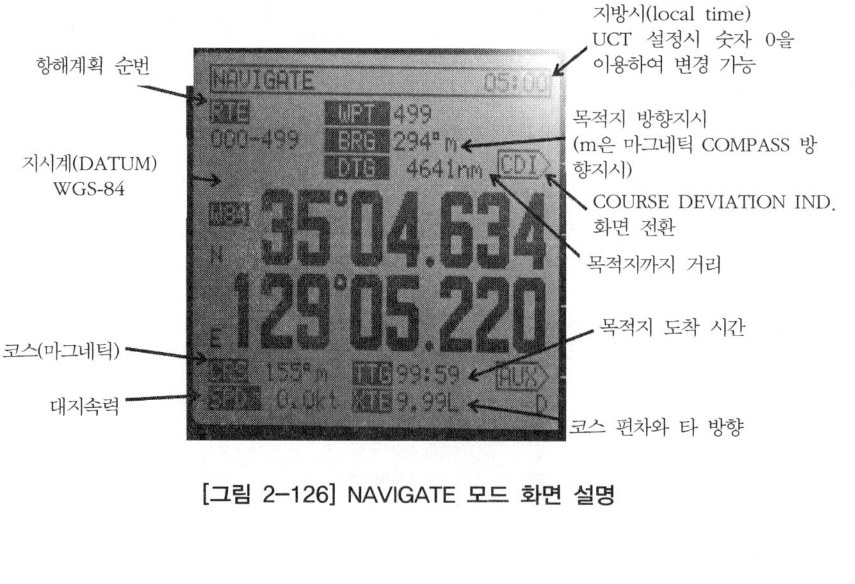

[그림 2-126] NAVIGATE 모드 화면 설명

㉠ NAVIGATE 모드를 선택하게 되면 [그림 2-126]이 나타나게 되는데 GPS를 재작동시키면 자동적으로 [그림 2-126]이 나타나게 된다. 그리고 여기서는 항해 관련정보와 항해 ROUTE의 설정 및 수정이 가능하다.

㉡ 도착지 설정

- 현재의 위치에서 목적지까지의 ROUTE를 설정이 필요한 경우 아래의 버튼을 차례로 눌러 설정하면 된다.
- (GO TO), , , (숫자 3)을 차례로 누르고 버튼을 눌러 설정한다.〈003버튼은 목적지(#003), (#000은 현재 위치)〉

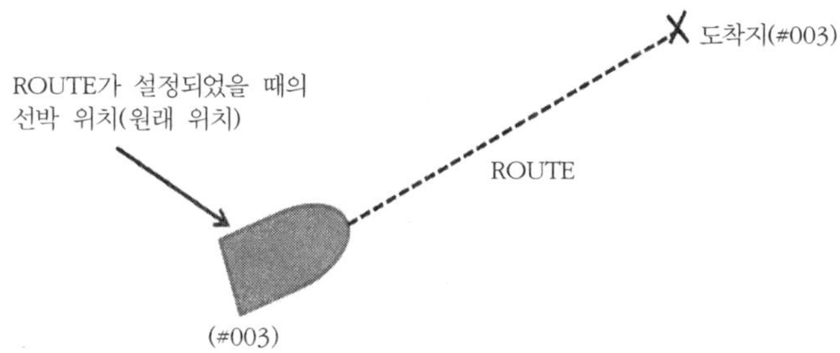

[그림 2-127] ROUTE 설정

- 선박의 위치가 당초 계획된 ROUTE를 벗어나 항해하게 되었을 때 다음 목적지를 지정하여 빠르게 원래의 항해 계획으로 진입할 수 있도록 안내하게 된다.
- (GO TO), , , (숫자 2)를 차례로 누르고 버튼을 눌러 변경 설정한다.

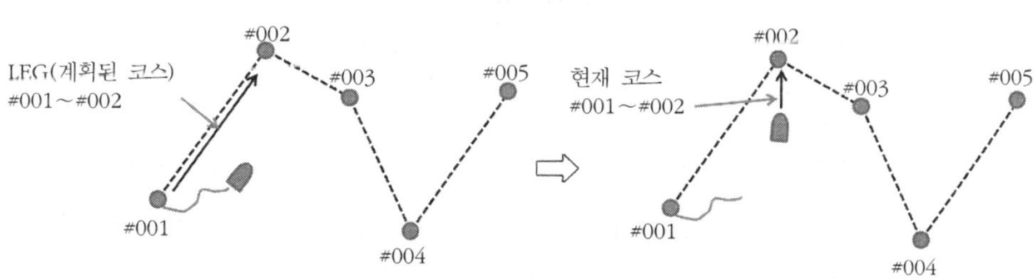

[그림 2-128] ROUTE에서의 목적지 변경 설정

㉢ LEG의 변경(수동 LEG 변경) : 설정된 ROUTE #001～#005에서 LEG 구간을 변경할 때에는 와 버튼을 눌러 변경하면 된다.

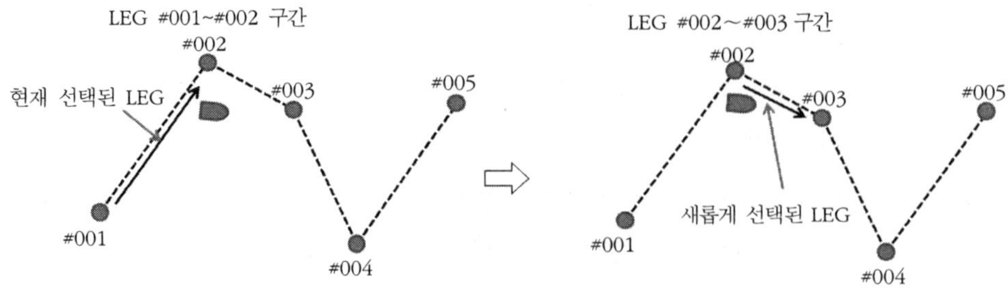

[그림 2-129] LEG의 변경 설정

㉣ 도착지의 누락 : 설정된 ROUTE #001~#005에서 특정 WAYPOINT를 삭제하는 방법으로 (INC)와 버튼을 눌러 현재의 목적 WAYPOINT에서 다음 WAYPOINT로 이동시킨다.

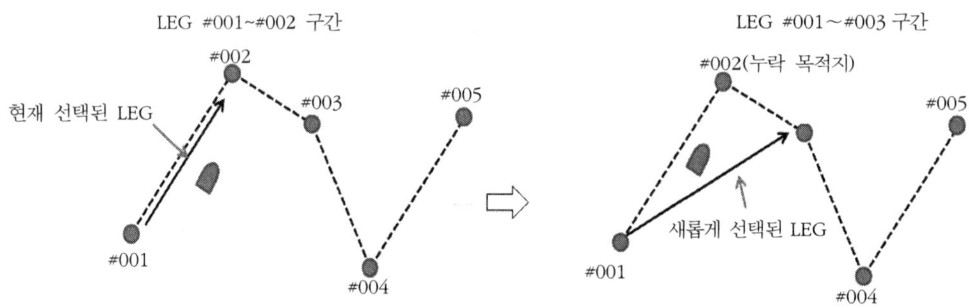

[그림 2-130] 도착지의 누락 설정

㉤ ROUTE의 취소 : 현재에 설정된 ROUTE를 취소하는 방법으로 (GO TO)와 버튼을 누르면 X, X, X로 표시된다. 그 때 버튼을 누르면 X, X, X로 표시된다. 그러면 현재 ROUTE의 계획은 취소된다.

㉥ 현재 위치의 저장

- #400에서 $499까지의 범위에서 하나의 WAYPOINT로 현재의 위치를 저장할 때에는 (EVENT) 버튼을 눌러준다. 그리고 현재의 위치는 PLOT 화면에서 ◇ 표시로 나타난다.
- (GO TO)를 누르면 PLOT 화면에서 저장된 숫자가 나타난다. 저장된 숫자는 ◇ 표시되고 만약 표시된 숫자가 필요없다면 버튼을 눌러 삭제한다.

② COURSE DEVIATION IND 모드 선택

[그림 2-131]과 같이 COURSE DEVIATION IND. 화면을 설명한다.

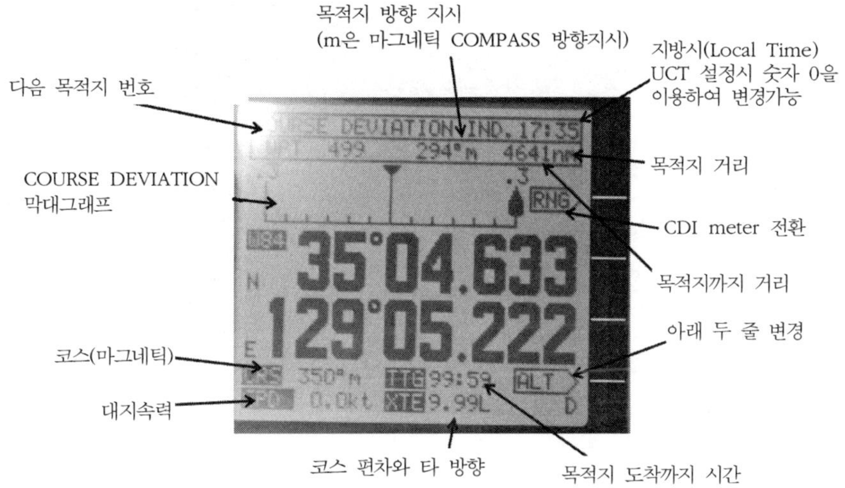

[그림 2-131] COURSE DEVIATION IND 화면 설명

㉠ CDI METER Scale RNG 버튼을 이용하여 변경 가능하다.(0.1NM에서 0.3NM까지 변경)

㉡ 다음 두 줄의 정보는 ALT 버튼을 이용하여 [그림 2-132]처럼 변경 이용 가능하다.

'CRS/SPD/TTG/XTE'에서 'CMG/VAR/VTD' VTD : 목적지의 속력

VAR : COG의 속력, CMG : 평균 방향

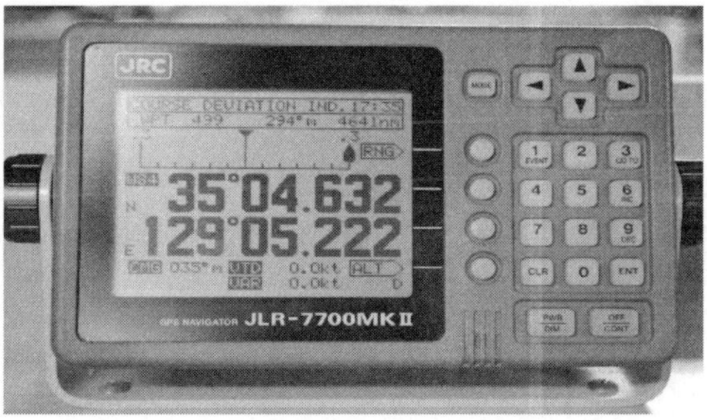

[그림 2-132] COURSE DEVIATION IND 화면

③ PLOT 모드 선택

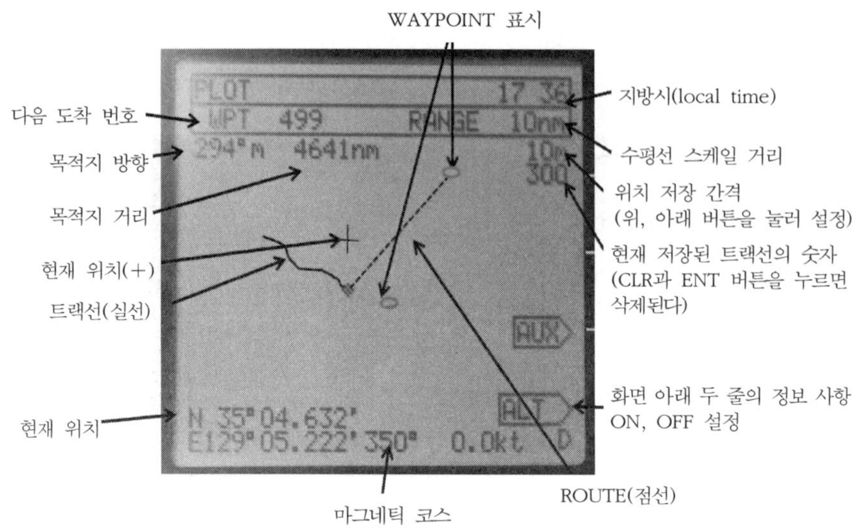

[그림 2-133] PLOT 화면 설명

㉠ 화면 거리 조절

- 거리는 1, 2, 5, 10, 20, 50NM과 100NM 단위로 사용가능하며, 'INC'와 'DEC' 버튼을 이용하여 조절 가능하다.
- 화면에서 수평선 스케일 거리를 조절하는 방법은 거리를 증가시에는 (INC) 버튼을 눌러 증가시킨다.
- 반대로 거리를 감소할 때는 (DEC) 버튼을 눌러 감소시킨다.

㉡ PLOT 간격 설정

- 트랙 위치의 지점은 최대 300개인데 저장되는 위치가 300개가 넘어갈 경우 자동적으로 오래된 순으로 위치는 삭제된다.
- 간격을 설정하는 방법은 와 버튼을 이용하여 조절 가능하다.

㉢ 트랙선의 삭제

과 버튼을 이용하여 PLOT 화면상 300개의 트랙선을 모두 지울 수 있다.(목적지와 route 데이터 모두가 삭제된다.)

㉣ 목적지 설정

현재의 위치에서 목적지까지의 ROUTE를 설정할 경우 (GO TO), ,

0, 3(숫자 3)을 차례로 누르고 ENT 버튼을 눌러 설정한다. ⟨003버튼은 목적지(#003), (#000은 현재 위치)⟩

ⓜ 현재 위치의 저장

i(EVENT) 버튼을 누르면 현재의 위치가 저장될 것이다.

ⓗ 화면 중간에 현재 위치를 표시할 경우

ENT 버튼은 화면의 중간에 현재의 위치를 표시할 것이다.

ⓢ ALT 버튼을 이용한 화면 전환

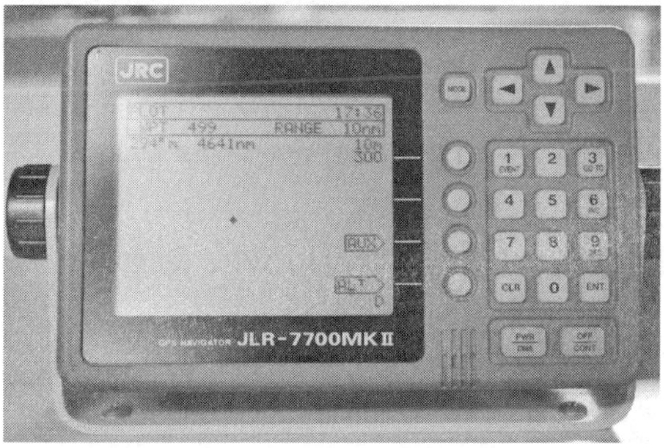

[그림 2-134] PLOT 화면-2

④ WAYPOINT 모드 선택

ⓖ WAYPOINT 화면을 선택하게 되면 [그림 2-135]와 같은 화면이 나타난다. 여기에는 MAKE, LIST, ROUTE, ALARM의 4가지 모드가 다시 나타난다.

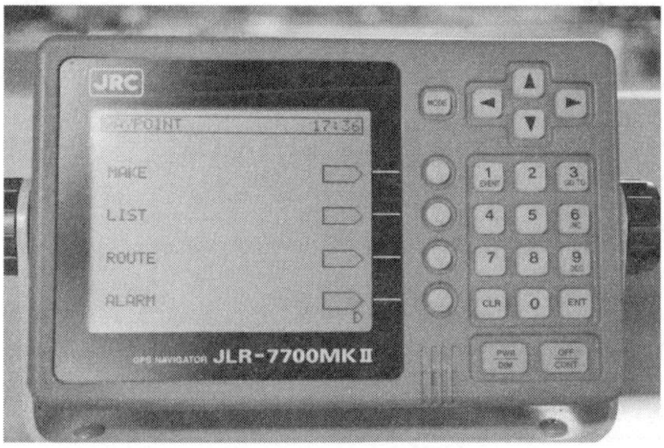

[그림 2-135] WAYPOINT 화면 전환

㉡ WAYPOINT MAKE

• MAKE 오른편에 있는 버튼을 누르면 아래의 그림이 나타난다.

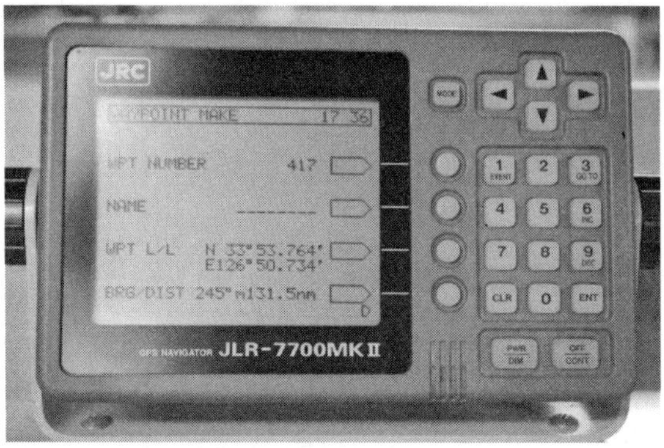

[그림 2-136] WAYPOINT MAKE

• WPT NUMBER는 설정하려는 WPT 번호를 나타내고 설정방법은 버튼을 누르고 해당되는 WPT의 번호를 누르고 ENT 버튼을 눌러 확인한다.
• NAME은 설정한 WPT 번호에 이름을 기입하는 것으로 설정방법은 버튼을 누르면 문자판이 나타나는데 이때 커서를 이용하여 각각의 문자를 선택시 ENT 버튼을 누르며 문자를 형성한다. 형성이 완료된 문자는 ENT 버튼을 눌러 확인 및 저장된다.
• WPT L/L은 WPT의 위치를 입력하는 것으로 두 가지 방법이 있다.
  - 첫 번째 방법은 경/위도를 직접 입력하는 방법으로 WPT L/L 버튼을 누른 후 경/위도를 직접 입력하고 ENT 버튼을 누른다.
  - 두 번째 방법은 현재 위치로부터 WPT의 방위와 거리를 입력하는 방법으로 WPT L/L 버튼을 누르고 방위/거리를 입력하고 ENT 버튼을 눌러 마무리 한다.

㉢ WAYPOINT LIST

• WAYPOINT 화면에서 LIST의 버튼을 눌러 아래의 화면으로 이동한다.

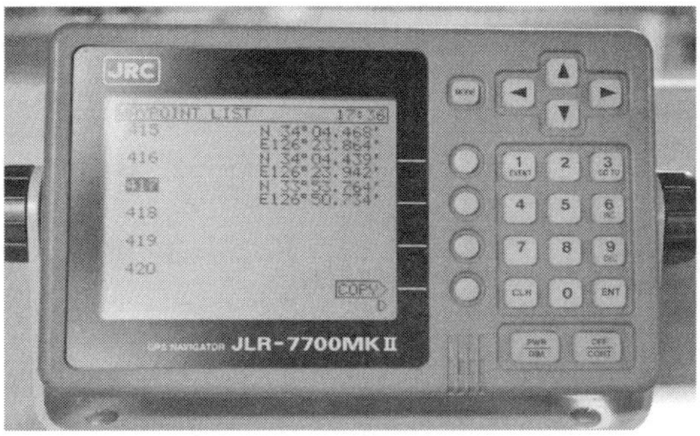

[그림 2-137] WAYPOINT LIST 화면

- 커서를 이용하여 각각의 WPT로 이동하는 방법과 3(GO TO) 버튼을 이용하여 원하는 WPT로 이동하는 방법이 있다.
- 원하는 WPT를 복사하고자 한다면 복사할 WPT에서 COPY 버튼을 누르고 원하는 WPT 번호를 입력하면 된다.

㉣ WAYPOINT ROUTE

- [그림 2-138]에는 WPT ROUTE의 설정 및 취소, 수정을 할 때 이용되는데 WAYPOINT 초기 화면에서 ROUTE 버튼을 눌러 나타난다.
- ROUTE SEQ : ROUTE의 설정 및 취소, 수정시 이용되는데 해당되는 버튼을 눌러 시작되는 WPT부터 끝나는 WPT를 각각 입력하여 저장하여 ROUTE PLAN을 세울 수 있다. 취소시에는 해당되는 ROUTE PAL N을 선택하여 CLR 버튼을 이용하여 취소할 수 있다.
- ROUTE 내에 있는 각각의 WPT를 수정 / 삭제 / 추가하여 ROUTE PLAN을 수정할 수 있다.

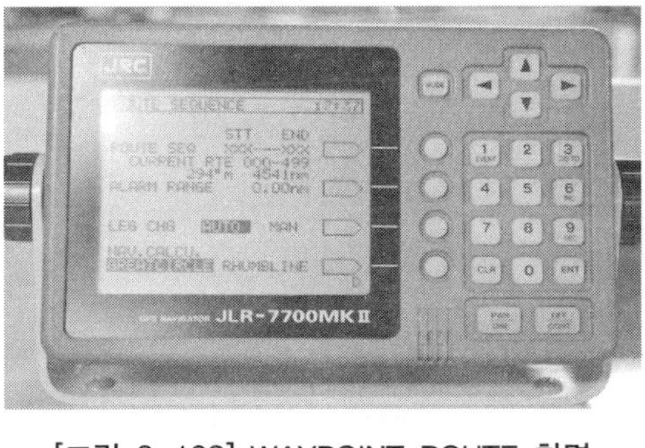

[그림 2-138] WAYPOINT ROUTE 화면

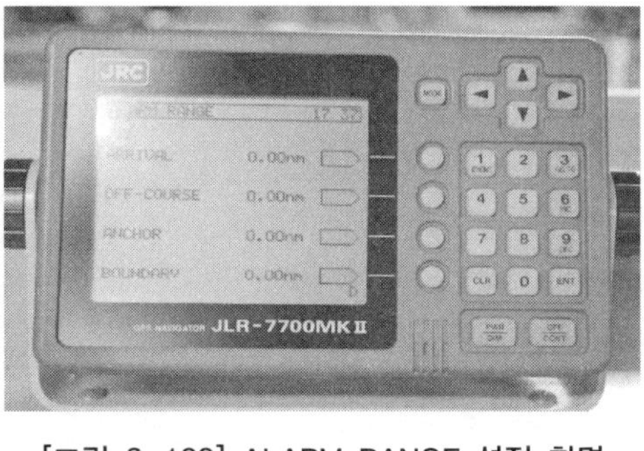

[그림 2-139] ALARM RANGE 설정 화면

⑪ ALRAM RANGE 설정

- [그림 2-139]에서 ALARM RANGE 버튼을 눌러 도착, 코스 이탈, 투묘, 경계 각각의 ALARM RANGE를 설정할 수 있다.
- 설정방법은 각각의 버튼을 누르고 범위를 입력하여 설정할 수 있다.

⑤ SAT SATELLITE 모드 선택

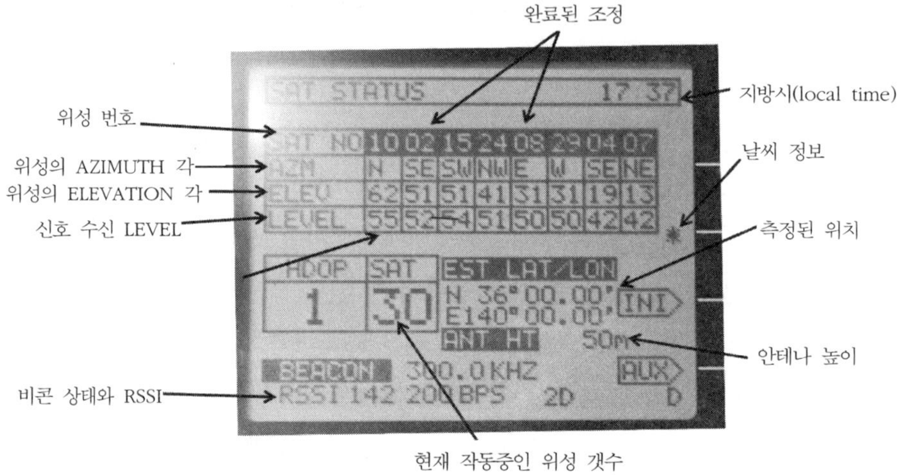

[그림 2-140] SAT SATELLITE 화면

자선의 위치를 구하기 위해 사용되고 있는 위성의 번호 및 관련 정보를 나타내는 것으로 직접 선택하여 입력할 수 있다. 이 중 HDOP(Horizontal Dilution of Precision)의 숫자는 [그림 2-141], [그림 2-142]와 같이 위성의 위치에 따라 나타나는 숫자로, HDOP가 클수록 나타나는 선위의 정확도가 높다.

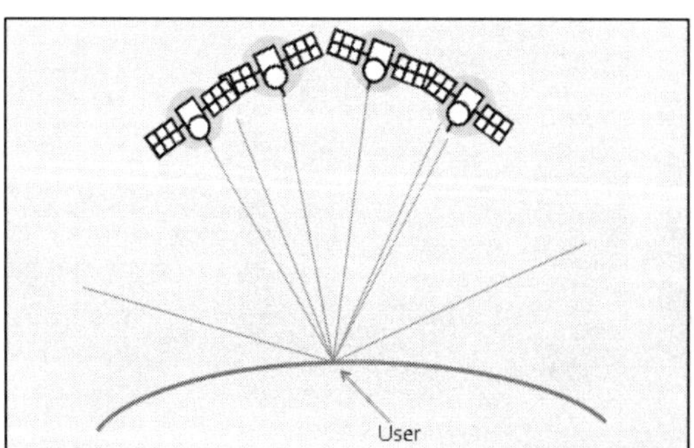

[그림 2-141] HDOP가 작을 때

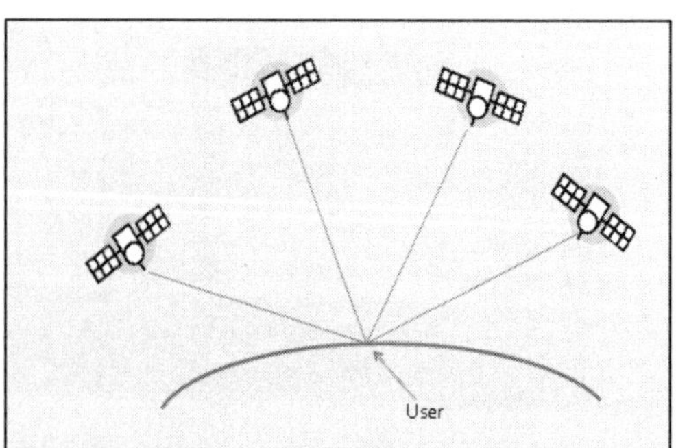

[그림 2-142] HDOP가 클 때

4.3.4 GLONASS

러시아의 위성항법 시스템인 GLONASS는 GPS와 마찬가지로 전 세계를 운용 범위로 하는 측위 시스템이다. 4개 위성의 신호로 위치를 계산한다는 원리는 GPS와 같으나, 궤도면 수, 위성신호 구별방법, 반송파 주파수, 표준시간제, 좌표계, 궤도표현방식이 다르다. 1982년 위성발사를 하였고, 1996년 잠깐 24개 위성군의 모습을 갖추었으나, 현재는 러시아의 경제적 사유로 정상가동이 되지 못하고 있다.

GPS와 GLONASS 위성군을 함께 이용할 경우 GPS만을 이용할 때 보다 관측위성수가 늘어나 위치정확도와 신뢰성의 향상을 기대할 수 있으나, 앞에서 이야기한 두 시스템의 차이점에 대한 어려움과 GLONASS 정상운영이 곤란하여 그 연구가 지지부진하다.

1982년 개발 프로그램이 시작되어 4개의 GLONASS 위성 모델이 우주공간에 띄워졌다. GLONASS와 GPS 차이는 〈표 2-21〉과 같다.

〈표 2-21〉 GPS와 GLONASS의 비교

	GPS	GLONASS
주관부서	미국 국방성	러시아 국방성
적용범위	전 세계	전 세계
위성수	27개	14개
궤도	고도(20,200km) 주기(11시간 58분) 궤도경사각(55도)	고도(19,100km) 주기(11시간 15분) 궤도면(3개) 궤도경사각(64.8도)
위성신호 분별방법	CDMA	FDMA
반송파 주파수	위성마다 같은 주파수 L1(1575.42MHz) L2(1227.60MHz)	위성마다 다른 주파수 L1(1602+0.5625n) L2(1246+0.4375n)
표준시간계	UTC	Moscow Time
좌표계	WGS-84	SGS-85
궤도표현	Kepler 궤도상수	직각좌표계에서 위치, 시간 가속도로 표현
첫 발사	1978.2	1982.10

1999년 1월 18일 러시아 대통령은 GLONASS의 개방과 개선을 위해 새로운 차원의 국제협력을 도모할 것을 결정하였다. 2001년 8월 20일 러시아 연방정부는 GLONASS 운영의 민간이양과 GLONASS 기반의 민간국제협력의 GLONASS 프로그램을 승인하였다.

러시아는 GLONASS의 정상화와 H/W의 개선을 위해 GLONASS-M이라 불리는 개선된 위성 항해 시스템을 계획하고 있으며, GLONASS-M의 첫 위성발사가 2003년 12월에 이루어졌으며, GLONASS-M 프로그램은 2002년 시작하여 2011년에 마무리 될 예정이다.

4.3.5 GALILEO

1) 갈릴레오의 개념

갈릴레오(Galileo) 프로젝트는 민간 전용 위성항법 시스템의 필요를 인식한 EU가 미국과 러시아 주도의 위성항법 기술과 시장의 의존도를 낮춤과 동시에 새로운 위성항법 관련시장을 창출하기 위하여 ESA와 공동으로 추진하고 있는 세계 최초의 민간용 위성항법 시스템이다.

GPS(Global Positioning System)가 현재 5～10m의 오차범위를 보이고 있는 반면, '갈릴레오 프로젝트'는 오차를 1m 이내로 줄이는 GPS의 한계를 극복하려는 유럽의 우주개발 역사상 가장 큰 규모의 프로젝트이다. 2005년 12월 28일 카자흐스탄의 바이코누르 기지에서 발사한 시험위성인 '지오베(GIOVE)'호가 지구궤도에 안착하여 성공적으로 진행되었다.

갈릴레오는 고도 23,616km와 56도의 경사각을 가진 3개 면의 지구 중궤도에 각각 10개의 위성(총 30기, 이중 3기는 비상시를 대비한 보조위성)을 발사하고 2개의 갈릴레오 제어 센터를 포함한 지상국 네트워크를 전 세계에 구축하여 지구 전역을 대상으로 한 서비스 체제를 구축한다.

총사업비는 34억 유로로 2008년 이전까지의 인프라 구축에는 EU 참여국의 공공투자(19～20억 유로)와 민간자본 유치(14～15억 유로)로 충당하는데, 2008년 이후 서비스 단계에서 발생될 운용 사업비(연 2억 2,500만 유로)는 민간에서 충당하였다.

2) 추진 목적

갈릴레오 프로젝트의 추진 목적으로는 독자적인 위성항법 시스템의 개발을 들 수 있다. 유럽은 2003년 이라크 전쟁을 놓고 미국과 갈등을 빚은 뒤 독자적인 위성항법 시스템 개발의 필요성을 절감하였다. 이라크 전쟁에서 미군은 정밀한 위치추적이 가능한 군용 GPS를 장착한 폭탄으로 이라크군의 거점을 정밀 폭격하였다.

또한 미국과 갈등에 빠질 경우 미국이 제공하는 GPS 정보가 중단될 수 있다는 사실에 위기의식을 갖게 되었는데, GPS가 없으면 현대 국방체계는 사실상 마비되기 때문이다. 미국은 GPS 서비스를 전세계에 무료로 제공하고 있으나 기본적으로 군사용이란 이유를 들어 민간 서비스 범위를 제한하고 있다.

또 자의적인 판단에 따라 신호품질을 저하시키거나 아예 서비스를 일방적으로 끊는 경우도 적지 않아 여객기 이착륙이나 열차 통제 시스템처럼 GPS 서비스에 절대적으로 의존하는 대중교통 시스템은 승객들의 안전을 100% 담보할 수 없는 형편이다.

또한 경제적 필요보다는 유럽의 군사적 독립성 강화라는 정치적 동기가 더 강하게 작용하였다. 에어버스나 아리안로켓처럼 위성항법 시스템 분야에서 유럽의 독자 주권을 확보하려는 정치적 목표도 내재되어 있다.

민간위성이나 미국과 유럽이 군사적 갈등을 빚으면 갈릴레오는 언제든 군사용으로 전용이 가능하고, 유럽의 방위산업체들도 이 위성 기술을 이용할 수 있다.

3) 갈릴레오의 구성

갈릴레오의 구성을 살펴보면 위성 소유국은 EU가, 주(主)제어국 2기는 중부 유럽에 설치되었다. 관제국 5기는 호주, 남아공화국, 브라질, 노르웨이, 남태평양 등에 설치되었다. Uplink Mission Center 9기는 노르웨이, 캐나다, 브라질, 남태평양(2), 남아공화국, 인도, 호주, 칠레에 설치되었다.

감시국 30기는 일본, 러시아 캄차카 반도, 중앙아시아, 노르웨이, 스페인, 중앙아프리카, 수단, 마다가스카르, 남아공화국, 인도, 호주(2), 뉴기니아, 중앙 및 남태평양(6), 브라질(2), 칠레(2), 카리브해, 캐나다(3), 남대서양, 남인도양에 설치되었다.

갈릴레오 위성이 2010년부터 제공할 서비스는 현재 GPS 위성이 제공하는 위치정보 서비스와 동일하다. 다만 위치정보의 오차가 1m 이내(GPS는 5～10m)로 줄어들어 더욱 정확한 위치추적이 가능하다.

또 미군이 통제하는 GPS와 달리 민간 기업이 상업적 목적으로 운영하기 때문에 안정적인 서비스를 기대할 수 있다. 2010년에 완성될 갈릴레오 서비스는 누구나 수신기만 있으면 무료로 이용이 가능하지만, 정밀한 위치정보는 유료 가입자에게만 제공된다.

갈릴레오에는 3가지 신호가 있는데 공개신호는 GPS처럼 누구나 무료로 수신할 수 있고, 두 종류의 서로 다른 주파수를 수신해 4m 이내의 오차범위까지 위치확인이 가능하다. 상용신호는 유료 서비스로 신호가 암호화된 상태로 제공되고 1m 이내의 정확도를 자랑하며, 개방된 두 종류의 주파수에 덧붙여서 1,260~1,300MHz 대역의 전용 주파수 신호를 하나 더 수신할 수 있다.

긴급 구조신호는 암호화되어 있고 방해 전파에 잘 견디며 신호에 이상이 생길 경우 10초 이내에 조치할 수 있고, 정확도는 공개신호와 비슷한 수준이지만 안정성과 신뢰도가 높아 경찰이나 소방, 응급 서비스와 항공기의 자동 관제 시스템 등에 활용될 것으로 예상된다.

EU는 갈릴레오 이용의 세계적인 확대 및 사용시장 거점 확보, 국제적 인지도 확산 및 사업비 충당을 위해 2001년 5월 비EU 국가들에 대한 문호개방을 결정하여 중국, 이스라엘, 인도, 캐나다, 브라질 등 지역별 거점국가를 중심으로 갈릴레오 사업 참여를 권유하였다.

비EU 국가로 이스라엘, 우크라이나, 인도, 모로코, 한국 등 5국과 협정을 체결하였다. 중국은 2003년 2억 9,600만 달러를 단계적으로 투자하기로 합의하였고, 위성궤도투입 기술 · 제조 · 서비스 시장 개발제품 표준화 등 분야에서 적극 협력하기로 EU와 합의하였다.

이스라엘은 2004년 EU와 갈릴레오 프로젝트 참여에 합의하였고, 한국은 갈릴레오 프로젝트에 참여하기 위해 2005년 3월 EU에 참여의향서를 보낸 뒤 2006년 1월 최종 서명하였다.

4) 갈릴레오와 GPS의 비교

갈릴레오 시스템은 GPS에 비해 더 정확한 위치추적이 가능하다. 또 갈릴레오는 GPS와 달리 한 위성이 고장날 경우 이 사실을 이용자(수신기)에게 실시간으로 알려주는데, 위성 수신기는 곧바로 다른 위성의 전파를 대신 수신하거나 이용

〈표 2-22〉 갈릴레오와 GPS 비교

	갈릴레오 시스템	GPS
위성의 고도	23,616km	20,200km
위성의 수	30기	24기
궤도의 수	3궤도면	6궤도면
궤도주기	14.4시간	12시간
사용주파수	1.1/1.2GHz	1.2/1.5GHz
무결성 정보 제공 여부	제공중	미제공
서비스 시기	2013년 이후	제공중, 2014년 현대화
정확도	수평 4m, 수직 8m	수평 13m, 수직 22m
용도	민간용	민간 및 군사용
건물 내 서비스	건물 내로 들어오는 신호가 미약하기는 GPS와 마찬가지이나, 위성간 신호구분 기술을 향상시켜 어느 정도 이용가능	위성이 건물에 가리고, 건물 내로 들어오는 신호가 미약해 거의 이용하지 못함
구난, 구조 서비스	있음 • 기존 구난, 구조용 위성이 SOStls호 접수에서 구조 시작까지 평균 1시간 소요되나 갈릴레오 10분 이내 소요 • 위치 수 m 이내로 정확 (기존 서비스는 5km)	없음
타 항법 시스템 연동	GPS 육상에 설치된 항법 시스템 등과 통합 서비스 가능	없음
이용자 편의	• 미국과 유럽이 GPS와 갈릴레오 신호를 하나의 단말기로 수신할 수 있도록 하는데 합의 • GPS와 갈릴레오 서비스 겸용 수신기를 사용하면 54기의 위성을 이용할 수 있어 위치확인 정확도가 향상 • 정확한 위치확인에 필요한 위성 4기를 이용할 수 있는 확률 99% 높아짐	
국제적 실익	• GPS와 갈릴레오가 통합 운용되면 러시아 등 타국에서 운용하고 있는 위성항법 시스템은 사라질 가능성이 큼 • 주파수 재활용이 가능함	

자에게 경고를 하는 등 대응이 가능하다. GPS는 위성의 고장 사실을 확인하는 데 몇 시간 이상 소요되기 때문에 안전과 직결된 서비스에는 GPS를 이용하기가 곤란하다.

한편, 갈릴레오의 유료 서비스 이용자들은 위성의 고장이나 위치정보 오류로 선박 충돌사고 등 피해를 입으면 운영회사에 책임을 물을 수 있는데 비해, GPS는 위성신호가 갑자기 끊어지더라도 책임을 지지 않는다.

그리고 갈릴레오는 여러 국가가 공동으로 참여하고 민간 기업들에 의해 운영되는데 비해 GPS는 미군에 의해 통제된다. 갈릴레오는 군사용 채널을 따로 가지고 있지 않는데, NATO군이 미국 GPS 시스템의 군사용 신호에 대한 사용권을 갖고 있기 때문에 갈릴레오는 별도의 군사용 채널을 마련하지 않는다.

5) 한국의 갈릴레오 프로젝트 참여

2001년 5월 EU는 우리나라에 갈릴레오 사업참여를 요청하였다. 2004년 9월 과학기술보좌관 주재로 갈릴레오 사업참여에 대한 타당성 검토를 위한 관련부처 국장급회의를 수차례 개최하였다. 2005년 2월 과학기술관계장관회의에서 우리나라의 참여를 확정하였고, 2005년 3월 참여의향서를 송부하였다. 2005년 6월 17일, EU측은 GSA에 관한 세부사항이 확정되기 전이라도 정부간 Framework Agreement 체결 즉시 가능한 범위 내에서 협력 사업을 개시할 수 있다는 입장을 표명하였다.

2006년 1월 12일 '갈릴레오 프로젝트'에 참여하기 위해 '한 · EU간 민간위성항법 시스템 협력협정'에 가서명하였고, 2006년 1월 24일 정부 '갈릴레오 프로젝트'에 본격 참여한다고 공식 발표하였다. 2006년 중반에 GSA(Galileo Supervisory Authority)의 Modalities를 확정하였으며, 여기서 Frame Agreement 수정, GSA에 펀딩 규모 및 일정을 명기하였다.

정부는 한국항공우주연구원을 갈릴레오 시험위성 감시지구국(Sensor Hosting Site) 선정, 차기 연구개발 프로젝트 추진, 정보교류 및 협력 등을 위한 접촉선(Contact Point)으로 지정하였다. 또 기업 및 연구기관의 GPS 관련 기술개발을 적극 지원할 방침이다.

한국 정부의 권리와 의무로는 현금/현물 투자분과 투표권, 관련 정보(ICD 등)의 공개 범위, 갈릴레오 관리에의 참여 권한, 상업 서비스(commercial service)에 대한 권리, 갈릴레오 사업이익의 분배 및 추가 투자요구 가능성, 한국정부, 사업추진조직과 GSA의 상호 권리와 의무 등이 있다.

정부의 갈릴레오 사업비로는 2006년 64억 8천만원(5백만 유로, 갈릴레오 차여조기출연금). 2007년 이후는 추가 현물투자의 규모, 시기 등은 교섭을 통해 확정할 방침이다.

현물 참여 가능 분야로는 개발단계와 구축단계에 따른 참여 분야, 기술개발과 연계한 현물투자 가능 분야, Framework Programme에의 투자 및 참여방법 등이 있다. 산업체 관련으로는 산업체의 참여방법 및 참여 가능 분야, 현물투자, concessionaire, FP에의 참여, 사업추진조직을 통한 참여와 독자적인 참여 등이 있다.

사업 참여내용으로는 갈릴레오 지상 테스트베드 구축, 지상국(uplink station 또는 sensor station) 설치, 동아시아 지역을 대표하는 Training & Awareness 센터 설치 및 운영, 수신기 핵심 기술개발, 관련 응용/산업 서비스 개발, 7차 Framework 프로그램의 연구 개발 참여, 기타 위성항법 원천 기술개발 등이 있다.

6) 갈릴레오 사업 참여의 기대효과

GPS에 의존하고 있는 우리나라의 위성항법 시스템이 다원화되어 정보 인프라의 안정성을 제고하고 이용자의 편익 향상을 도모할 수 있다. GPS의 장애 발생 등 유사시 갈릴레오를 이용할 수 있으며, 2004년 1월 GPS의 위성 1기가 고장난 것을 미국도 모르고 3시간 가까이 운용되었고 그로 인한 거리 오차가 무려 722km나 된 것은 갈릴레오 서비스 참여의 중요성을 다시 한 번 일깨워 주었다.

또한 미래 GNSS 시장진출을 위한 전략적 위치 및 제반 기술을 확보할 수 있다. 표준화, 인증절차 및 주파수 문제에 있어서 국제적인 위성항법 인프라에 대한 영향력을 확보할 수 있고, 참여국은 인프라 설계정보에 대한 접근이 가능하여 위성 기술을 포함한 제반 기술의 확보를 도모할 수 있다. 그리고 네비게이션 등 시스템 단말기의 해외시장 진출을 촉진할 수 있으며, 국내 업체들은 오는 2010년까지 1조 4,000억~3조 1,800억 원 상당의 단말기 수출을 할 수 있을 것으로 기대하고 있다. 또 기기 분야 산업의 직접 고용창출도 7,600~16,700명에 이를 것으로 전망되고 있다.

마지막으로 새로운 과정 서비스 유발효과가 있으며 항공, 선박, 도로교통, 측량, 공공 서비스 등 갈릴레오 참여로 얻어지는 다양한 파생 서비스로 새로운 시장 창출이 가능하다.

7) EU 갈릴레오 프로젝트의 현실

9년 전 EU갈릴레오 프로젝트가 시작될 당시 2008년도 가동을 계획했지만 컨소시엄 구성과 시험위성발사가 지연되고 비용이 계속 증가하면서 EU집행위는 갈릴레오 가동시기를 2013년으로 연기하였다.

EU 집행위는 더 이상의 갈릴레오 가동시기를 미룰 수 없다는 단호한 입장이지만 전문가는 갈릴레오 프로젝트가 복잡하고 무분별하게 설계돼 시스템 지시서를 다시 배포해야 하는 등 또 다시 연기될 수 있을 것으로 보고 있다.

2008년도에 30개를 쏘아 올려야만 가능한 갈릴레오 프로젝트 2.5단계이지만, 아직도 인공위성을 쏘아 올릴 사업자 및 사용될 로켓 종류조차 정하고 있지 못하고 있다.

EU집행위는 회원국의 강한 불만에도 2013년까지 필요한 갈릴레오 설치 투자비용 역시 당초 22억 유로에서 34억 유로로 늘렸지만 관련업계는 최소 45억 유로에서 60억 유로가 소요될 것으로 예측하고 있는 입장이다.

EU집행위의 설치 투자비 상향조정안에 크게 반발해온 독일은 결국 5억 유로의 추가 부담을 떠안게 되었으며 이로 인해 갈릴레오 운영을 위해서는 25년간 총 150억 유로가 추가로 필요하게 되었다.

EU집행위는 갈릴레오 프로젝트를 위해 이미 개발비만 25억 유로를 지출한 상태라 어떠한 상황에서도 프로젝트를 포기하지 않을 것이며 미국이 GPS 시스템을 보강한 갈릴레오와 비슷한 정확도의 GPS II를 2015년에 가동할 예정에 있어 갈릴레오 가동시기도 더 이상 연기할 수 없는 입장인 것이다.

차라리 구소련의 GLONASS를 일부 차용하여 일단 운영하여 수익성을 확보하면서 점차적인 추진을 계획하지 않는 EU의 오만 방자함이 EU의 경제적 타격을 크게 입히게 되는 상황에 놓여 있는 것이다. 이 밖에도 주파수 문제 및 여러 가지로 고충을 겪고 있다.

4.3.6 북두항법 시스템

중국도 현재 5기의 항법위성을 궤도에 올려놓아 자체 위성항법 시스템을 갖추고 있다. 북두항법 시스템(beidou navigation system)이라 불리는 이 시스템은 큰곰자리를 의미하는 것으로 중국은 총 35개의 위성을 궤도에 올릴 계획이다.

북두항법 시스템은 두 정지궤도 위성을 이용해 Twin-Sat 국지항법 시스템으로 운영하는 것이 골자이며 정밀도는 GPS 시스템과 비슷한 수준이다. 1993년 공식적으로 시작하여 2000년 실험위성을 발사하였고, 2003년 5월 3기를 궤도에 진입시킨 바 있다.

현재 북두 위성배치는 4기의 정지궤도위성(2기는 백업용)과 1기의 중궤도 위성으로 이루어져 있다.

4.3.7 지역항법 시스템(RNSS)

1) JRANS

JRANS는 일본의 지역 위성항법 시스템으로 지역에서의 GPS 시스템 보충 시스템 역할을 하게 된다. 3개의 항법, 통신 위성(Quai-Zenith 궤도), 3개의 항법 전용 위성(고고도 궤도), 1개의 항법전용 위성(정지궤도)으로 구성되며, 일본 전역을 커버하기 위한 Quai-Zenith 궤도를 사용하게 된다. 6개의 Quai-Zenith 궤도위성이 사용되며 1개의 정지궤도 위성이 사용된다.

GPS 민간 이용자의 이익을 위한 GPS-ⅡF&Ⅲ과의 완벽한 호환성을 추구하며, L1, L2, L5 신호가 사용될 예정이다. 따라서 GPS 수신기로 JRANS 신호 수신이 가능하게 개발중이다.

Quai-Zenith 궤도는 독립적인 지역위성항법 시스템의 구축을 위한 최상의 선택이며, 궤도상에 7-8개의 위성을 올림으로써, 4개의 가시위성의 확보가 가능하다. 특히, 산악과 도심 등 위성의 가시성 확보가 용이하지 않은 지역에서의 일반 이용자들은 Quai-Zenith 궤도의 위성항법 시스템의 가장 큰 수혜자가 될 것이다. GPS와 JRANS를 동시에 수신할 경우 Mask 각도 30° 이상인 상황에서 8개의 추가적인 가시위성을 확보할 수 있을 것으로 예상된다.

2) IRNSS

인도 정부는 2006년 5월 인도 지역항법 시스템이 될 IRNSS(India Regional Navigation Satellite System)의 구축 프로젝트를 승인하였다. IRNSS는 3기의 정지궤도 위성과 4기의 경사지구 동기궤도 위성 그리고 관련 지상 시스템으로 구성될 예정이다.

제3장

전자항해지원 시스템

1. 전자해도시스템(ECDIS)
2. 자동식별장치(AIS)
3. E-Navigation
4. INS(Integral Navigation System)
5. 항해자료기록기(VDR)

1. 전자해도시스템(ECDIS)

1.1 전자해도 시스템의 개요

전자해도시스템(Electronic Chart Display & Information System)은 선박을 안전하고 효율적으로 항해하기 위해서 의사결정에 요구되는 선위, 방위, 속력, 수심, 해도, 교통 등 디지털화된 정보를 컴퓨터 화면에 집약적으로 표시하는 시스템이다.

종이해도기반에 비해 항로계획, 항로감시, 선위확인, 항적기록 등을 편리하고 정확하게 그리고 효율적으로 수행이 가능하다. 또한 AIS, Radar, 기상 등 정보의 추가, 중첩을 통하여 정보기반 항해인 e-Navigation 기반 시스템으로 가치의 확대가 예상된다.

[그림 3-1] 갈릴레오와 GPS 비교

1.1.1 시스템의 구성

1) 시스템

① 처리장치 : Intell P Ⅲ Processor 이상

② 기억장치 : 128RAM 또는 이상

③ 모니터 : Color Dispaly
④ 자료입력장치 : CD ROM
⑤ GPS, Gyrocompass 등 다른 시스템 Multiple Interface 장비

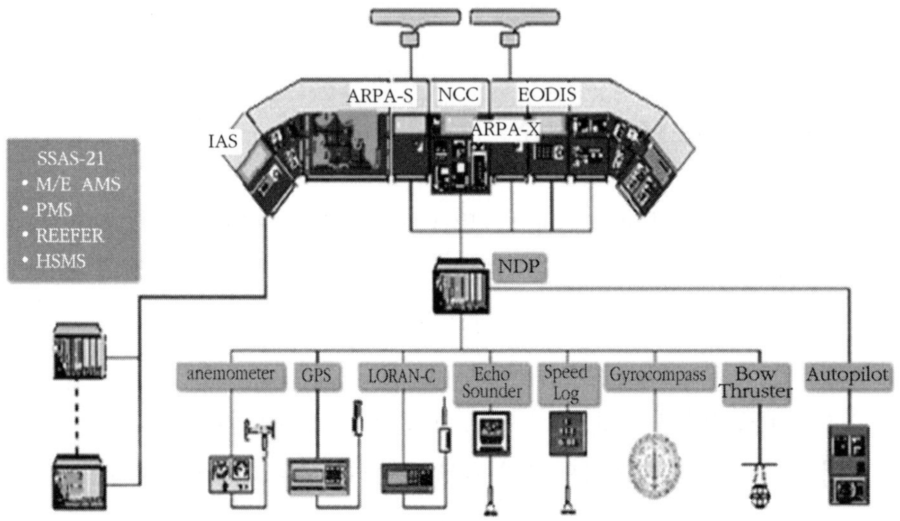

[그림 3-2] ECDIS 하드웨어 구성도

2) 시스템 요건

(1) 지시기

① 해도표시의 효율적 크기는 최소 270 × 270mm
② 지시기는 IHO 부록 2의 Special Publication 52에 규정된 색상과 해상도 요건인 16색상 능력과 1,000 × 1,000pixels을 만족해야 한다.
③ 모든 지시 정보는 주간 및 야간에, 선교의 일반적인 조도에서 1인 이상의 운항자가 명확하게 볼 수 있도록 되어야 한다.

(2) Interface

선수방위 지시기 및 속력 지시기와 더불어 두 개의 독립된 연속선위 측정장치에 연결되어야 한다.

(3) 전원공급

① ECDIS와 그 통상적인 사용을 위한 모든 장비는 SOLAS 1974의 II-1장에 따라 비상전원에 작동할 수 있어야 한다.

② 장비는 재설정(re-initialization) 작업 없이 45초간의 전원차단을 처리할 수 있어야 한다.

(4) Backup 장치

ECDIS 고장시 안전한 항해를 위한 수단을 용이하게 하는 백업(back-up) 장치가 설치되어야 한다.

1.1.2 ECDIS 기능 요건

1) ECDIS 화면

(1) Display Base

어떤 상황이나 지리적인 지역에서도 항상 요구되는 정보로 구성된 화면상에서 제거될 수 없는 다음 SENC(System ENC) 정보가 제공되어야 한다.

① 해안선(고조시)

② 항해사가 설정한 자선의 안전 등심선

③ 안전 등심선에 의해 구획된 안전수역 내에 있는 안전 등심선보다 낮은 수심의 고립수중 위험물의 표시

④ 안전 등심선에 의해 구획된 안전수역에 존재하는 고립위험물

⑤ 항로표지로서 사용여부와 관계없이 부표와 입표를 포함하여 다리, 공중선 등

⑥ Traffic Routing Systems

⑦ Scale, Range, Orientation and Display mode

⑧ Units of depth and height

(2) Standard Display

이 모드에서 항해사는 필요에 따라 표시되는 SENC 데이터의 범위를 변경할 수 있다.

① 간출암선(기본수준면에서의 해안선을 표시)
② 부유식/고정식 항로표지
③ 통항로, 수로 등의 경계선
④ 금지 및 제한수역
⑤ 해도 스케일 범위
⑥ 주의 주석의 표시

(3) Standard Display

사용자의 설정에 따라 표시되는 정보는 다음과 같다.

① 수심(spot sounding)
② 해저 케이블 및 파이프라인
③ 여객선 항로
④ 모든 고립위험물의 자세한 내용
⑤ 항로표지의 자세한 내용
⑥ 주의 주석의 내용
⑦ ENC Edition Date
⑧ 측지계
⑨ 자기편차
⑩ 경위도 스케일
⑪ 지명

(4) Compilation Scale

해도를 열 때 Default scale로 표시되는 축척을 Compilation Scale이라 하며 ENC Chart의 축척은 1 : 1,000～1 : 50,000,000 범위이다. 해도의 선택된 축척이 Compilation Scale보다 크면 X nn으로 지시된다. Raster해도의 축척 변화는 지시되는 데이터의 밀도를 변화시키고 위험물로부터의 거리를 잘못 느끼게 할 수 있기에 본래의 축척에서 2배～1/2배 범위에서만 사용 가능하게 한다.

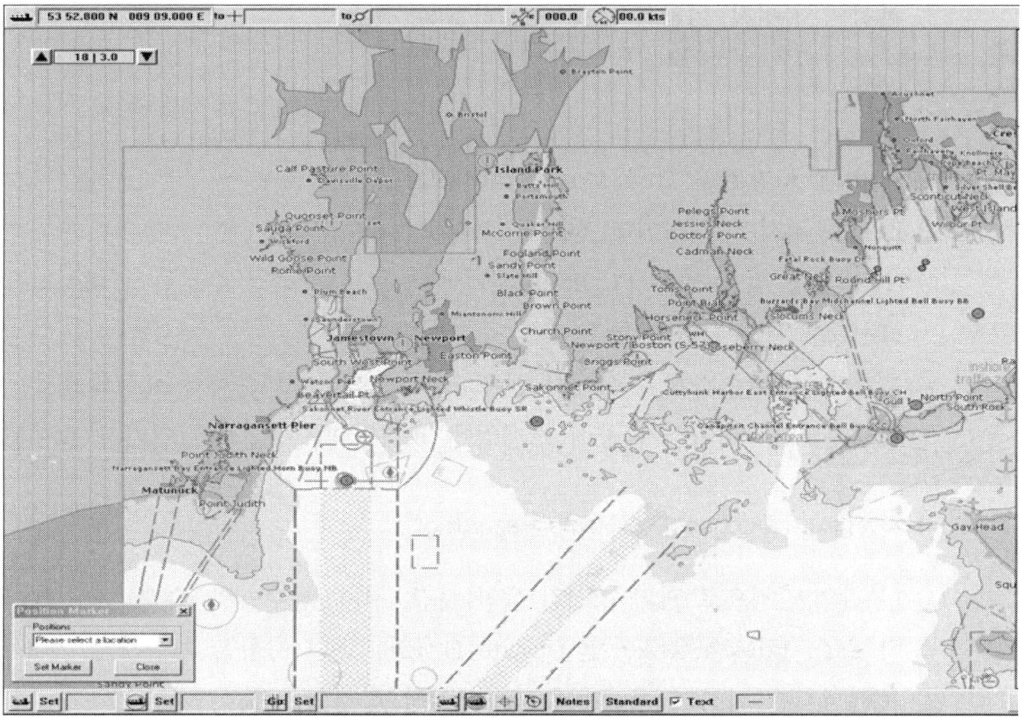

[그림 3-3] ECDIS 화면표시 예

2) ECDIS 소프트웨어 기능 요건

(1) 항해계획(Route Planning)

① 항로구획, 변침점 및 대체 항로의 계획과 이를 근거로 선박의 운항이 가능
② 계획된 항로상의 위험 구간과 안전 등심선을 자동으로 파악하여 운항자에게 제공
③ 계획된 항로에서 이탈시 Off-track Alarm의 발신을 통한 사전경고 기능 등 다양한 항로계획기능을 제공

(2) 항로감시(Route Monitoring)

① 지속적인 선위 감시와 선위 갱신을 수행
② 위험상황 발생시 경보발령
③ 방위선, 거리환산 및 모니터상의 기타 항해도구를 제공
④ 선위측정 시스템들 간의 불일치를 식별

⑤ 본선의 지리적 위치를 수동 조정하도록 허용

(3) 지시기

① North-Up 방위와 True Motion 지시모드를 제공
② ECDIS 지시기에 레이더 정보의 지시도 허용
③ IHO 색상 및 심벌은 ECDIS 지시기에서 모든 공식적 수로특성 데이터를 표시토록 사용되어야 함.
④ 초기에는 모든 스케일 상에서 같은 크기의 심벌 및 숫자가 요구되었지만, 현재는 해도 데이터가 공식 스케일에 표시될 때만 공식적 크기가 요구됨

(4) 자동항적기록(Logbook & Route Recording)

① 1분간의 간격으로 과거 12시간 동안 시간, 위치, 선수방위, 속력, 해도 데이터 소스, Edition, Date 및 Update History 등의 사항을 자동으로 기록
② 또한 4시간 이하의 시간간격으로 완전한 항적의 기록이 가능
③ 항해기록은 항해자에 의해 조작이 불가능하도록 제작

(5) 위험경고(Alarm & Indication)

① 알람의 종류 : 주기알람, 변침점 / 도착전 알람, 항로 Track-off 알람, 위험지역 진입 알람, Time Zone 변경 알람, GPS 신호 손실알람 등을 포함하여 ECDIS의 오동작까지 15가지 조건에 해당하는 알람기능 제공
② 항해시 사용자에게 다양한 경고를 제공
③ Alarms : 가청 And/or 가시, Indicators : 가시

(6) 조정기능

① ECDIS는 운용자가 지시기로부터 특성을 더하고 제거할 수 있지만, Display base에 포함된 어느 특성도 없앨 수는 없음
② 표준 지시는 한번의 조작으로 복귀되어야 함
③ ECDIS 지시기의 레이더 정보도 한번의 조작으로 제거될 수 있어야 함
④ 한번의 조작으로 본선위치 표시기능이 포함된 항로감시 지시기로 복귀 가능

1.1.3 ECDIS 국제협약 요건

1) 선박용 항해설비 및 시스템(SOLAS 5장 19규칙 2항)

① 2.1.4 모든 선박은 예정된 항해에 필요한 항로를 계획하고 도시하며, 그 항해기간 동안 선박의 위치를 표시하고 감시하는데 필요한 해도 및 항해도서를 비치하여야 한다.

② 2.1.4항의 기능이 전자적인 수단(설비)에 의해서 일부분 또는 전부가 수행된다면 2.1.4항을 만족하는 백업 장치를 보유하여야 한다. 단, 2.1.4항과 Reg.27의 요건을 만족하는 종이해도는 ECDIS의 백업 장치로 사용될 수 있다. 기타 백업 장치도 인정될 수 있다.

2) 항해 시스템, 설비 및 항해자료기록기의 승인, 검사 그리고 성능기준(SOLAS 5장 19규칙)

① IMO의 성능기준 채택 전에 선박에 설치된 항해 시스템 및 설비에 대해서는 기구가 채택한 권고기준을 충분히 고려하여 주관청 재량으로 그 성능기준을 충족하는 것으로 인정될 수 있다.

② 그러나 ECDIS가 Reg.19의 2.1.4항 해도 비치 요건을 만족하는 것으로 인정받기 위해서는 그 시스템 설치 당일에 기구가 채택한 성능기준보다 열등하지 아니하여야 한다.

③ 그리고 1999년 1월 1일 이전에 설치된 ECDIS는 1995년 11월 23일 기구가 채택한 성능기준보다 열등하지 않아야 한다.

3) 동등물(SOLAS 1장 5규칙)

① ECDIS를 종이해도와 동등물로 인정받기 위해서는 반드시 백업 장치를 함께 설치하도록 요구하는 규정

㉠ 특정부속물, 재료, 기구 또는 장치를 선박에 장착/비치하거나 특정설비를 시설할 것을 요구하고 있는 경우에 다른 부착물 또는 다른 형식의 부착물, 재료, 기구 및 장치 또는 다른 설비가 본 규칙이 요구하는 것과 적어도 동일한 실효성을 가진 시험 또는 기타의 방법에 의하여 인정될 때는 주관청은 선박에 이와 같은 다른 부착물 또는 다른 형식의 부착물,

재료, 기구 또는 장치를 부착 또는 설치하거나 다른 설비를 시설하는 것을 인정할 수 있다.

㉡ 대용부착물 또는 대용 형식의 부착물, 재료, 기구 혹은 장치 또는 대용설비를 인정하는 주관청은 그 상세한 내용을 시험 보고서와 함께 기구에 송부하여야 하며, 기구는 이 내용을 다른 당사국 정부가 참고할 수 있도록 회람하여야 한다.

4) 탑재요건(SOLAS 제5장 19규칙)

국제항해종사 3,000톤 이상 모든 선박, 국제항해종사 500톤 이상 탱커, 모든 해역의 500톤 이상 여객선

① 2010년 7월 1일 이후 신조선

② 2010년 7월 1일 이전 건조된 국제항해 종사 선박

㉠ 여객선의 경우 2011년 7월 1일보다 늦지 않게

㉡ 탱커의 경우 2011년 7월 1일 이후 안전장비 첫 Survey보다 늦지 않게

㉢ 여객선과 탱커를 제외한 선박의 경우 2012년 7월 1일보다 늦지 않게

③ 2010년 7월 1일 이전 건조된 비국제항해 여객선의 경우 2012년 7월 1일보다 늦지 않게

④ 주관청은 2. 3.에서 규정한 시행일 이후 2년 내 영구 퇴역할 선박에 대하여 본 요건의 적용을 면제할 수 있다.

5) 교육요건

① ECDIS가 탑재된 선박의 모든 선장 및 항해 당직사관은 ECDIS 교육과정을 이수해야 함

② 이것은 STCW code의 Table A-2/1에 규정된 지식과 능력 수준을 만족 또는 능가하는 훈련을 성공적으로 이수하였음을 증명

③ ECDIS교육은 IMO의 Model Course 1.27에 따라 개설되어야 하고, 총 40시간의 교육을 이수

1.2 전자해도

1.2.1 전자해도 정의

ECDIS에 사용하기 위한 목적으로 종이해도에 표기된 해안선, 등심선, 수심, 항로표지, 위험물 등 선박의 항해와 관련된 모든 정보가 표시된 국제수로기구(IHO)의 표준 S-57에 따라 표준화하여 제작된 디지털 해도를 말한다. 국가공인 수로기관에서 제작한 전자해도(ENC : Electronic Navigation Chart)만 국제적으로 인정한다.

1.2.2 전자해도 제작과정

공인된 종이해도를 디지털화 작업을 수행하여 S-57 Format 변환하여 제작한다.

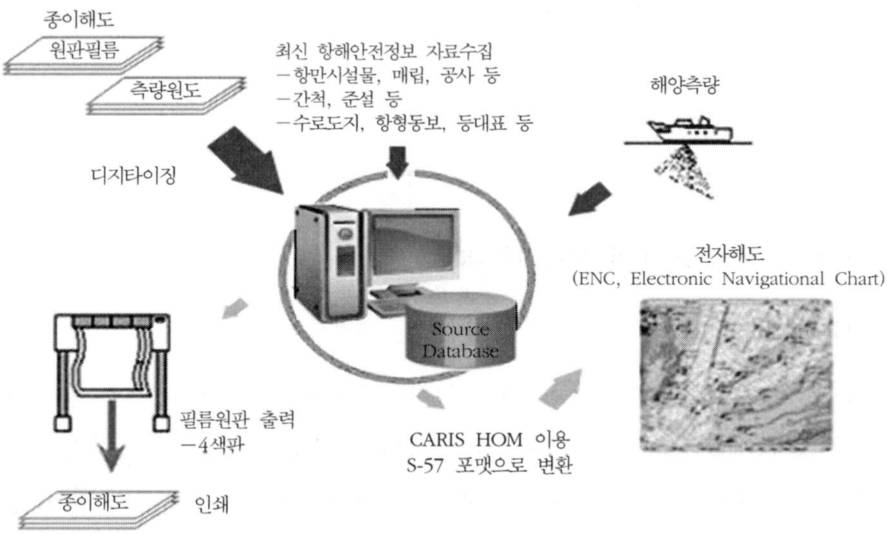

[그림 3-4] ENC 제작과정 개념도

1.2.3 전자해도 번호부여

국립해양조사원에서 간행되는 ENC 번호는 처음 영문 두 글자 'CC'는 전자해도 국가 코드이고 'P'는 항해 〈표 3-1〉과 같이 목적분류번호이다. 'XXXXX'는 국립해양조사원에서 간행된 종이해도 번호이고 'EEE' 전자해도 Update 번호를 의미한다.

```
CCPXXXXX.EEE
              EEE  = update number
            XXXXX= individual cell code
               P   = navigational purpose
              CC   = producer code
```

[그림 3-5] 전자해도 번호부여 방식

〈표 3-1〉 항해목적 분류번호

P	Navigational purpose
1	총도(Overview)
2	항양도(General)
3	해안도(Coastal)
4	항만접근도(Approach)
5	항박도(Harbour)
6	계류도(Berthing)

1.2.4 Vector와 Raster Chart

1) Vector Chart

Vector Chart는 선택적 도시가 가능하도록 Layer로 구성되어 있으며 선택 부분의 Zoom-in & Out 기능, 본선의 안전수심 설정과 경고기능, 설정항로 이탈시 경고 기능, 해도상에 나타나는 등대나 등부표와 같은 항로표지의 형상, 발광간격, 발광색 등이 실제처럼 화면상에 나타나 사용자에게 Visual한 정보를 제공한다.

IMO 성능기준에 적합한 해도이나 Vector Chart를 구할 수 없는 지역에서는 Raster Chart가 사용 가능하다.

2) Raster Chart

Raster Chart는 기존의 종이해도를 스캐닝(visual scanning of paper of chart)한 것으로 모니터상에 해도를 나타난다. 해도상에 표시된 등대나 항로표지와 같

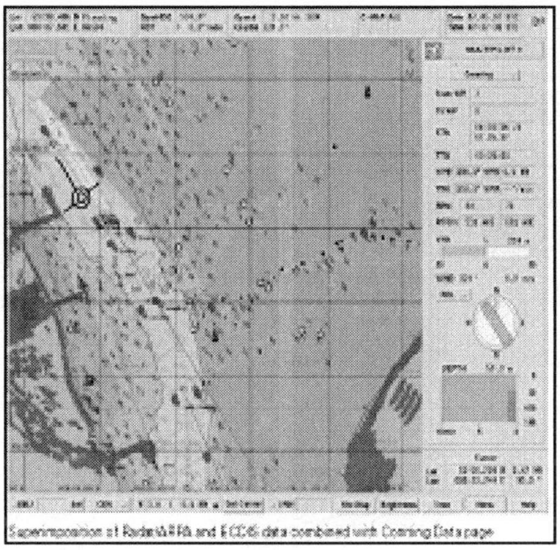

[그림 3-6] Vector Chart

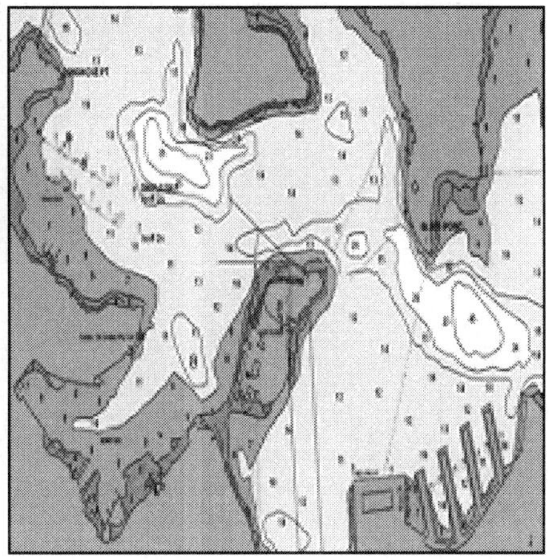

[그림 3-7] Raster Chart

은 물체에 대한 속성은 Vector Chart와 달리 종이해도와 같이 약자기호로만 표시되어 있다. 이 해도의 기능은 매우 단순하여 사용자가 특별한 훈련 없이도 쉽게 사용 가능하며, 컴퓨터 스크린상에 나타난 해도에 사용자가 간단한 Remark 표시 및 해도 편집을 할 수 있다. Raster Chart의 해도정보를 최신화하려면 사전에 종이해도에 대한 최신화가 먼저 이루어져야 한다. 그러므로 Raster Chart를 사용할 경우에는 반드시 최신화된 종이해도와 병행하여 사용하여야 한다.

1.3 전자해도시스템 운용

종래의 경험기반 아날로그 항해에서 정보기반 디지털 항해로 패러다임이 변하고 있다. ECDIS의 운용상의 장점으로는 수작업의 감소, 항해의 안전도 증진, 선박운항 효율화 증대가 기대되나 백업시스템, 실시간 Update를 위한 선박통신 시스템, 화면의 크기제한, 가격 및 취급의 기술성 등 해결해야 할 점들도 있다.

여기에서는 KODECS(한국해양개발(주)) 개발된 ECDIS 프로그램을 중심으로 운영방법을 설명하고자 한다.

1.3.1 화면 구성

상부에 해도설정(chart), 자선정보설정(ship), 경보설정(alarm), 항로설정(route), 표식설정(mark), 항정설정(logbook), 환경설정(configure) 메뉴가 있고 각 메뉴

[그림 3-8] 주 화면 구성

를 Click하면 계층적으로 하부 메뉴가 구성되어 있다. 시간창, 위치창, 축적창, 커서 위치표시창, 항정추적장 등 다양한 정보를 표시할 수 있게 되어 있다.

상부 메뉴에 자주 쓰이는 기능인 Anchor watch, Man over board 감시, 밝기 조정(BR), 방위지정(North-up, Head-Up), 본선확인(AS, PS) 아이콘화되어 있어 주 화면에서 간단히 조작이 가능하다.

1.3.2 커서 기능

마우스 오른쪽 버튼을 누를 때마다 아래 기능이 선택되고 왼쪽 마우스를 누르면 활성화된다.

View는 화면을 이동하게 하는 기능이며 Zoom은 축적을 조정하는 기능이다. ERBL은 거리와 방위측정을 위한 전자자 기능이고, Info 전자해도에 감추어진 문자 정보를 나타내도록 하는 기능이다.

[그림 3-9] 커서 기능

1.3.3 주 메뉴 기능

1) 해도(Chart)

화면상에 표시되는 해도에 관한 사항을 설정하는 곳이다.

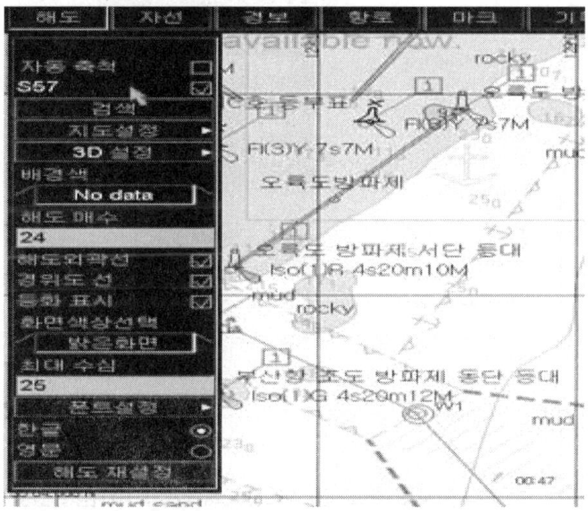

[그림 3-10] 해도 기능

2) 자선(Ship)

다른 장비와 연결하여 자선의 위치 등을 파악하고 자선의 모양과 안전수심 등과 같이 자선과 관련된 여러 가지 기능을 설정한다.

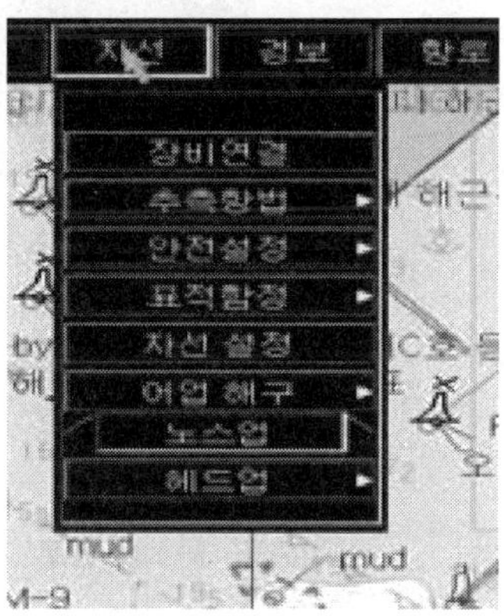

[그림 3-11] 자선 기능

3) 경보(Alarm)

항해하는 자선이 위험해역으로 접근할 경우 경보를 울려 항해사에게 위험을 사전에 알려주는 경보를 설정한다.

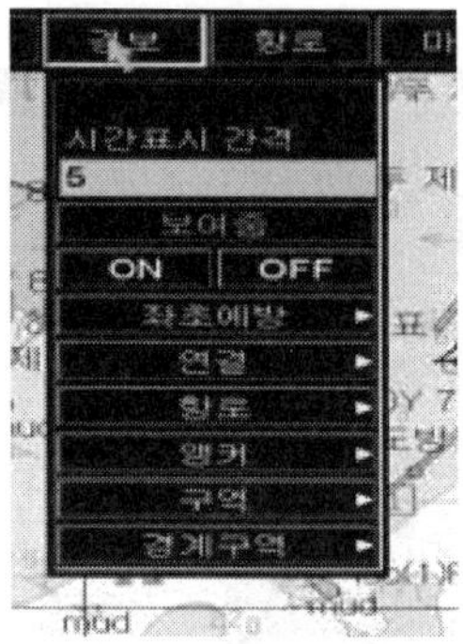

[그림 3-12] 경보 기능

4) 항로(Route)

항로를 설정 후 자선이 항로를 따라 항해할 경우 설정된 항로를 유지하는지 여부를 감시하는 항해감시 기능설정과 항로설정, 편집, 저장하는 항로전반에 관련된 기능을 수행하는 항로계획 기능이 있다.

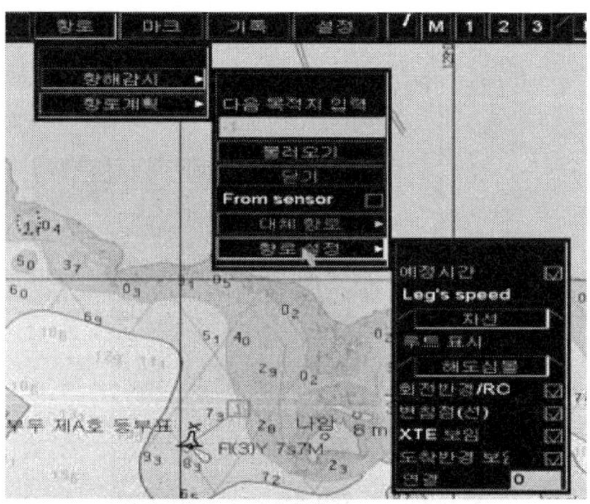

[그림 3-13] 항로 기능

5) 마크(Mark)

전자해도(ENC) 화면에 자선에 중요한 정보나 기록들을 임의로 다양한 모양과 심벌로 기점을 표시, 저장하는 기능이 있다.

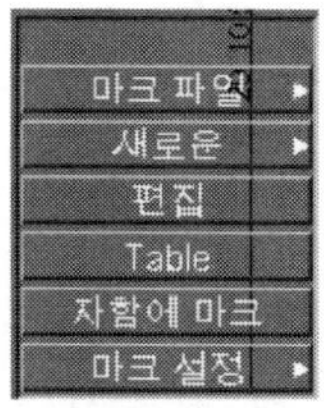

[그림 3-14] 마크 기능

6) 기록(Logbook)

자선이 항해한 경로를 기록, 저장, 재생하는 기능이 있다.

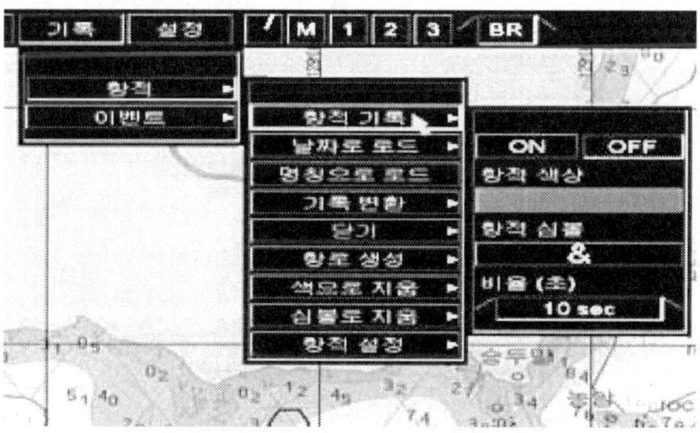

[그림 3-15] 기록 기능

7) 설정(Configure)

전자해도 시간, 단위, 하드웨어 등 제반적인 기능을 설정한다.

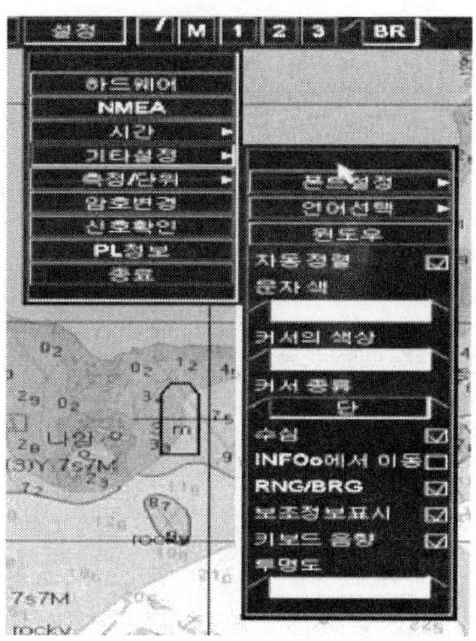

[그림 3-16] 설정 기능

1.4 운영자세

ECDIS만 의존한 지나친 신뢰는 바람직하지 못하며 인간의 오감정보를 비롯한 이용 가능한 정보를 활용하여 최적의 의사결정을 해야 한다. 항해사의 입장에서 종래의 수작업이 감소되어 단순히 편해진 것이라기보다는 다른 장비와의 정보교환 확인 등 새로운 가치의 업무를 통하여 안전도 높고 효율성 제고를 위한 편리한 시스템으로 생각할 필요가 있다. 한편, 정보의 가공, 집적, 구조화를 통하여 유용한 정보 창출하고 새로운 가치를 만드는데 항해사들의 노력이 요구된다.

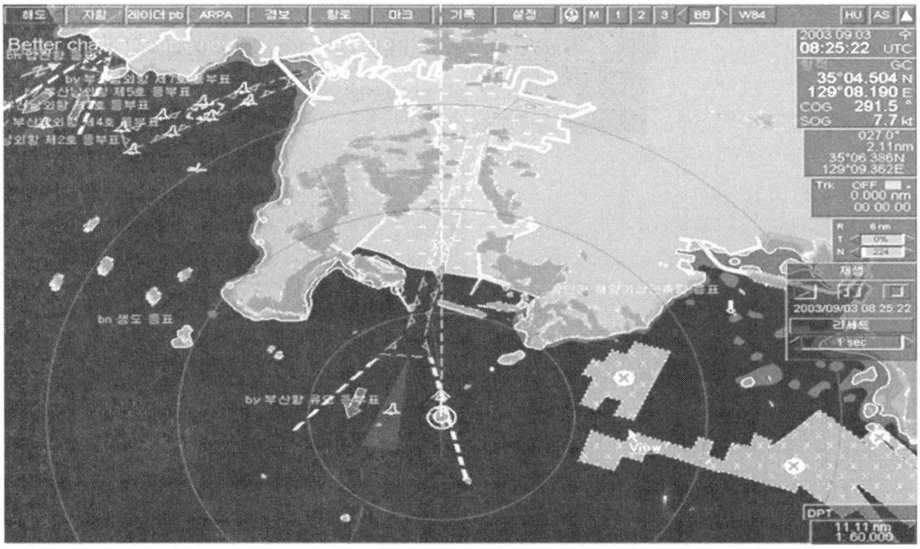

[그림 3-17] ECDIS에 Radar 정보 Overlap

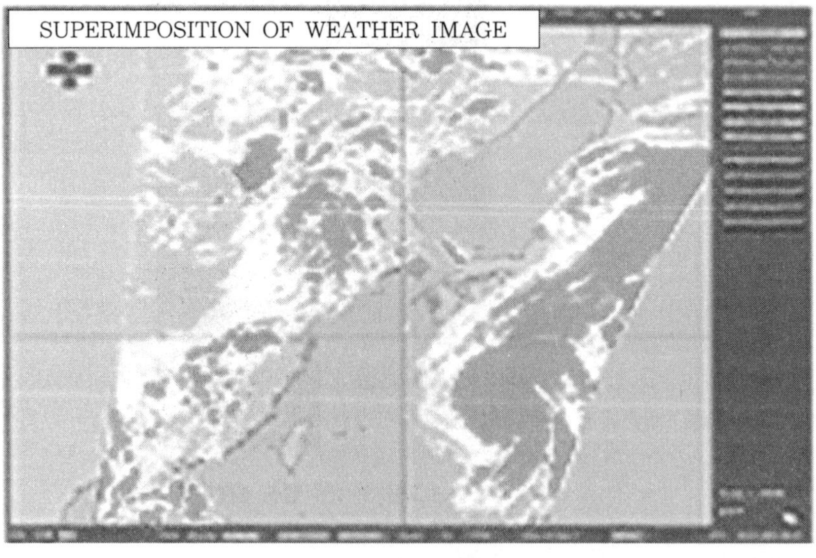

[그림 3-18] ECDIS에 기상 팩스 정보 Overlap

2. 자동식별장치(AIS)

2.1 AIS 도입 배경

선박의 교통을 관제하는 관제 구역이 확대되고, 레이더의 탐지범위를 벗어난 해역의 선박은 물론이고, 선박에 대하여 대양에서부터 통항을 관리하는 실정이다. 넓은 구역의 효율적 관제를 위하여 국제해사기구(IMO)에서는 AIS(Automatic Identification System : 자동식별장치)라는 이름으로 4S(ship to shre, ship to ship) Broadcasting 트랜스폰더를 Universal Shipborne AIS로 최종 채택하였고, WRC-97(국제전파규칙)회의에서는 IMO의 요구를 받아들여 Channel 87 (161.975MHz)과 Channel 88(162.025MHz)을 AIS전용 주파수로 할당하였다.

한편, 국제해사기구의 제43차 항해안전소위원회(NAV 43:1997. 7)에서는 AISD의 성능기준안을 완성하였고, 1998년 5월 제69차 해사안전위원회(MSC 69)에서 이 권고안을 Resoultion MSC.74(69)로 승인하였으며, 2000년 1월 이후에는 기 장착된 또는 새로이 장착되는 AIS 장비들이 승인한 성능기준을 만들도록 회원국에 권고하였다.

또한 국제해사기구에서는 AIS의 탑재요건에 관한 사항을 SOLAS에 포함시키는 개정안을 제5장 제19규칙 제15항에 삽입하였으며, 이 개정안은 NAV 45(1999. 9)에서 합의에 이르렀고, 2000년 5월 해사안전위원회의 승인을 통하여 선박에 탑재되고 있다.

AIS는 선박의 항행정보, 육상 기지국의 교통정보 등과 같은 데이터를 전용주파수를 통하여 짧은 주기(2~12초 또는 수분)로 자동적인 데이터 통신에 의하여 4S간에 실시간으로 전송하여 이를 컴퓨터 화면(전자해도)에 구현하는 시스템이다.

이러한 국제적인 움직임에 따라 스웨덴, 핀란드, 노르웨이, 독일, 캐나다, 미국, 일본, 싱가포르 등과 같은 선진 해운국에서는 AIS에 대한 기술개발과 함께 육상 시설을 설치하여 정상 운용중이다.

SOLAS 제5장 제19규칙 제1.5항

"모든 여객선, 국제항해에 종사하는 300톤 이상의 모든 선박, 국제항해에 종사하지 않는 500톤 이상의 화물선은 다음의 일정에 맞추어 AIS를 탑재하여야 한다."

2002년 7월 1일 이후 건조되는 선박
2002년 7월 1일 이전에 건조된 국제항해에 종사하는 선박

- 모든 여객선 : 2003년 7월 1일
- 모든 유조선 : 2003년 7월 1일 이후 첫 SE 검사시
- 50,000톤 이상 화물선 : 2004년 7월 1일
- 10,000~50,000톤 화물선 : 2005년 7월 1일
- 3,000~10,000톤 화물선 : 2006년 7월 1일
- 300~30,00톤 화물선 : 2007년 7월 1일

2002년 7월 1일 이전에 건조된 국내항에 종사하는 선박 : 2008년 7월 1일

AIS가 선박의 의무 장비로 규정되어 2002년 7월 1일부터 탑재됨에 따라, SOLAS 비준국가인 우리나라는 AIS를 탑재한 선박이 우리나라의 항만에 입항하거나 또는 연안 해역을 항해할 때 이용할 수 있도록 육상시설을 설치할 의무가 있다.

또한 개정 SOLAS 협약에 의하여 2002년 7월 1일부터 국제적으로 강제 시행되는 AIS 시스템 도입을 위하여 연안국들은 육상시설(중계기지국 및 연안기지국)의 설치 및 네트워크 시스템 구축의 필요성이 요구되고 있다.

따라서 네트워크 시스템을 통하여 연안을 항해하는 모든 선박의 통항 상황을 실시간으로 모니터 할 수 있게 하고, 선박의 준법 여부를 실시간으로 감시할 수 있을 뿐만 아니라, 선박에서도 주변의 통항 상황을 실시간으로 파악할 수 있게 하여 궁극적으로 연안에서의 해양사고를 방지할 수 있게 되었다.

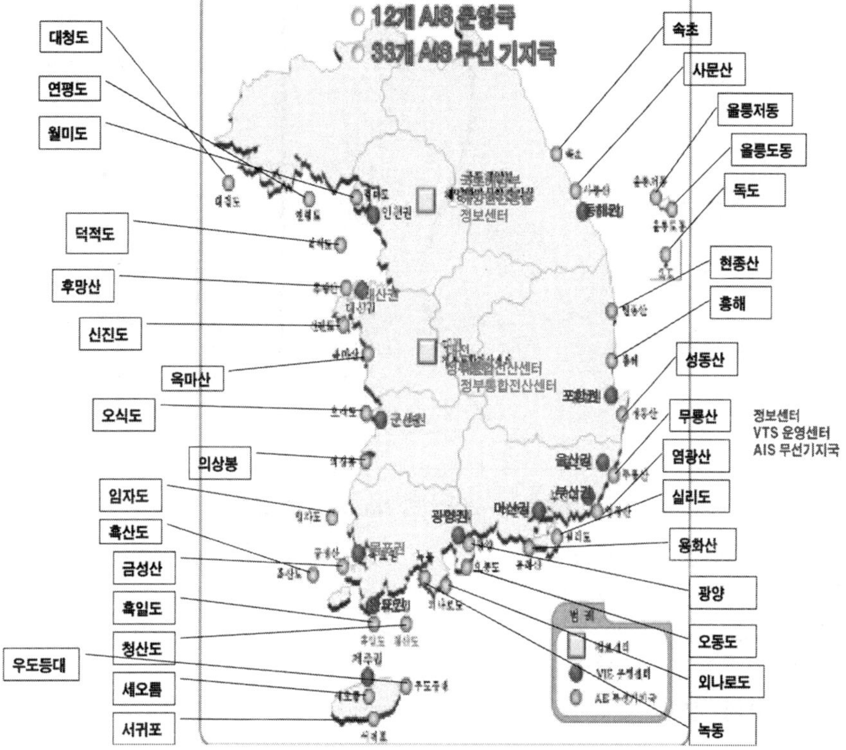

[그림 3-19] AIS 운영국 및 무선 기지국 현황

2.2 AIS 목적과 구성 개념

2.2.1 AIS 목적

AIS의 목적은 선박의 식별(선명, 침로, 침로, 속력 등), 목표물 추적 보조, 정보 교환의 단순화, 충돌회피 동작에 필요한 추가적인 정보의 제공하고 VHF와 같은 통신수단을 이용한 선박보고의 감소를 통하여 선박충돌방지, 광역관제, 조난선박의 수색 및 구조활동 등 안전관리를 더욱 효과적으로 하는 것에 목적을 두고 있다.

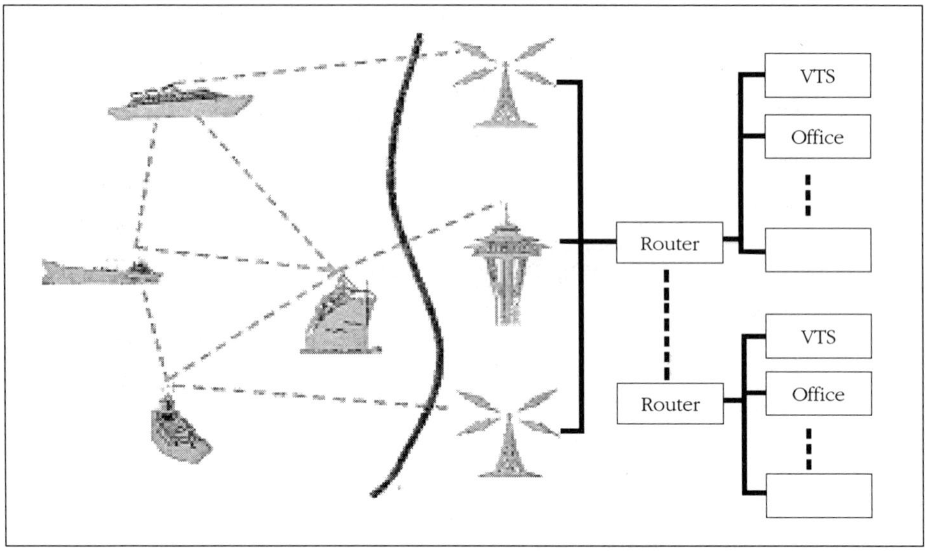

[그림 3-20] AIS Network 구성도

2.2.2 AIS 구성

1) AIS 구성 장비

① 안테나
② VHF 송신기 1개
③ 다채널 VHF 수신기 2개
④ 채널 관리를 위한 채널 70 VHF 수신기 1개
⑤ GNSS 수신기(전자선위측정 시스템)
⑥ 선수방위와 선속계 및 다른 선박용 센서와의 인터페이스
⑦ Radar, ARPA, ECS/ECDIS 및 INS와의 인터페이스
⑧ BIIT(Built In Integrity Test)
⑨ 최소 지시기 및 데이터를 입력하고 수정하기 위한 키보드

2) AIS 구성 개념

선박 자동식별장치는 디지털 VHF 무선 트랜스폰더 시스템으로, 탑재된 선박이 해역을 항해중이던 선상의 누구에 의한 간섭 없이도 지속적인 모드로 운용된다. 선박간, 선박과 해안기지국간의 통신을 위해 해상용 이동 주파수대역 내의

2개 VHF 주파수 채널이 사용된다. 각 채널은 9,600BPS의 전송률을 가지며, 대략적으로 분당 2,000(2250)개의 정보 전송이 가능하다. AIS는 2개의 독립된 수신기와 1개의 송신기로 구성되어 있으며, 수신기는 2개의 채널에서 동기에 정보를 수신할 수 있으며, 송신기는 2개의 채널을 번갈아 송신한다.

GPS 수신기는 정확한 시간, 선박위치, 항해 데이터를 제공하고, 선박용 AIS의 통신 프로세서는 이들 정보를 방위계, 선속계 등 선박 센서로부터의 데이터 및 선명, 호출부호 등의 정적자료, 항해 관련자료 등을 함께 송신하고, 타 선박 및 육상기지국으로부터의 정보를 수신하여 모니터에 표시한다. 해안기지국용 AIS는 각 선박으로부터의 정보를 수신하여 모니터에 표시하고, 또한 항해 관련정보를 각 선박에 전송한다.

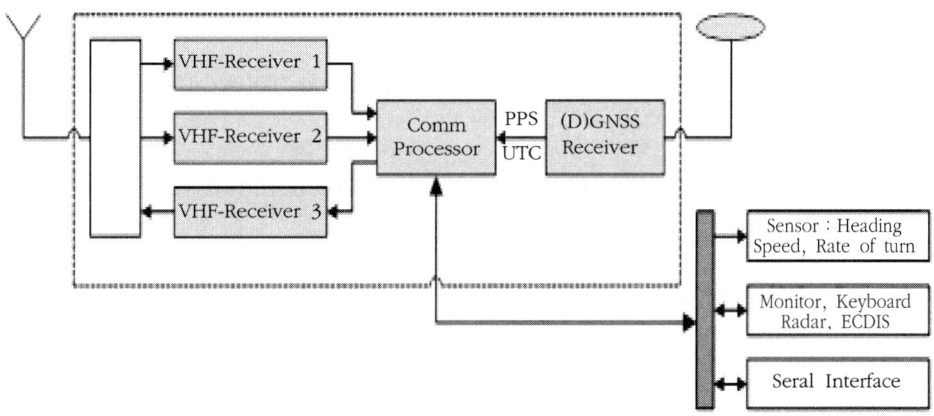

(a) 선박용 AIS

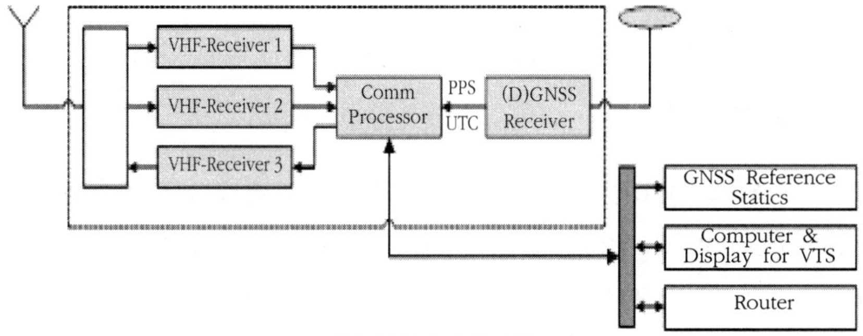

(b) 해안기지국 AIS

[그림 3-21] 선박/해안기지국 AIS 구성도

AIS는 선박과 선박간, 선박과 육상관제국과의 보고 시스템, VTS 시스템과의 연계 운용하여 충돌예방 기능, VTS 기능 및 선박보고 기능을 도모한다. AIS에 대한 국제해사기구의 정의와 이용분야는 다음과 같다.

① AIS is an-onboard and autonomous means to improve collision voidance (충돌예방기능)
② a means for VTS to gain a traffic image independently from radar(VTS 기능)
③ a means for ship reporting schemes(선박 보고제도 기능)

3) 표준화 작업

AIS의 표준화 작업에는 4개의 국제기구가 연관되어 있다.

① 국제해사기구(IMO : International Maritime Telecommunication) : 성능기준에 관한 내용
② 국제전기통신연합(ITU : International Telecommunication Union) : 기술특성에 관한 내용
③ 국제전자기술위원회(IEC : International Electrotechnical Committee) : 시험/검사에 관한 내용
④ 국제항로표지협회(IALA : International Association of Maritime Aids to Navigation and Lighthouse Autuorities) : 운영지침에 관한 내용

2.3 AIS 동작 특성

2.3.1 일반 특성

① 자동적으로 선박의 동적 정보를 자기조직화 방법으로 방송된다.
② 문의호출(interrogating calls)의 수신과 처리가 가능하다.
③ 부가적인 안전 관련정보를 요구에 의해 전송할 수 있다.
④ 세계표준시나 다른 근원이 필요하지 않는 동기화된 TDMA 기술을 이용한다.(정보교환 1프레임=1분=2250Time-Slot(256bit)

TDMA(Time Division Multiple Access) 기술은 많은 사용자를 짧은 시간

동안 많은 사용자를 확보하기 위하여 순서대로 상호 정보교환하는 방식

⑤ Time-slot 동기화 사용 : 각 기지국은 UTC 시간을 바탕으로 동일 슬롯 내에서의 메시지 전송회피

⑥ AIS는 두 개의 독립된 VHF 수신기로 두 개의 채널(CH87, CH88)에서 동시에 메시지를 수신할 수 있다. 각 채널은 9,600bps의 전송률을 가진다.

⑦ 1Time-Slot은 256bit 전송속도 9,600bps(bit/s)이므로 1분에 2250slot이 전송된다. 따라서 AIS 시스템은 적어도 분당 2000개 메시지를 처리할 수 있다.

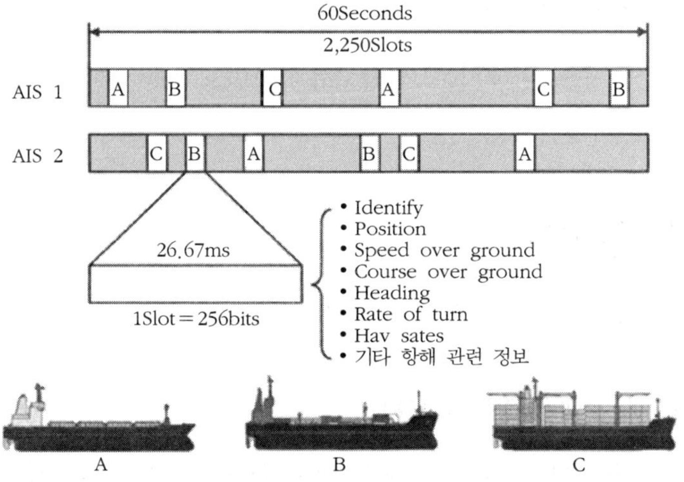

[그림 3-22] AIS 정보 형태

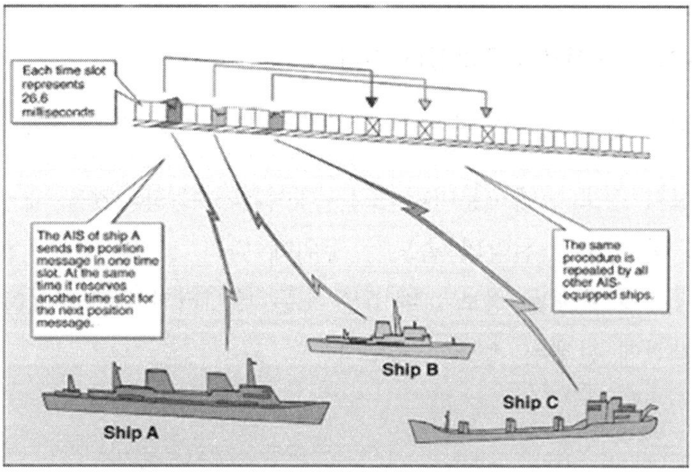

[그림 3-23] TDMA를 이용한 선박간 정보교환

⑧ 3가지 작동 모드로 자동, 지정, 송출의뢰 : 작동된다.

2.3.2 선상 이동장비 등급

① 등급 A 선상 이동장비는 IMO AIS 이행요건에 적합하여야 한다.
② 등급 B 선상 이동장비는 IMO AIS 이행요건에 요구되지 않는 기능이 준비되는 것이다.

2.3.3 고유 식별성

식별의 목적을 위해서는 선박고유식별번호 MMSI(Maritime Mobile Service Identity)를 사용한다.

2.3.4 정보내용

이 시스템은 정적, 동적이고 항해에 관계된 데이터를 준비하여야 한다.

1) 안전에 관계된 짧은 메시지

등급 A 선박 이동장비는 중요한 항해정보나 중요한 기상정보를 포함하는 안전에 관계된 짧은 메시지를 송수신할 수 있어야 한다. 등급 B 선박 이동장비는 안전에 관계된 짧은 메시지를 수신할 수 있어야 한다.

2) 자율 모드에서의 정보갱신 주기

정보의 여러 유형들은 다른 시간간격과 그에 필요한 다른 갱신 주기를 가진다.

① 정적 정보 : 매 6분마다 또는 데이터가 수정되었을 때 또는 요구시
② 동적 정보 : 선박의 속도와 방위에 따라 갱신
③ 항해에 관계된 정보 : 매 6분 또는 데이터가 수정되었을 때 또는 요구시
④ 안전에 관계된 정보 : 요구시

〈표 3-2〉 AIS 동적 정보의 갱신 간격

대지속력(노트)	업데이트 간격(초)	침로 변경시 업데이트 간격(초)
14 미만	12	4
14~23 미만	6	2
23 이상	3	2
정박중	180	

그리고 동적 정보는 〈표 3-3〉의 선속 및 침로변경의 요건에 따라 갱신된다.

〈표 3-3〉 AIS 동적 정보의 갱신 주기

구 분	주 기
정박선박	3분
속력 0~14노트로 항행중인 선박	12초
속력 0~14노트로 항행중 변침중인 선박	4초
속력 14~23노트로 항행중인 선박	6초
속력 14~23노트로 항행중 변침중인 선박	2초
속력 23노트 이상으로 항행중인 선박	3초
속력 23노트 이상으로 항행중 변침중인 선박	2초

2.3.5 AIS 사용 주파수

AIS 이동국은 VHF 해상이동주파수, 25kHz 또는 12.5kHz의 단신 또는 복신 모드로서 규성에 적합하여야 한다. 기지국은 단신, 복신에 따라서 모두 사용할 수 있어야 하며, 두 개의 국제 채널은 AIS를 이용하기 위하여 할당되어 있다. 이 시스템은 두 개의 병렬 채널로 이용할 수 있어야 한다. 결정된 AIS 채널이 사용할 수 없을 때에는 이 규정에 따른 채널 관리방법으로 다른 주파수를 선택할 수 있어야 한다.

2.4 AIS의 운용

2.4.1 송신계의 운용

1) 작 동

항해중 AIS는 항상 작동되도록 하여야 하며, 선박이 항구에 체류하는 동안 AIS는 계속 작동하도록 권고하고 있다. 이것은 그 선박에 대한 정보가 항만당국에게는 필요한 정보이기 때문이다. 만약, 선장이 AIS의 지속적인 운용이 선박의 안전 또는 보안상에 영향을 준다고 판단되면 AIS를 정지시킬 수 있다. 이러한 경우로는 해적이나 무장강도가 활동하고 있는 것으로 알려져 있는 해역을 항행하는 등의 경우로 이러한 불가항력적인 상황은 항상 항해일지에 기록한다. AIS 전원이 차단되더라도 동적 및 항해 관련정보는 저장된 상태로 유지되고, 다시 전원을 작동하게 되면 자선에 대한 정보는 다시 송신하게 된다.

2) 선박 송신 데이터의 종류

(1) AIS 항해정보

당직항해사는 출항시 다음과 같은 데이터에 변경이 있을 때마다 수동으로 변경된 데이터를 입력하여야 한다.

〈표 3-4〉 AIS의 운항정보

정보내용	정보생성, 정보의 형태 및 특성
운항관련	항해를 위한 최대 흘수와 필요한 수정량을 이용하여 출항과 동시에 수동으로 입력함
위험화물(형태)	위험화물이 운송되는지 안되는지를 항해시작시 수동으로 입력되어야 함 • DG : 위험화물 • HG : 유해화물 • MP : 해양오염물질 ※ 양에 관한 정보는 필요하지 않음
목적항 및 도착예정시간	항해 시작시 수동으로 입력되어야 하고, 필요하다면 최신 정보로 수정되어야 함
항해계획(변침)	항해 시작시 또는 선장의 판단에 따라 수동으로 입력되어야 하고, 필요하면 수정함

(2) AIS 안전관리 정보

안전에 관한 짧은 메시지는 정해져 있거나 자유로운 형식의 텍스트를 메시지로서 어떤 특정한 목적국(MMSI) 또는 그 지역에 있는 모든 선박에 송신할 것인지를 명기한다. 메시지의 내용은 빙산 또는 표류하는 buoy와 같이 안전 항해에 관련되는 것이어야 하며 메시지는 가능한 짧아야 한다. AIS는 한 메시지당 최고 158개의 문자가 입력되도록 하고 있지만 메시지가 짧을수록 송신효율이 좋다.

〈표 3-5〉 AIS의 안전관리 정보

정보내용	정보생성, 정보의 형태 및 특성
안전관련 짧은 메시지	자유로운 형식으로 짧은 메시지가 수동으로 입력될 수 있으며, 특정 수신국 또는 모든 선박과 해안국에 송신할지를 명기한다.

(3) AIS 동적 정보

〈표 3-6〉 AIS의 동적 정보

정보내용	정보생성, 정보의 형태 및 특성
선박의 위치 및 정확도	AIS와 접속된 위치 센서로부터 자동적으로 갱신. 정확성은 10m 내외
선위 측정시간(UTC)	AIS와 접속된 선박의 주 위치 센서로부터 자동적으로 갱신
대지침로	AIS와 접속된 선박의 주 위치 센서가 대지침로를 연산하며 자동적으로 갱신
대지속력	AIS와 접속된 위치 센서로부터 자동적으로 갱신(이 정보는 필요하지 않을 수 있음)
선수방위	AIS와 접속된 선박의 선수방위 센서로부터 자동적으로 갱신
항행상태	항행상태에 관한 정보는 당직항해사에 의하여 수동으로 입력하여야 하고, 필요에 따라 변경되어야 한다. • 엔진에 의한 항행 • 묘박 • 조종불능 • 조종성능제한 • 계류 • 흘수제한 • 좌초 • 어로작업 • 돛에 의한 항행 (실제로 상기 사항들은 국제해상충돌예방규칙과 관련되기 때문에 이들을 변경하고자 한다면 등화 또는 형상물의 변경과 동시에 수행되어야 한다.)
ROT(Rate Of Turn)	자동적으로 자이로 컴퍼스 또는 선박이 ROT 센서로부터 갱신됨(이 정보는 필요하지 않을 수도 있음)

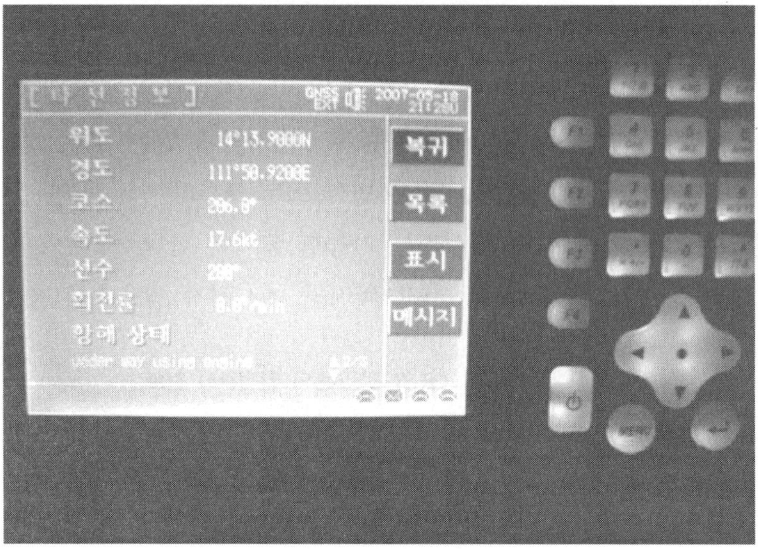

[그림 3-24] AIS 동적 정보모습

(4) AIS 정적 정보

〈표 3-7〉 AIS 정적 정보

정보내용	정보생성, 정보의 형태 및 특성
MMSI(Maritime Mobile Service ID)	설치시 설정 (선박의 소유권이 변동이 있을 때 변경)
선명과 호출부호	설치시 (설정선박의 소유권이 변동이 있을시 변경)
IMO 번호	설치시 설정
선박 길이 및 선폭	설치시 또는 변동되었을 때 설정
선종	입력된 리스트에서 선택
선위측정용 안테나의 위치	설치시 설정하거나 양지향성 선박 또는 복수의 안테나가 설치되었을 때 변경

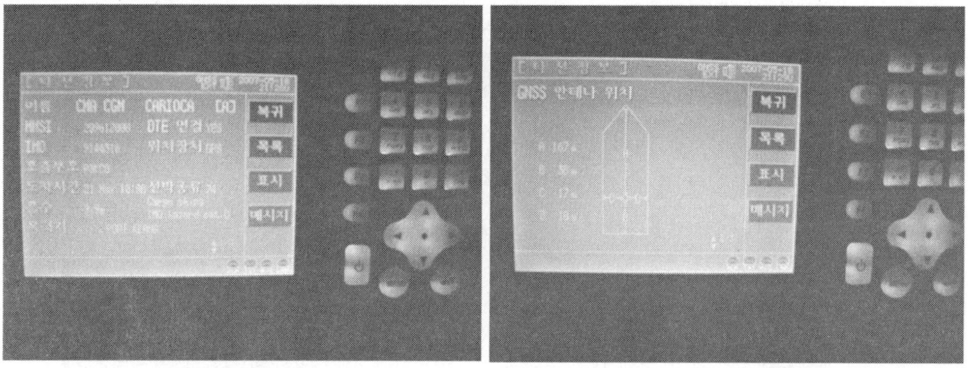

[그림 3-25] AIS상 정적 정보모습

3) 선박 데이터 검사

정적인 정보가 정확하고 최신인지 확인하기 위하여 당직항해사는 필요시 데이터를 검사하여야 한다. 검사는 최소한 한 항차에 한번 또는 한 달에 한번 실시하여야 한다.

데이터의 변경은 오직 선장 또는 권한이 있는 사람에 의해서 실시되어야 한다. 당직항해사는 정보가 항해속력과 변침유무에 변경되므로, 선박은 항해중 송신되는 정보의 질을 확인하기 위하여 주기적인 검사를 실시하여야 한다.

2.4.2 AIS 데이터의 표시

1) 그래픽 표시장치

비활성 목표물은 어떠한 위치에 있는 AIS를 탑재한 선박의 존재만을 나타내는 것이다. 그리고 활성되기 전까지 어떠한 정보도 추가되어 표시되지는 않는다.

활성 목표물 사용자가 어떤 선박에 대하여 좀 더 파악하고자 한다면, 그 목표물(비활성 목표물)을 활성시키면 표시장치에 즉시 나타내게 되고 AIS 정보는 다음과 같은 내용으로 구성된다.

① 벡터(대지속력 및 대수속력)

② 실제로 침로변경이 시작됨을 나타내는 ROT(가능할 경우) 지시기

③ 선수방위

④ 계산된 CPA와 TCPA 값

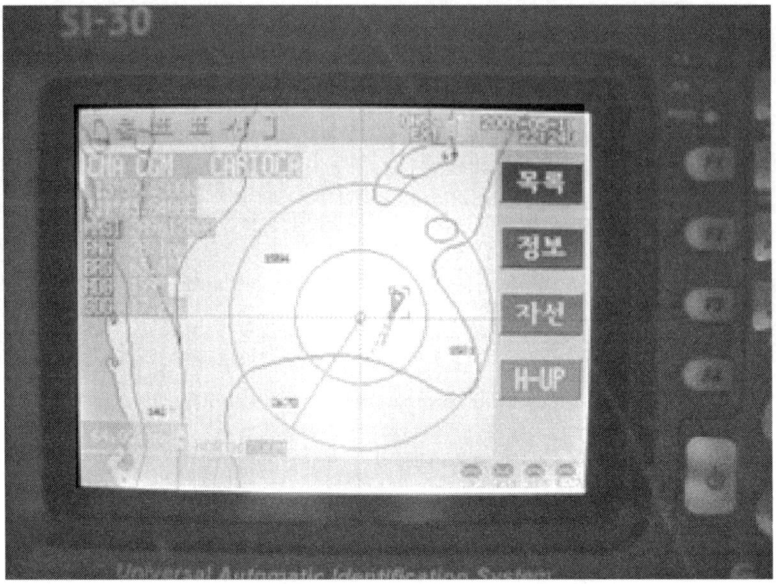

[그림 3-26] AIS 그래픽 표시 모습

위험목표물 AIS 목표물(활성 또는 비활성)이 설정된 CPA와 TCPA 설정값 이내로 나오면, 경보음이 울리면서 그 목표는 위험목표물로 분류되고 화면에 나타나게 된다. 추적 불능 AIS 목표물의 AIS 신호가 설정된 거리 이내에서도 수신되지 않으면, 알람이 울리면서 가장 최근에 수신한 지점에 추적불능 심벌을 표시할 것이다.

2) 심 벌

사용자는 그래픽 표시장치의 심벌에 대하여 충분히 숙지하여야 한다.

〈표 3-8〉 AIS상의 심벌

AIS 물표	심벌	심벌 내용
AIS Target (sleeping)		날카로운 이등변 삼각형의 뾰족한 부분은 물표의 참고 위치를 표시하는 중심으로 사용된다. 만일 Heading 정보가 불가능하다면, 삼각형의 제일 뾰족한 꼭지점은 물표의 Heading과 COG를 일렬로 나타낸다. Sleeping 물표는 Activated 물표보다 더 작게 나타날 수 있다.
Activated AIS Target	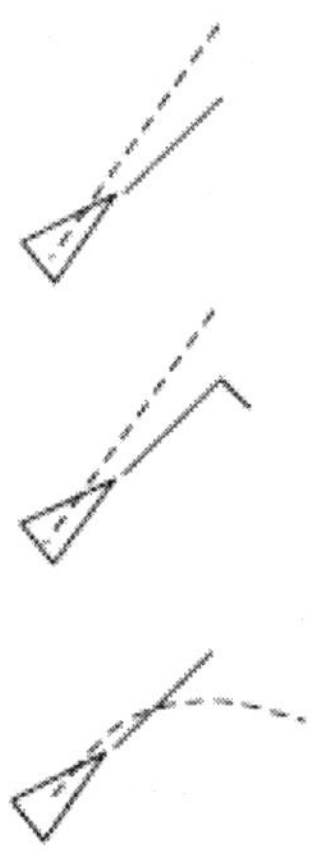	날카로운 이등변 삼각형의 뾰족한 부분은 물표의 참고 위치를 표시하는 중심으로 사용된다. 만일 Heading 정보가 불가능하다면, 삼각형의 제일 뾰족한 꼭지점은 물표의 Heading과 COG를 일렬로 나타낸다. COG/SOG 벡터는 삼각형의 중심에서 나아가는 것으로 표현된다. Heading은 삼각형의 꼭지점에서 출발하는 고정된 긴 선으로 표현된다. Heading에서 꼬리는 진행이 예정된다면 지연 없이 물표 운동을 감지하기 위하여 회전과 그것의 방향을 나타낸다.
Selected Target	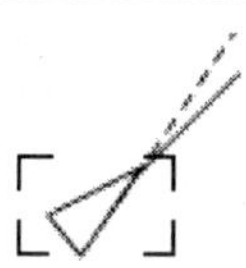	물표 심벌 구석 주위에 사각형이 표시된다.
Dangerous Target		보통 심벌의 테두리 선과 구별되게 두꺼운 선으로 표시된다. 그리고 심벌의 크기는 커지며, Heading과 R.O.T의 벡터가 표시된다. 심벌은 인지될 때까지 깜빡거린다. 화면이 컬러라면 삼각형은 적색으로 표시된다.
Lost Target		직교하여 확연히 가로지르는 선을 가지는 AIS Target이 사용된다. 인지될 때까지 깜빡거린다. Heading과 ROT의 벡터 없이 표시된다.

2.4.3 AIS 사용 실습

선박에서 사용하고 있는 AIS를 통하여 작동법을 실습해 본다.

[그림 3-27] SI-30 AIS

1) 초기 설정

시스템의 초기 설정은 [MENU] 화면에서 2.INIT SETUP에 커서를 갖다 놓고 ↵ 버튼을 누른다. 그러면 [그림 3-28]과 같은 화면이 나타난다.

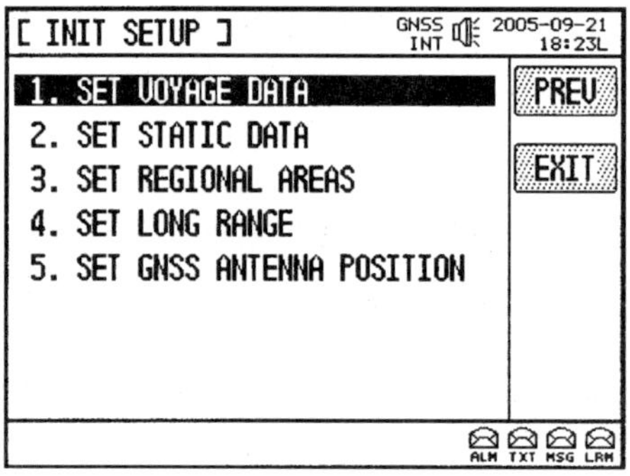

[그림 3-28] 초기 설정 화면

초기 설정 화면에서는 정적 정보(SET STAITIC DATA), 항해정보(SET VOYAGE DATA), 채널 정보(SET REGIONAL AREAS), 원거리 정보(SET LONG RANGE), GNSS 위치정보(SET GNSS ANTENNA POSITION) 등을 포함한다.

(1) MMSI IMO 및 정적 정보(NAME, CALL SIGN) 설정 방법

[그림 3-29]는 사용중인 배의 정적 정보를 입력하는 화면을 나타낸다. Ship Name은 선명(최대 20문자까지 입력 가능), Call Sign은 호출번호(최대 7문자까지 입력 가능)를 각각 의미한다. 이 항목의 정보는 임의로 변경하여서는 안 된다. 그래서 암호를 이용한 보안설정을 한다.

사용법은 [INIT SETUP]에서 커서를 2. SET STATIC DATA에 놓고 버튼을 누르면 아래의 화면이 표시된다.

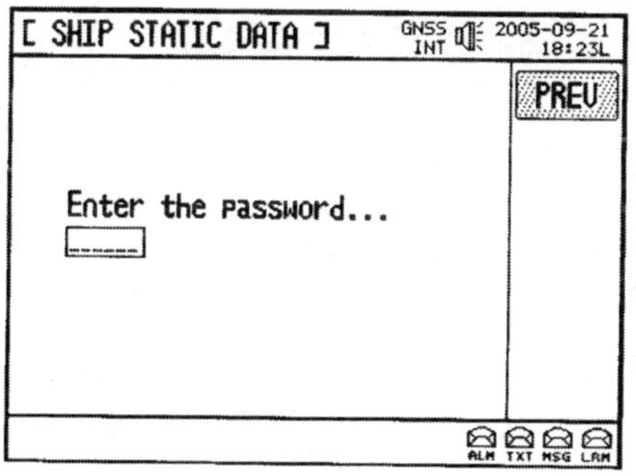

[그림 3-29] 정적 정보 변경 암호입력 화면

[그림 3-29]와 같은 화면에서 암호를 입력하고 버튼을 누르면 [그림 3-30]과 같이 정보를 입력하는 화면으로 넘어간다.

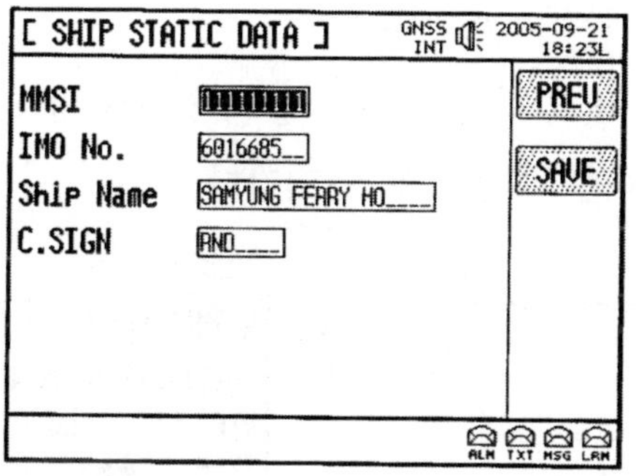

[그림 3-30] 정적 정보 입력 화면

정보의 수정 및 변경은 버튼 또는 버튼을 이용하여 해당하는 항목으로 이동하면 화면이 반전되며, 버튼을 누르면 기존의 값은 지워지고 새로운 값을 입력할 수 있다.

[그림 3-30] 화면에서 (F1) PREV 버튼을 누르면 바로 전 상태인 INIT SETUP 모드로 돌아간다. 그리고 (F2) SAVE 버튼을 누르면 [그림 3-31]의 화면이 나오면서 정보의 변경을 다시 확인한다. 정보의 수정 및 변경 예정이면 (F1) YES 버튼을 누르고 (F2) NO 버튼을 누르면 [SHIP STATIC DATA] 화면으로 복귀한다.

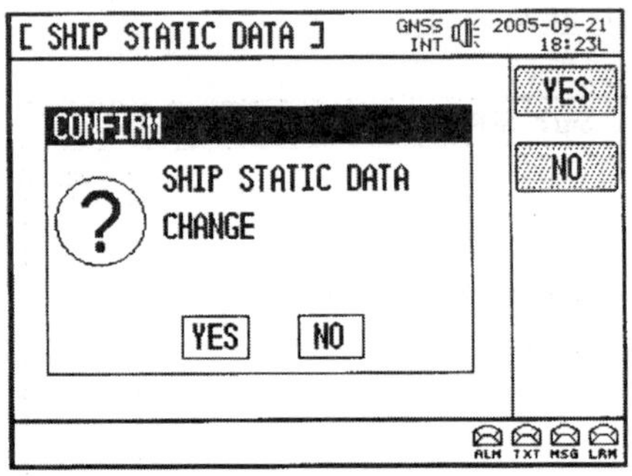

[그림 3-31] 정적 정보저장 화면

(2) 항해정보의 설정

항해와 관련된 정보를 입력 / 설정하는 방법은 아래와 같다.

먼저 [INIT SETUP]에서 커서를 1.SET VOYAGE DATA에 놓고 ↵ 버튼을 누르면 [그림 3-32]의 화면이 표시된다.

[그림 3-32]는 암호를 입력하는 항으로 사용자가 암호를 입력하고 ↵ 버튼을 누르면 정보를 입력하는 화면으로 넘어간다.

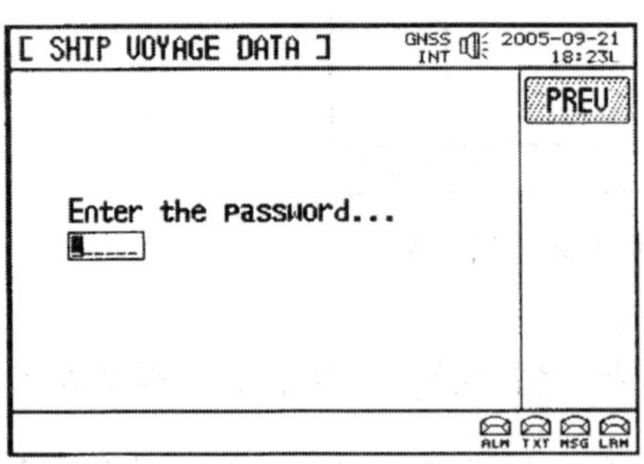

[그림 3-32] 사용자 암호 화면

[그림 3-33] 항해정보 입력 화면

각 항목의 수정 및 변경은 ▼ 버튼 또는 ▲ 버튼을 이용하여 해당하는 항목으로 이동하면 화면이 반전되며 ↵ 버튼을 누르면 기존의 값은 지워지고 새로운 값을 입력할 수 있다.

[그림 3-33] 화면에서 F1 PREV 버튼을 누르면 바로 전 상태인 INIT SETUP 모드로 되돌아간다. 배의 TYPE은 해당 종류 및 해당 코드가 선택하여 입력하면 된다. 항해와 관련된 정보가 입력이 완료되면 F2 SAVE 버튼을 누르면 아래의 화면이 나오면서 정보의 변경을 다시 확인한다. 정보의 수정 및 변경 예정이면 F1 YES 버튼을 누르고 원치 않으면 F2 NO 버튼을 누른다.

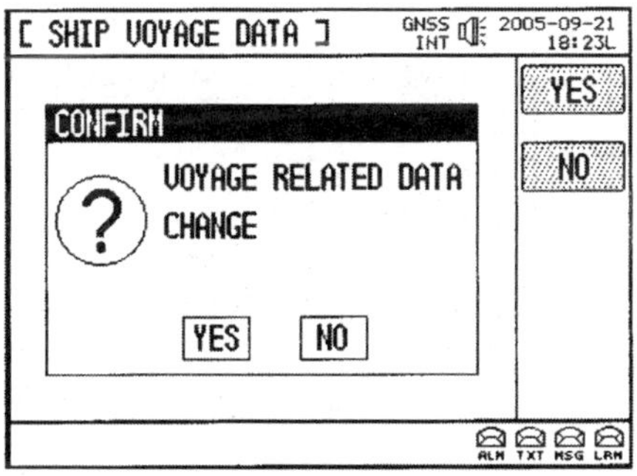

[그림 3-34] 항해정보의 저장 선택 화면

(3) 지역 영역 설정(REGIONAL AREAS)

사용법은 [INIT SETUP]에서 커서를 3.SET REGIONAL AREAS에 놓고 ↵ 버튼을 누르면 암호 해제 화면이 표시된다. 암호입력을 완료한 후 ↵ 버튼을 누르면 정보를 입력하는 [그림 3-35]의 화면으로 넘어간다.

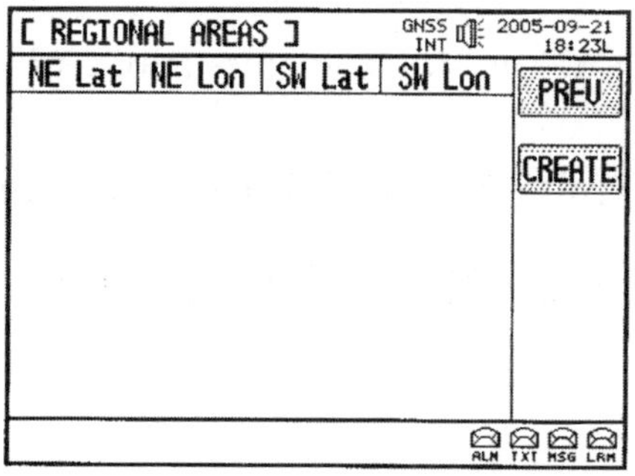

[그림 3-35] 지역 영역 설정 화면

[그림 3-35]에서 (F2) CREATE 버튼을 누르면 새로운 지역 운용에 관한 사항을 입력하는 것이고, (F3) EDIT 버튼을 누르면 기존의 지역정보를 설정을 하는 것이다. 그리고 (F4) DELETE 버튼을 누르면 기존의 지역정보가 삭제된다.

만약 새로운 지역 설정을 원한다면 (F2) CREATE 버튼을 누르면 [그림 3-36]의 화면이 생성되고 각 항목에 대한 수정 및 변경은 ▼ 버튼 또는 ▲ 버튼을 이용하여 선택한 후 ↵ 버튼을 누르면 해당하는 값을 변경 가능하다.

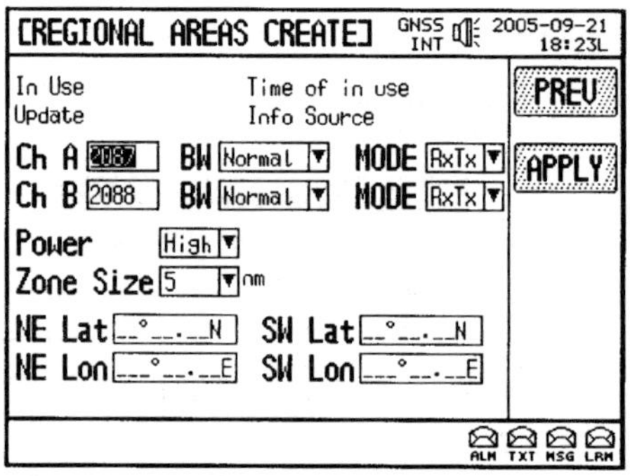

[그림 3-36] 지역 영역 정보 생성 화면

입력되는 각 부분의 설명은 다음과 같다.

① Ch : 전송 채널(2087 또는 2088)

② BW : 채널 주파수 간격

③ MODE : RxTx, Rx, None 설정

④ Power : 12.5W(High) 또는 2.0W(Low)

⑤ Zone Size : 5~8 Nm

⑥ NE Lat, SW Lat, NE Lon, SW Lon : 해당하는 위도, 경도 입력

위의 항목이 원활하게 입력이 정상적으로 완료되면 (F2) APPLY 버튼을 눌러 [그림 3-37]의 화면이 표시되면서 (F1) YES 버튼이나 (F2) NO 버튼을 이용하여 선택할 수 있다.

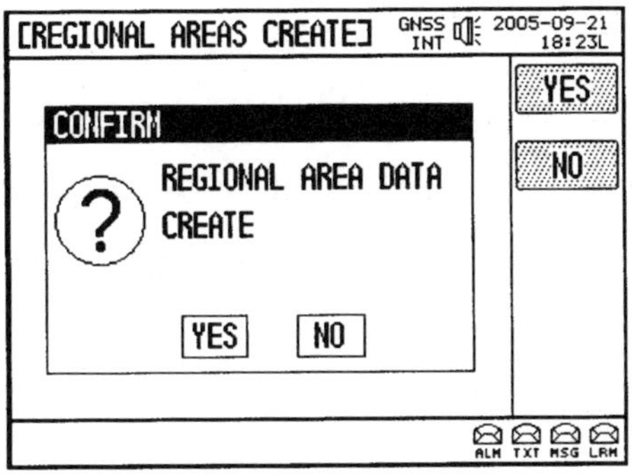

[그림 3-37] 지역 정보 입력 확인 화면

지역설정에서 기존의 내용을 수정하거나 변경하려면 REGIONAL AREAS 화면에서 (F3) EDIT 버튼을 누르면 [그림 3-38]의 화면이 표시된다.

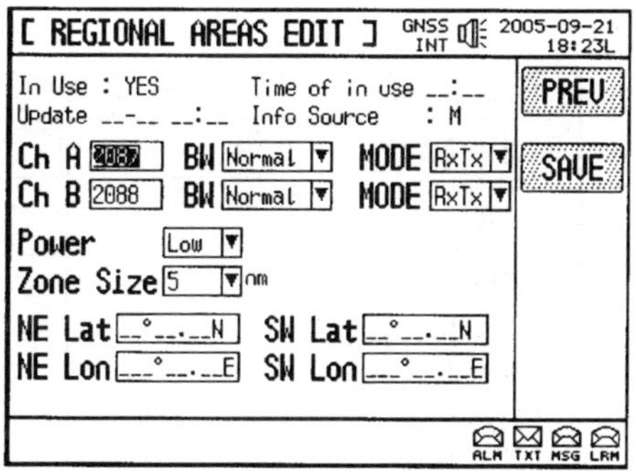

[그림 3-38] 지역 영역 정보 수정 화면

각 항목에 대한 수정 및 변경은 ▼ 버튼 또는 ▲ 버튼을 이용하여 선택한 후 ↵ 버튼을 누르면 해당하는 값을 변경할 수 있다. 저장을 원할 때에는 (F2) SAVE 버튼을 누르면 [그림 3-39]가 나오며 (F1) YES 버튼을 누르면 저장된다.

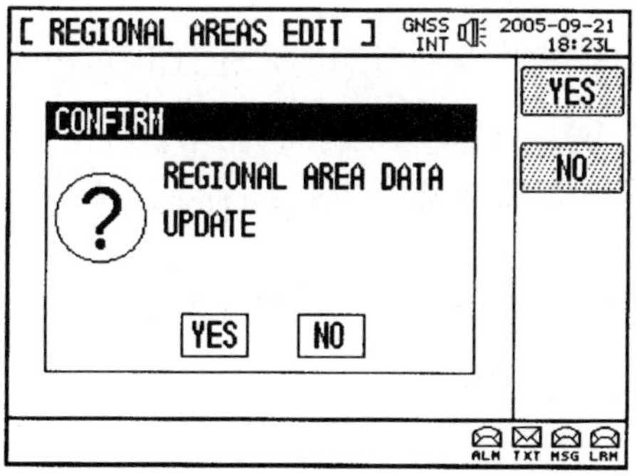

[그림 3-39] 지역 영역 수정 완료 화면

(4) 원거리 모드 설정(LONG RANGE)

원거리 모드 설정은 INMARSAT-C 선박 지구국 같은 원거리 통신 단말기로부터 본선 데이터에 대한 요청에 대하여 자동으로 응답할지 또는 수동으로 응답할지를 설정한다. 사용법은 [INIT SETUP]에서 커서를 4.SET LONG RANGE에 놓고 ↵ 버튼을 누르면 암호입력 화면이 나오고 암호를 입력하면 다시 원거리 모드 설정 화면이 나타난다.

수정방법은 각 항목에 대한 수정 및 변경은 ▼ 버튼 또는 ▲ 버튼을 이용하여 선택한 후 ↵ 버튼을 누르면 해당하는 값을 변경할 수 있다. 저장을 원할 때에는 F2 SAVE 버튼을 눌러 저장되고 초기의 [INIT SETUP] 화면으로 되돌아간다.

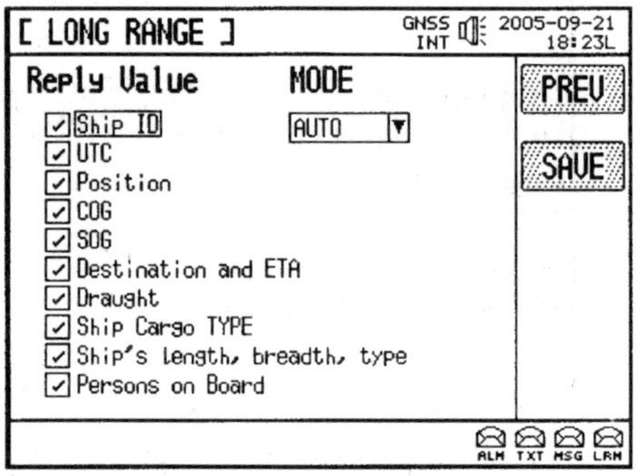

[그림 3-40] 원거리 모드 설정 화면

(5) GPS ANT 위치설정 방법

초기의 TARGET LIST 화면에서 MENU 버튼을 누르고 MENU 화면에서 INIT SETUP을 ↵ 버튼을 이용하여 누른다. INIT SETUP 화면에서 다시 SET GNSS ANTENNA POSITION을 ↵ 버튼을 이용하여 누른다.

그리고 암호 해제를 한 이후에 [그림 3-41]에서 ▼ 버튼 또는 ▲ 버튼을 이용, 각 항목으로 이동하고 선택한 후 ↵ 버튼을 누르면 기존의 정보는 지워지고 새로운 정보를 입력할 수 있다.

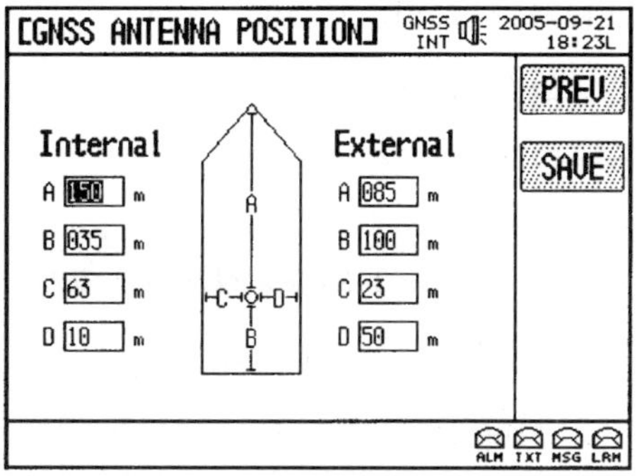

[그림 3-41] 안테나 정보 입력

Internal의 의미는 내부 GPS 기능을 설명하며, 우측의 External은 외부의 GPS antenna의 위치를 말한다. 저장하고자 할 때에는 (F1) YES 버튼을 눌러 저장한다.

2) 작 동

(1) 전원 ON/OFF

장비를 ON하기 위해서는 전원 스위치를 [⏻] 짧게 누르면 초기 화면이 표시되며 동작시킬 수 있다. 전원을 OFF시킬 때에는 전원 스위치를 길게 눌러 전원을 OFF한다.

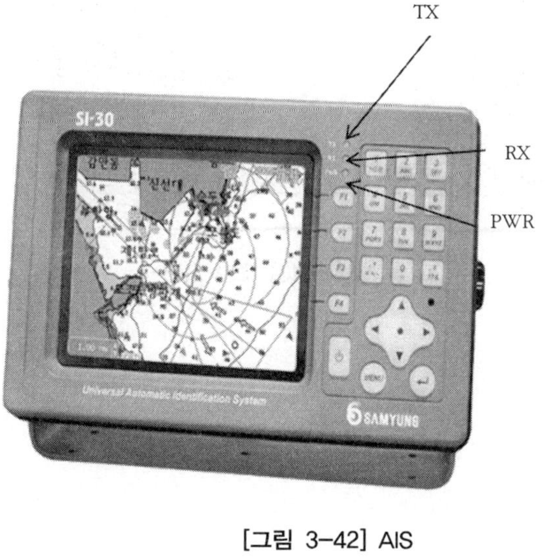

[그림 3-42] AIS

참고로 화면상의 LED가 각각의 기능별로 3개가 있으며, 맨 상단의 TX, 중간 RX, 아래에 POWER LED가 있다.

각각의 기능은 〈표 3-9〉와 같다.

〈표 3-9〉 표시창의 LED 표시

LED	기 능	기타
TX	송신을 나타내는 기능이며, MKD 표시부가 정보를 입력하여 트랜스폰더에 전달시 나타내는 기능이다.	적색 LED
RX	수신을 나타내며 트랜스폰더가 전달한 정보를 MKD 표시부가 받을 때 나타내는 기능이다.	주황색 LED
PWR	MKD 표시부에 전원을 인가하면 나타내는 기능이다.	노란색 LED

(2) 초기화면

전원을 ON하게 되면 [그림 3-43]과 같은 초기 화면이 나타난다.

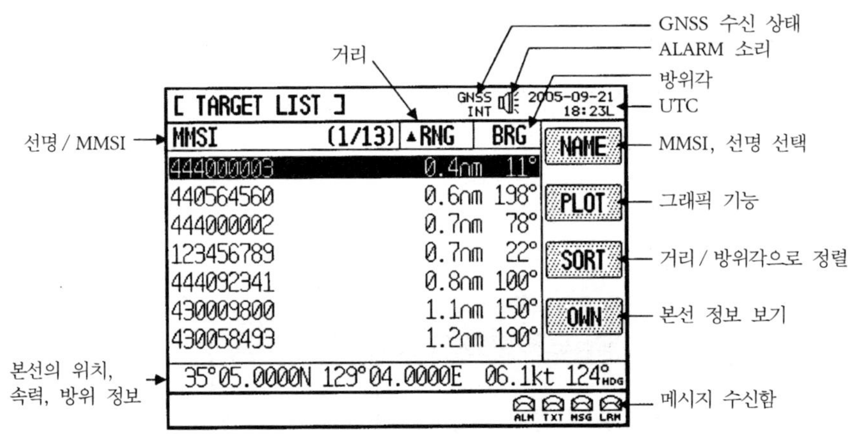

[그림 3-43] 초기 화면

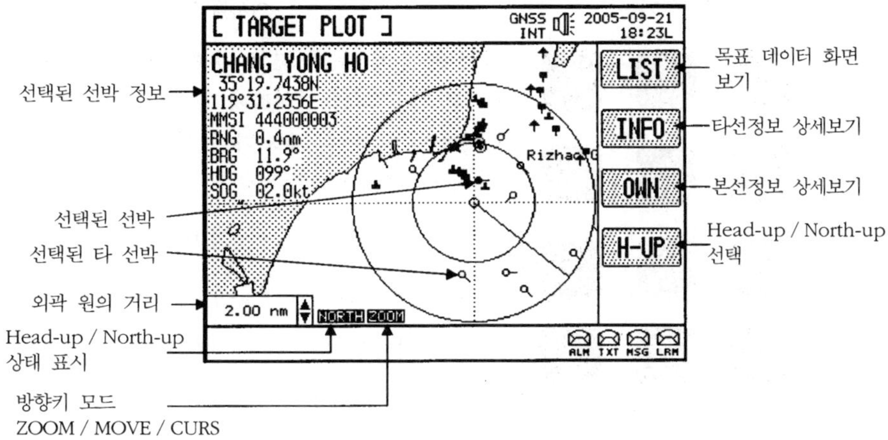

[그림 3-44] PLOT 전환화면

(3) 메시지 항목 표시

초기 화면의 우측 하단에 4개의 아이콘은  메시지 송/수신에 관한 것으로 〈표 3-10〉과 같은 의미를 뜻한다.

〈표 3-10〉 메시지 항목 내용

아이콘	내 용	기 타
	트랜스폰더에서 발생된 경보를 나타냄	
	트랜스폰더에서 각각의 상태를 표시함	
	안전 또는 기타 수신된 메시지 상태를 표시함	
	원거리(long range)와 관련된 메시지 상태를 나타냄	

(4) 버튼 설명

화면상의 버튼의 사용법에 대하여 숙지한다.

버튼 기능	사용 방법
	알파벳, 숫자, 특수 문자 각종 입력 키를 나타낸다. 알파벳 및 각종 키를 입력하기 위해서는 버튼을 누를 때마다 해당하는 문자 및 숫자가 표시된다. 〈플로터 화면에서 기능〉 [1 <([@] _ 타 선박 정보표시 ON / OFF [2 ABC] _ 지명, 수심표시 ON / OFF [3 DEF] _ 거리환 표시 ON / OFF [4 GHI] _ 지명표 ON / OFF [5 KJL] _ 지도 이동 기능 ON / OFF [6 MNO] _ 자선을 화면 중앙으로 이동 ON / OFF [7 PQRS] _ 커서 기능 ON / OFF [8 TUV] _ 확대 [9 WXYZ] _ 축소 [0] _ 타 선박 색상 변경

[그림 3-45] 버튼 기능-1

버튼 기능	사용 방법
	위, 아래, 좌, 우로 이동할 때 사용하는 버튼이다. 또한 지도 및 커서의 이동시에 사용이 가능하다. 입력사항을 지울 때 사용된다.
	전원 스위치로 전원을 ON할 때 또는 전원을 OFF할 때 사용되는 버튼으로 버튼을 누르면 전원이 켜지고, 길게 누르면 전원이 꺼진다.
	메뉴와 관련된 것을 표시하며, 어느 모드에서나 메뉴 버튼을 누르면 언제나 메뉴 모드로 되돌아간다.
	엔터키를 나타내는 버튼으로 해당하는 항목의 선정 또는 개별 항목에서의 부분적인 것을 선택할 때 필요한 버튼이다.
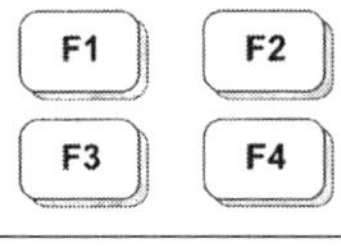	4개로 구성된 Function 키로 MKD의 LCD에 해당하는 키를 나타내며, 총 4개의 버튼(위에서 아래로 F1, F2, F3, F4)으로 구성된다. 이 버튼을 누르면 해당하는 항목의 기능이 수행된다.

[그림 3-46] 버튼 기능-2

(5) 목표 선박 표시

① 목표물 목록 표시

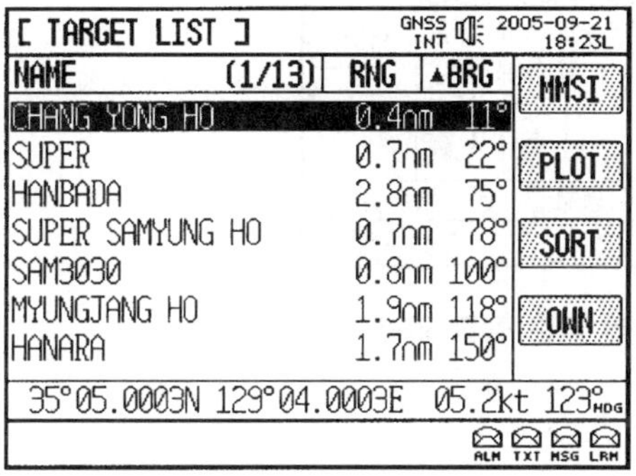

[그림 3-47] 선명 표시

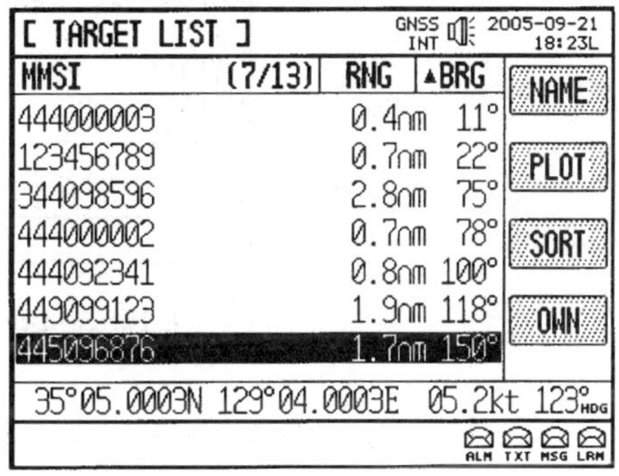

[그림 3-48] MMSI 표시

[그림 3-47]은 선명을 기준으로 표시하고 있으며, [그림 3-48]은 MMSI를 기준으로 표시하고 있다. 만약에 [그림 3-47]에서 [그림 3-48]로 표시를 원하는 경우에는 우측의 F1 MMSI 버튼을 누르면 목표물 목록의 선명에서 MMSI으로 전환되어 표시가 가능하다.

[그림 3-48]에서는 선박 목록의 표시는 총 13개의 목표물의 정보를 가지고 있으며, 검게 표시된 부분은 445096876 1.7nm 150°로 표시된 항목은 7번째 정보를 표시하고 있다는 것을 의미한다.

13개의 정보를 처음부터 검색하는 방법은 [그림 3-48]의 화면에서 커서 [▼] 버튼 또는 [▲] 버튼을 이용하면 된다. [◀] 버튼은 이전의 화면으로 이동이 가능하며, [▶] 버튼을 누르면 다음 페이지로 전환이 가능하다.

② 목표물을 거리 순서로 표시하는 방법

여러 가지의 기능 버튼을 이용하여 목표물을 거리별로 정리하는 방법은 초기의 화면에서 (F3) SORT 버튼을 누르면 [그림 3-49]와 같이 표시된다. 거리를 기준으로 정리한 화면은 화면상단에 ▲RNG 표시가 된다. 이때 화면의 상하이동과 페이지 단위의 이동은 커서를 이용하여 가능하다.

[그림 3-49] 거리 기준 정렬 화면

③ 목표물을 방위각 순서로 표시하는 방법

목표물을 거리 순서로 표시한 화면에서 (F3) SORT 버튼을 누르면 [그림 3-50]과 같이 표시된다. 방위각을 기준으로 정리한 화면은 화면 상단에 **▲BRG** 표시가 된다. 이때 화면의 상하이동과 페이지 단위의 이동은 커서를 이용하여 가능하다.

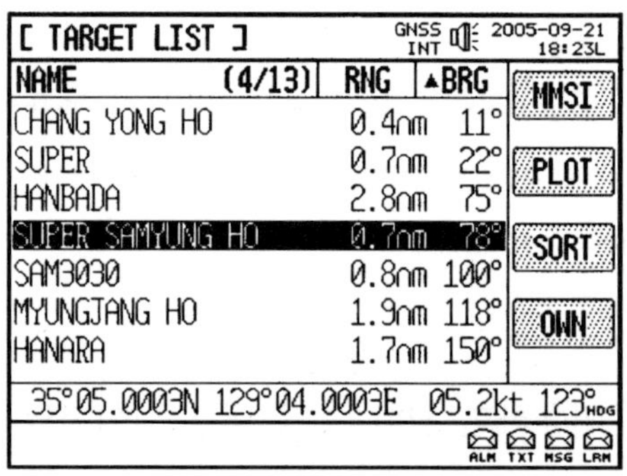

[그림 3-50] 방위각 기준 정렬 화면

④ 플로터(그래픽)화면 표시 방법

목표물을 그래픽 화면으로 표시하는 방법으로 초기 화면에서 (F2) PLOT 버튼을 누르면 그래픽 화면으로 전환된다. 그리고 플로터 화면은 진북방향(North-Up)과 배의 선수방향(Head-Up)으로 표시가 가능하다.

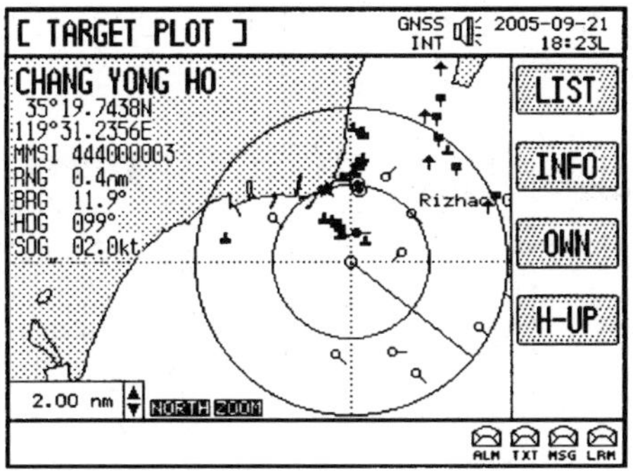

[그림 3-51] North-Up

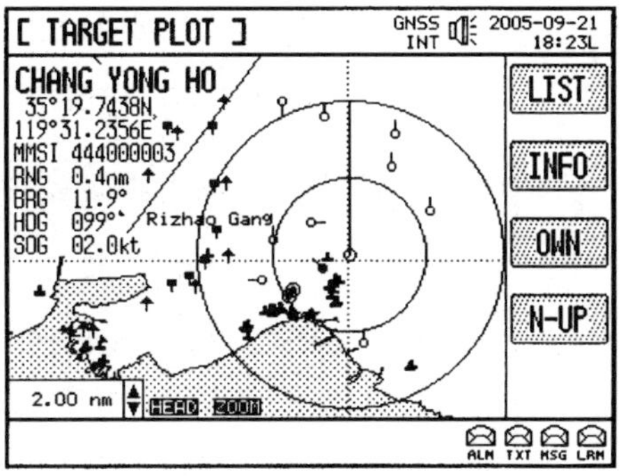

[그림 3-52] Head-Up

[그림 3-51]의 진북방향 화면에서 F4 H-UP 버튼을 누르면 [그림 3-52]와 같이 선수방향이 표시된다. 플로터 화면에서는 표시되는 거리의 조정은 최소 0.25nm에서 최대 64nm까지 표시가 가능하며, 표시 범위를 선택하기 위해서는 ▼ ▲ 버튼 혹은 8 TUV (확대), 9 WXYZ (축소) 버튼을 이용하여 조절이 가능하며 거리에 대한 표시는 좌측하단에 거리와 위아래 방향을 나타내는 표시 ▼ ▲ 버튼을 이용하여 타 선박의 정보를 이용하여 검색할 수 있다. 플로터 화면에는 해도를 더 넓게 보고 이동하기 위해 다양한 방법이 제공된다.

㉠ 플로터 화면이 표시되고 10초가 지나면 자동으로 표시줄([TARGET PLOT] 라고 표시)과 기능키 표시줄(LIST, INFO, OWN, N-UP이라고 표시된 부분)이 사라진다. 이 때 F2, F3, F4 버튼 중 하나를 누르면 사라졌던 제목 표시줄과 기능키 표시줄이 표시된다. 그리고 10초가 지나면 다시 사라진다.

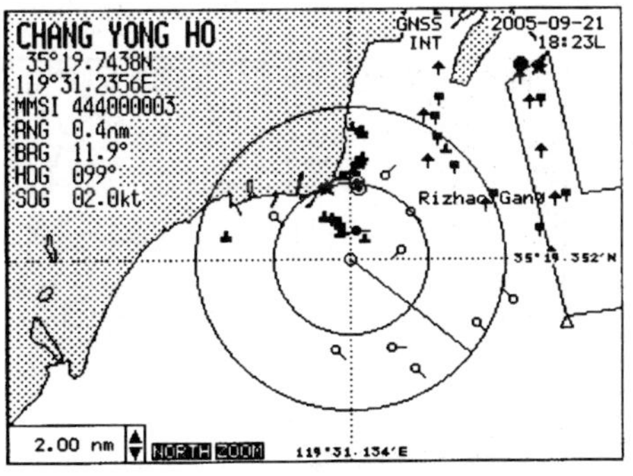

[그림 3-53] 화면창의 전환-1

㉡  버튼을 누를 때마다 [그림 3-54], [그림 3-55]처럼 선택된 선박정보를 표시 및 제거할 수 있다.

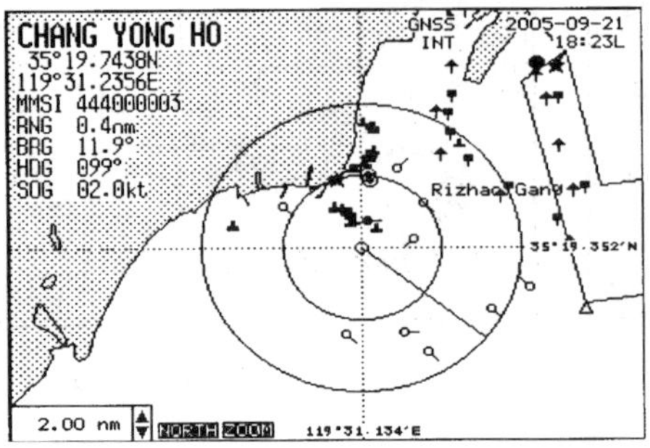

[그림 3-54] 화면창의 전환-2

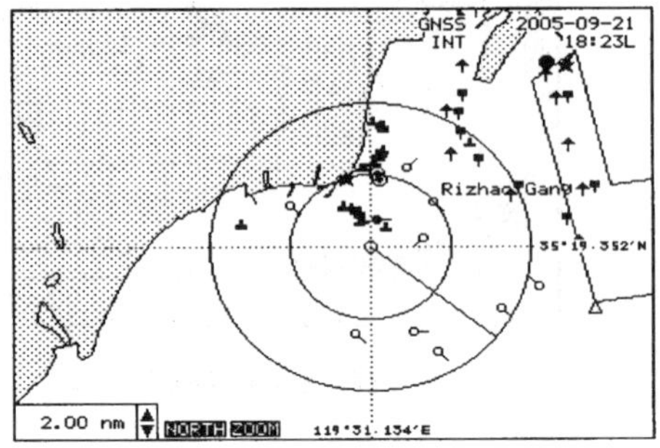

[그림 3-55] 화면창의 전환-3

㉢ [그림 3-56]처럼 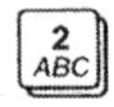 버튼을 누르면 해도상에 문자정보(지명, 수심 등)를 표시되게 하거나 사라지게 할 수 있다.

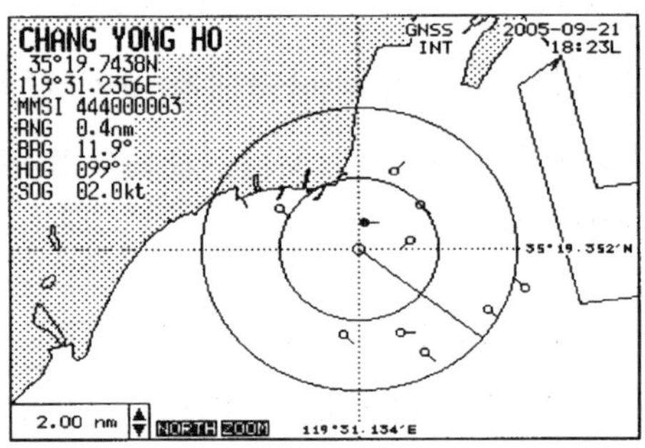

[그림 3-56] 화면창의 전환-4

㉣ [그림 3-57]처럼  버튼을 누르면 자선을 중심으로 그려진 거리환(range ring)을 표시되게 하거나 사라지게 할 수 있다.

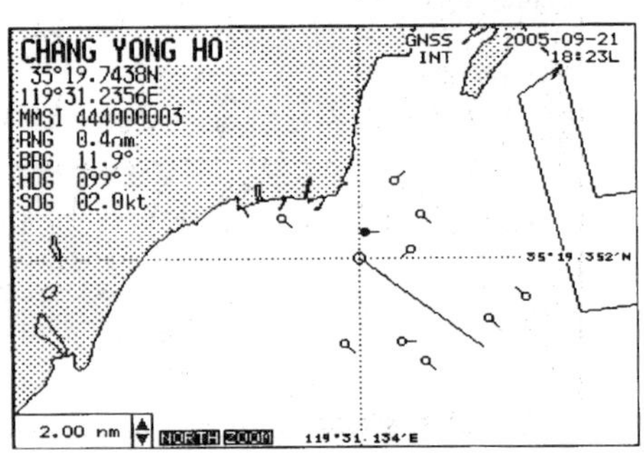

[그림 3-57] 화면창의 전환-5

ⓜ [그림 3-58]처럼 [4 GHI] 버튼을 누르면 배경에 그려진 해도를 표시되게 하거나 사라지게 할 수 있다.

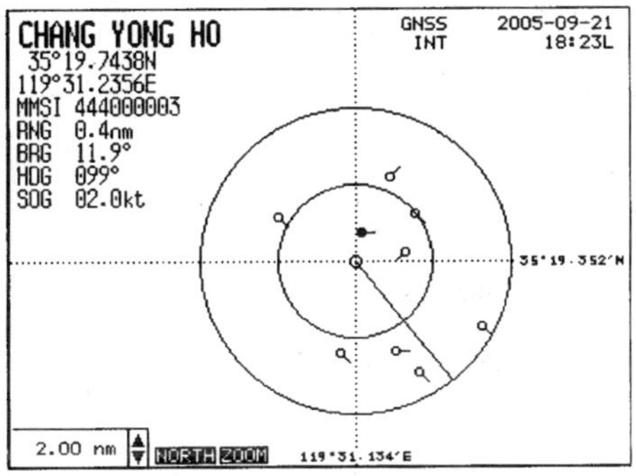

[그림 3-58] 화면창의 전환-6

ⓑ [그림 3-60]처럼 [5 KJL] 버튼을 누르면 방향키(▼, ▲, ◀, ▶ 버튼)을 이용하여 해도를 이동할 수 있다.

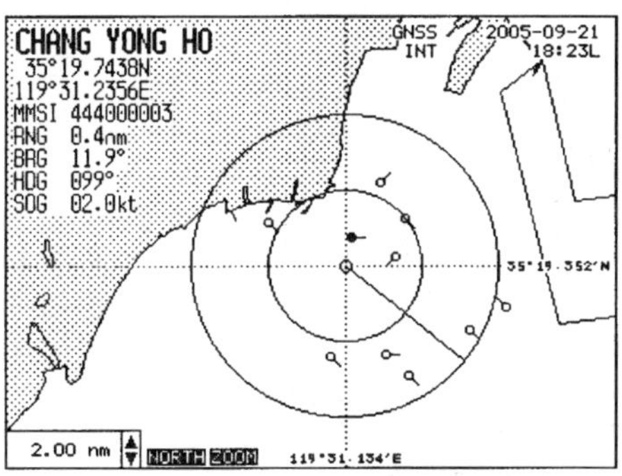

[그림 3-59] 화면창의 전환-7

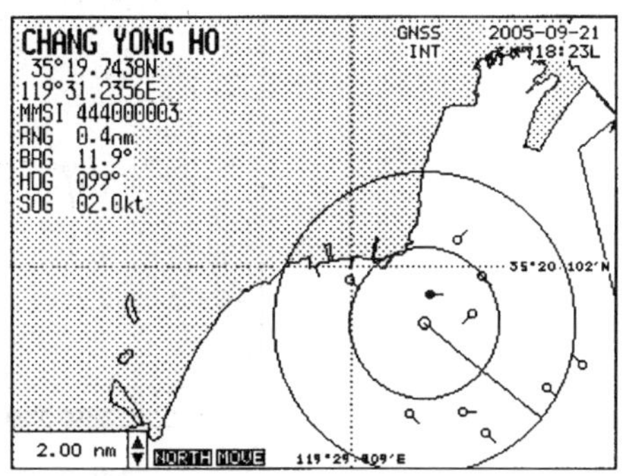

[그림 3-60] 화면창의 전환-8

화면 왼쪽 하단에는 MOVE라는 단어가 표시된다. 지도 이동 후 [5 KJL] 버튼을 한 번 더 누르면 MOVE라는 단어가 없어지면서 방향키(▼, ▲, ◀, ▶ 버튼)는 확대(▲), 축소(▼) 및 물표선택(◀, ▶) 동작을 하게 된다. 해도가 이동한 상태에서 자선을 화면 중앙에 표시하기 위해서는 [6 MNO] 버튼을 누르면 된다.

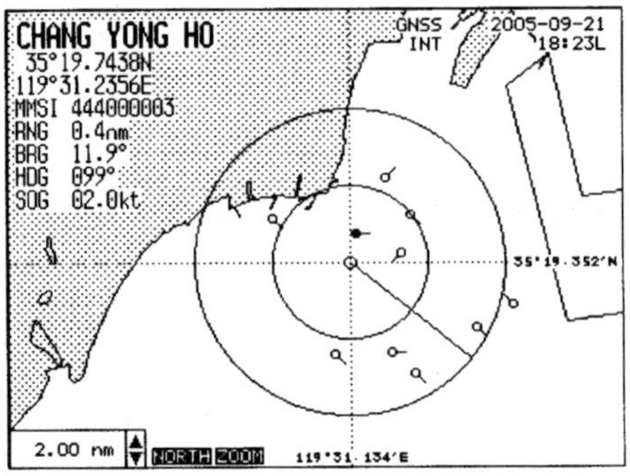

[그림 3-61] 화면창의 전환-9

[그림 3-61]은 자선을 화면 중앙에 표시한 화면이다. [5 KJL] 버튼을 눌러서 이동모드가 해제되면 자선을 중심으로 해도가 다시 나타난다.

ⓢ 일곱 번째, [7 PQRS] 버튼을 누르면 다음과 같이 커서가 표시되며 커서를 이용하여 지도의 이동 및 타 선박 선택이 가능하다.

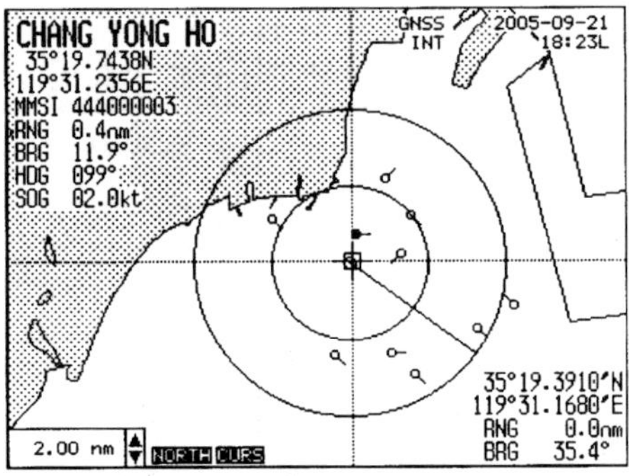

[그림 3-62] 화면창의 전환-9

커서는 방향키([▼], [▲], [◀], [▶]) 버튼을 이용하여 움직일 수 있고, 커서가 화면 밖으로 나가면 자동으로 커서가 있던 곳이 화면 중앙으로 이동하게 된다. 커서를 타 선박 가까이 이동하면 그 선박이 선택되고 왼쪽 상단에 선택된 선박정보가 표시된다.

커서가 표시되면 화면 오른쪽 아래에 커서가 위치한 곳의 위도/경도 값과 자선으로부터의 거리(RNG)와 방위(BRG)가 표시된다.

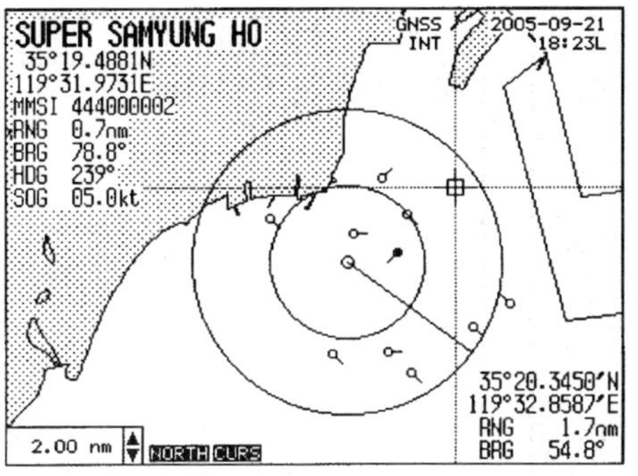

[그림 3-63] 화면창의 전환-10

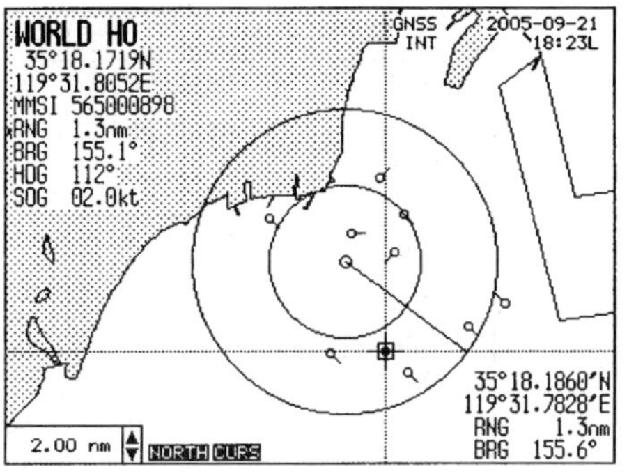

[그림 3-64] 화면창의 전환-11

다시 [7 PQRS] 버튼을 누르면 커서가 해제되고, 자선의 위치를 중심으로 해도가 다시 표시된다.

⓪ 마지막으로 [0] 버튼을 누르면 타 선박들의 색상을 변경할 수 있다. 변경 가능한 색상은 초록색, 하늘색이며 [0] 버튼을 누를 때마다 세 가지 색상이 차례대로 선택된다. (초기화면은 초록색으로 설정되어 있다.)

플로터 화면에서 (F1) LIST 버튼을 누르면 초기화면의 목표물 목록 화면 모드로 전환이 된다. 플로터 화면에서 제공되는 정보는 목표물에 대한 기본적인 정보이며 상세한 정보를 필요할 때는 (F2) INFO 버튼을 누르면 [그림 3-65]와 같이 관련된 정보를 표시한다.

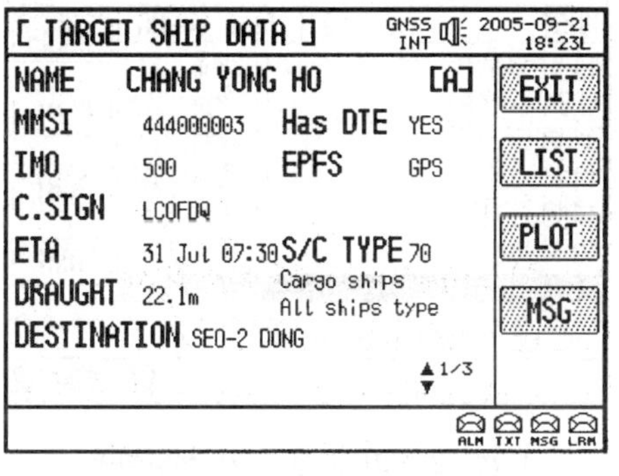

[그림 3-65] 화면창의 전환-12

화면 우측 하단의 ▲▼1/3의 의미는 세 페이지 중 첫 번째 페이지의 정보를 나타내며, [▼] 버튼을 이용하면 ▲▼2/3 및 ▲▼3/3 해당하는 정보가 [그림 3-66], [그림 3-67]과 같이 표시된다.

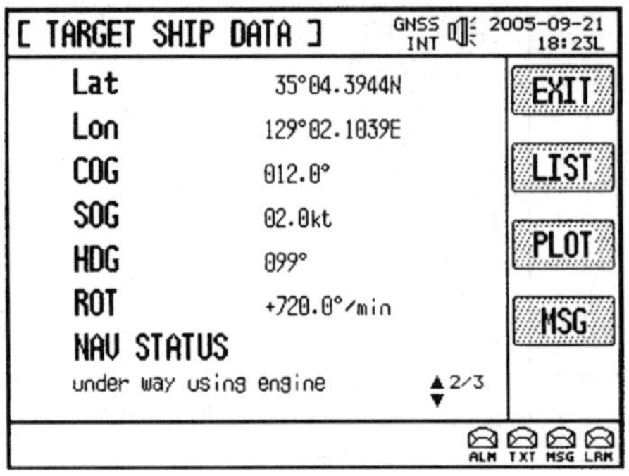

[그림 3-66] 화면창의 전환-13

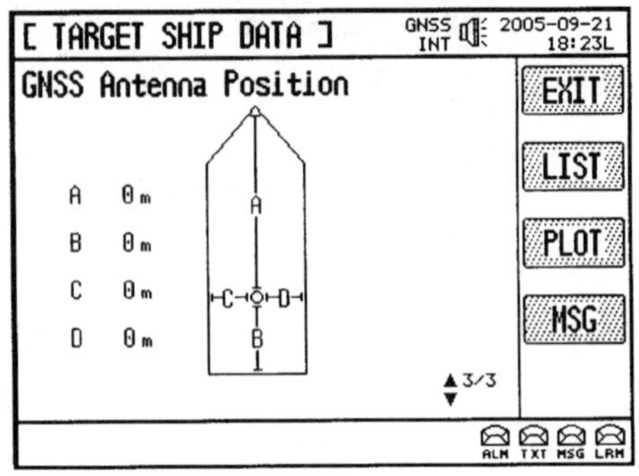

[그림 3-67] 화면창의 전환-14

(F2) LIST 또는 (F1) EXIT 버튼을 누르면 초기 화면으로 돌아가며, (F3) PLOT버튼을 누르면 바로 전 플로터 화면으로 돌아간다.

⑤ 본선 정보 표시 방법

정적 정보, 동적 정보, 그리고 항해와 관련된 정보를 한눈에 볼 수 있는 방법이다.

[그림 3-68]과 같은 초기화면에서 (F4) OWN 버튼을 누르면 본선과 관련된 정보를 3페이지로 나누어 볼 수 있다. 각 페이지의 열람은 (▼) 버튼을 이용한다.

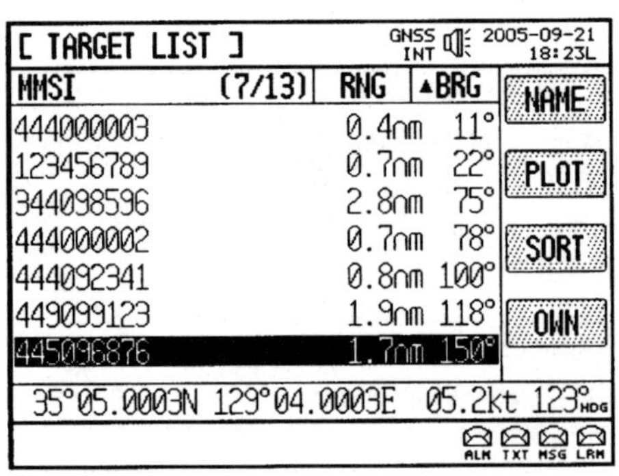

[그림 3-68] 본선 초기 정보화면

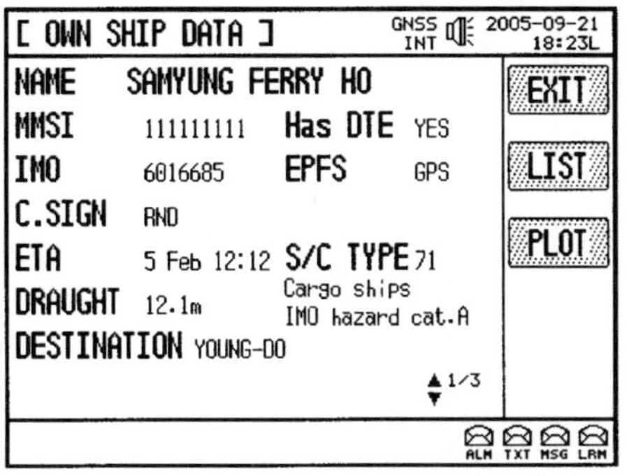

[그림 3-69] 본선 정보의 첫 페이지

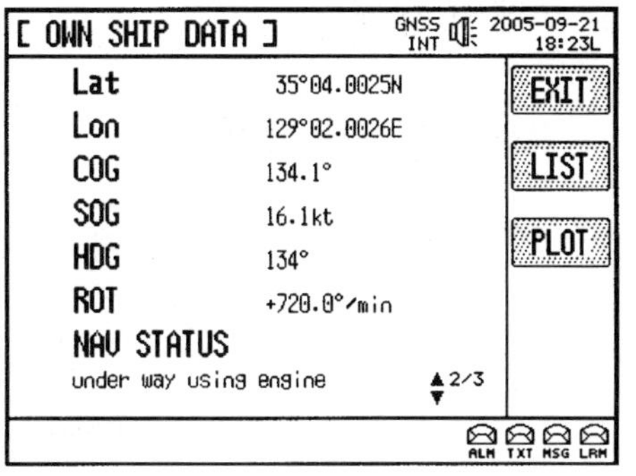

[그림 3-70] 본선 정보의 두 번째 페이지

첫 페이지([그림 3-69])는 선명, MMSI번호, IMO번호, 호출부호와 같은 정적 정보를 표시하며, 또한 선박의 종류 및 흘수, 도착예정시간, 목적지 등을 표시한다. 두 번째 페이지([그림 3-70])는 위도, 경도, COG(Course Over Ground), SOG(Speed Over Ground), Heading 값, ROT(Rate Of Turn), 항해상태 등을 표시한다. 세 번째 페이지([그림 3-71])는 GNSS 위치와 관련된 정보를 표시하며 내부(Internal) GNSS 위치정보 및 외부(External) GNSS 위치정보를 나타낸다. 이 화면에서 (F3) PLOT 버튼을 누르면 플로터 화면으로 되돌아가며, (F2) LIST 또는 (F1) EXIT 버튼을 누르면 초기 화면으로 복귀한다.

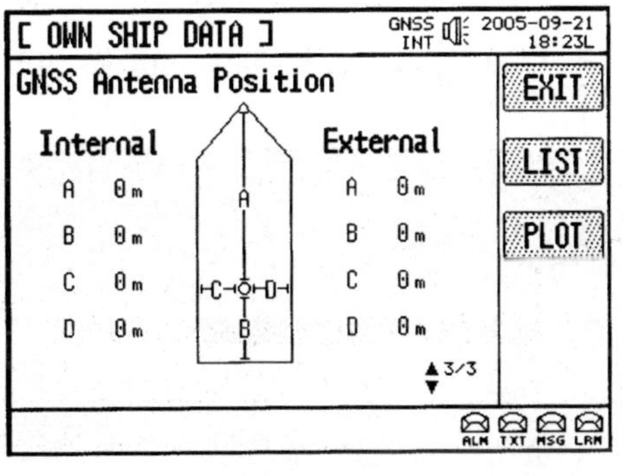

[그림 3-71] 본선 정보의 세 번째 페이지

2.5 AIS의 응용

2.5.1 AIS의 응용

어떤 선박이 초인되었을 때 AIS는 그 선박을 목표물로써 추적하는 것을 도울 수 있다([그림 3-72] 참조).

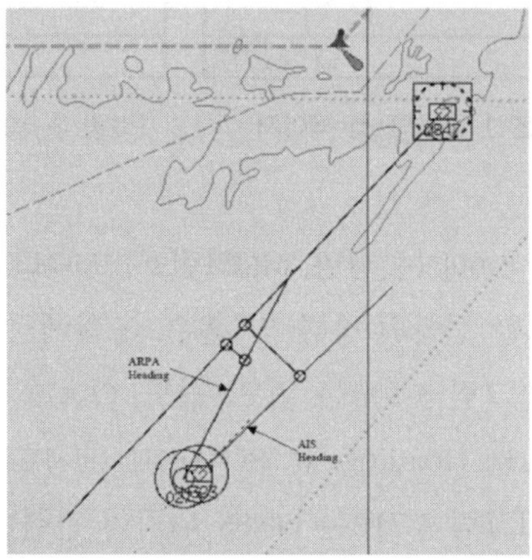

[그림 3-72] 추적 물표의 AIS와 레이더의 표시 차이점

그 목표물로부터 송신되는 정보를 보고 그 목표의 움직임을 쉽게 볼 수 있다. 선수방위와 침로에 변경이 있으면 즉시 나타나고, 레이더에 의하여 목표를 추적하는데 일반적인 많은 문제, 즉 인접한 타 선박으로 목표물의 전이와 급속한 선회에 따른 목표물 상실 등과 같은 것은 AIS에 영향을 주지 않는다.

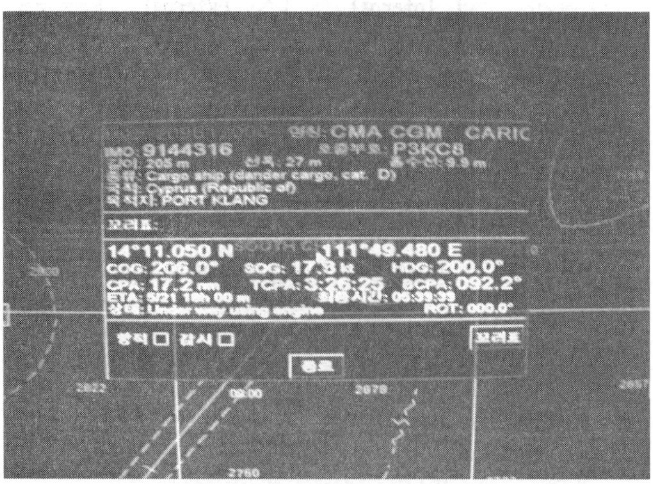

[그림 3-73] AIS를 이용한 전자해도에서의 타 선박정보

선명, 호출부호, 선종 및 항해 상황에 대하여 목표물을 식별하는데 도움을 줄 수 있다. 그리고 AIS는 CPA 및 TCPA와 같은 충돌회피 변수를 이용한 적절한 회피동작이 가능하며, 특히 만곡부 등 Radar상의 음영 / 맹목 구간에서 활용이 높다([그림 3-74] 참조).

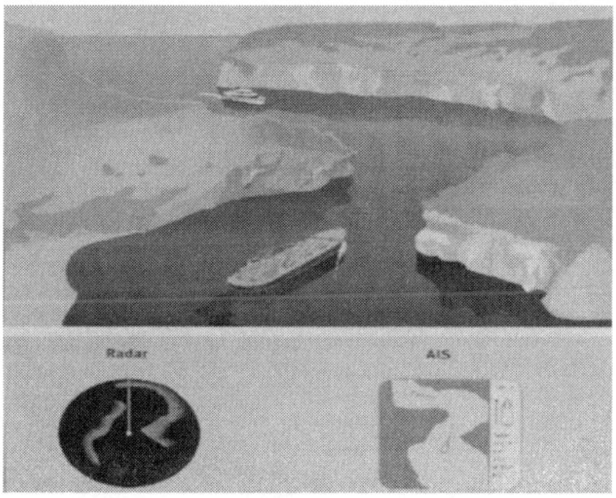

[그림 3-74] 만곡부에서의 AIS의 활용

[그림 3-75], [그림 3-76]과 같이 선박이 시계가 불량한 협수로를 항해시 레이더 전파가 주변의 산과 언덕으로 가려져 레이더 모니터상에는 아무것도 나타나지 않으나, AIS VHF안테나가 360도 전 방위에 걸쳐 수평면을 자유롭게 볼 수 있기 때문에 AIS장비에 수신된 정보에는 만곡부 입구에서 조우하게 될 선박의 선명, 선속, 코스 등이 나타나 안전항해에 도움을 준다.

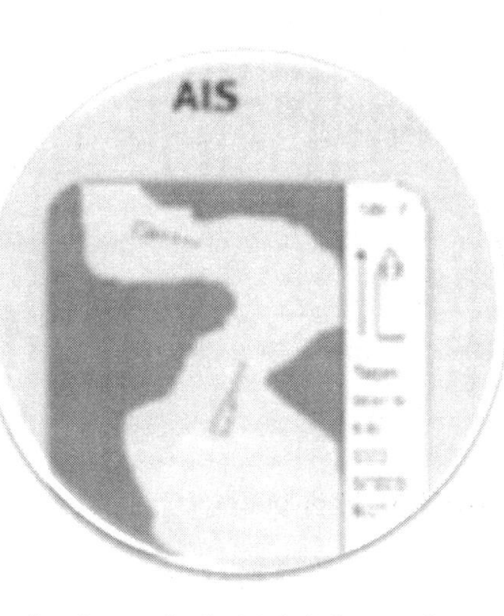

[그림 3-75] 만곡부에서의 AIS 정보

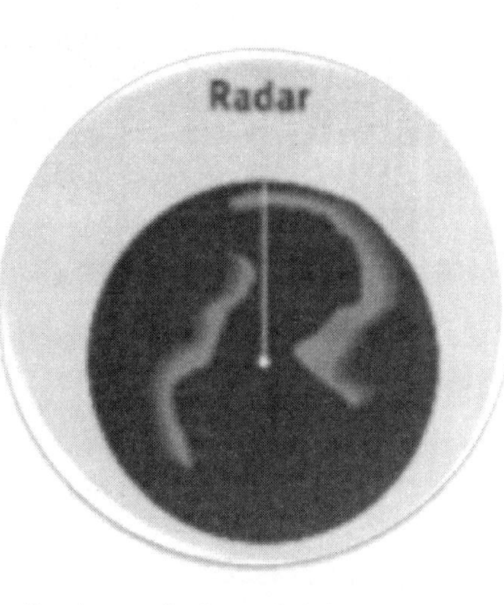

[그림 3-76] 만곡부에서의 레이더 화면

AIS는 CPA 및 TCPA와 같은 충돌회피 변수를 이용한 적절한 회피동작이 가능하며, ECDIS(전자해도)와 연동하여 AIS 탑재선박은 전자해도에서 인식 가능하다([그림 3-77] 참조).

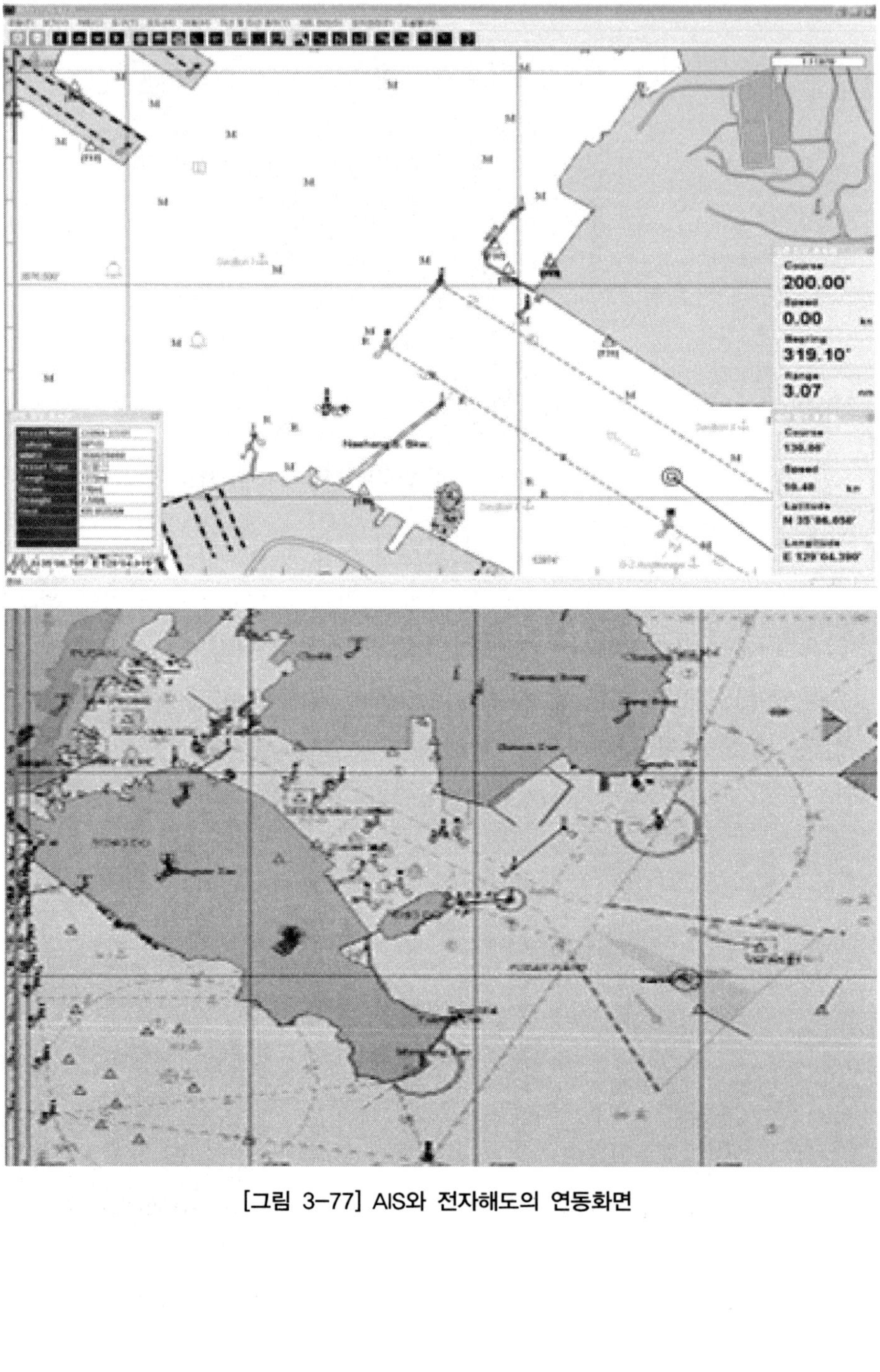

[그림 3-77] AIS와 전자해도의 연동화면

2.5.2 AIS의 기타 응용

1) SAR(Search And Rescue)와 AIS

AIS는 주로 헬리콥터와 함께 해상의 합동수색과 같은 수색과 구조작업에서 이미 사용하고 있었다. AIS는 조난당한 선박의 위치를 SAR 선박이 보유하고 있는 ECS/ECDIS 또는 레이더와 같은 표시장치에 직접 나타낼 수 있다.

조난선을 어떤 특정한 심벌로 표시하여 수색 및 구조작업을 하고, AIS를 탑재하고 있지 않은 조난선에 대해서는 현장 지휘선이 가능한 범위오차 내에서 가상의 AIS 심벌을 만들어 수색 및 구조작업에 응용할 수 있다.

2) 항해원조설비(항로표지)

입표 및 부표 등과 같은 항로표지에 부착된 AIS는 항해사에게 다음과 같은 정보를 제공할 수 있다.

① 위치
② 상태
③ 조석 및 조류 데이터
④ 기상 및 시정 상태

3) 종합정보 시스템에서의 AIS

AIS는 항해계획과 모니터링을 지원하는 종합적인 국제해양정보 시스템으로서의 역할을 할 것이다. 이것은 행정당국이 관계하는 지역에 있는 모든 선박감시를 도와주고, 위험화물적재 선박을 추적 감시할 수 있다.

2.5.3 AIS의 운용상 한계

1) AIS의 감시범위

VHF 주파수를 사용하므로 감시범위가 해안으로부터 30마일로 제한된다. 이는 화물선의 경우에는 별 문제가 없으나 어선의 경우에는 효과가 없는 시스템이 된다. 따라서 이러한 선박을 위한 별도의 광역감시가 가능한 시스템을 도입할 필요가 있다.

2) 여러 전자장비와의 호환성 문제

AIS 시스템을 통하여 들어오는 정보가 전자해도 등의 다른 장비에 표시될 때 다른 선박의 위치 및 속력 등의 정보가 정확하게 표시되어야 한다.

3) 모든 선박이 하나의 통일된 시간대를 사용

AIS의 시분할 방식의 효율적인 사용을 가능하게 하기 위해서는 모든 선박이 장치에 대한 공통의 시간을 사용하여 정보를 교환하여야 혼란을 막을 수 있다. 이러한 혼란을 막기 위해 GPS 시간에 의한 STMDA 방식을 이용하고 있다.

4) 시스템의 용량

육상의 정확한 지역 내에 있는 시스템에 의해 무선 채널의 과부하 없이 얼마나 많은 사용자들이 정확한 정보를 획득하는 문제가 중요하다. 특히 선박의 통항이 많은 해역에서 무선 채널의 과부하는 정보의 업데이트 누락 가능성이 있으므로 선박의 통항이 복잡한 지역에서의 시스템의 용량 문제는 매우 중요하다.

5) 레이더 미세조정의 중요성

AIS 탑재 선박의 당직사관은 소형선을 찾기 위해 레이더의 미세조정이 필요함을 잊을 가능성이 있는데, 현재 AIS는 소형 보트들을 탐지하기에는 부족하므로 AIS와 레이더의 차이점을 파악하여 레이더 튜닝 및 게인 조정 등의 중요성을 인식하고 있어야 한다.

6) 높은 갱신율의 필요

AIS와 레이더의 갱신율을 같게 하여 AIS의 심벌이 레이더에 탐지되지 않는 작은 시간차가 생기는 상황을 방지해야 한다.

7) 가 격

AIS 수신기의 보급가격이 비싸므로 어선 및 소형선 등에서는 장비의 설치를 꺼리게 된다. 이는 AIS 본래 목적에 다르게 효과가 떨어지는 결과를 초래한다.

8) 레이더 영상과 AIS 정보표시의 불일치

AIS의 선박표시는 GPS 또는 DGPS 선위 시스템의 안테나 위치를 기준으로 선박을 나타내는데 반해 레이더 영상은 반사파로 상을 구현하는 것이므로 이들 사이에 오차가 발생할 뿐만 아니라 모양도 다르게 표시된다. 이는 특히 짧은 거리에서 크게 나타난다.

9) AIS 미 탑재 선박 및 상대선박의 정보를 입력하지 않은 경우

타선박의 정보 수신이 불가능하며, 잘못 설정 또는 보정된 선박 센서(위치, 선속 및 선수방위 센서)는 잘못된 정보를 송신할 수 있다.

10) 외력의 영향

외력의 영향으로 수신정보의 부정확성이 발생할 수 있다.

3. E-Navigation

3.1 E-Navigation의 개요

3.1.1 E-Navigation의 도입 배경

국제 교류가 확대되고 고속화와 대형화 추세인 해운산업의 중요성이 새롭게 인식되고 있는 21세기에 들어 다양한 전자정보기술이 발전하면서 해양 및 해운산업에 관련된 다양한 정보를 빠르고 안정적으로 전송해야 하는 필요성이 대두되고 있다. 특히 운항 선박 간 그리고 선박과 육상 기관간의 정보교류의 필요성이 높아지고, 이러한 정보는 선박의 신원확인부터 다양한 운항정보 그리고 해양 및 기상 환경정보까지 매우 많은 양의 데이터를 포함하고 있다.

이에 따라 이러한 정보들을 빠르고 안정적이며 전 해역을 커버하는 통신 시스템을 통하여 전달할 필요성이 요구되고 있다.

지난 1세기 동안 전통적인 레이더 장비에 추가하여 전자해도와 위성항법장비 등 개별 장비들은 선박의 위치를 디지털 기술로 종이가 아닌 전자 모니터상에 구현할 수 있도록 하였고, 선박의 위치정보를 포함하는 선박자동식별장치(AIS), 전자해도표시시스템(ECDIS) 등 각종 항법보조장치가 개별적으로 개발되어 왔으나, 일정한 기준 없이 무분별하게 운영되어 왔다.

이에 첨단 IT 기술기반의 다양한 항법보조장치의 통합과 사용자의 편의를 위한 통합항법장치의 국제기준화가 시도되고 전자정보기술의 발전으로 해양전자정보기술의 발전은 E-Navigation이라는 개념으로 정립되어 발전되고 있다.

3.1.2 E-Navigation 세계동향

2006년 IMO에서는 "E-Navigation은 운항에 관련된 다양하고 조화된 통합정보는 전자기술을 기반으로 선박과 육상에 공급함으로써 선박 운항에 관련된 서비스와 안전 및 보안, 그리고 해양환경 보호에 기여하는 것이다."라고 말하였다.

E-Navigation 서비스를 통하여 선박 운항관리의 효율성 및 안정성을 증가시킬 수 있으며, 선박과 선박, 선박과 육상관리자 그리고 관련기관 간의 정보교환이 가능하도록 인프라의 제공이 가능하다.

E-Navigation은 빠르게 발전하는 IT 기술에 발맞추어 다양한 선박운항정보와 해양환경정보를 다기능 디스플레이(MFDs : Multi-Function Displays)를 통하여 제공하고 선박의 안전운항 및 경제성 향상, 사고구조활동, 해양안전보장, 해양환경보호활동 및 해양자원의 보전 등에 효율적으로 사용될 것으로 예상된다 (Patraiko, 2007).

국제항로표지협회(IALA) 및 국제해사기구(IMO)는 계속적으로 E-Navigation의 개념을 발전시키고 정립시키기 위해 호주의 Australian Maritime Safety Authority에서 제안된 [그림 3-78]과 같은 개념도를 제시하였다.

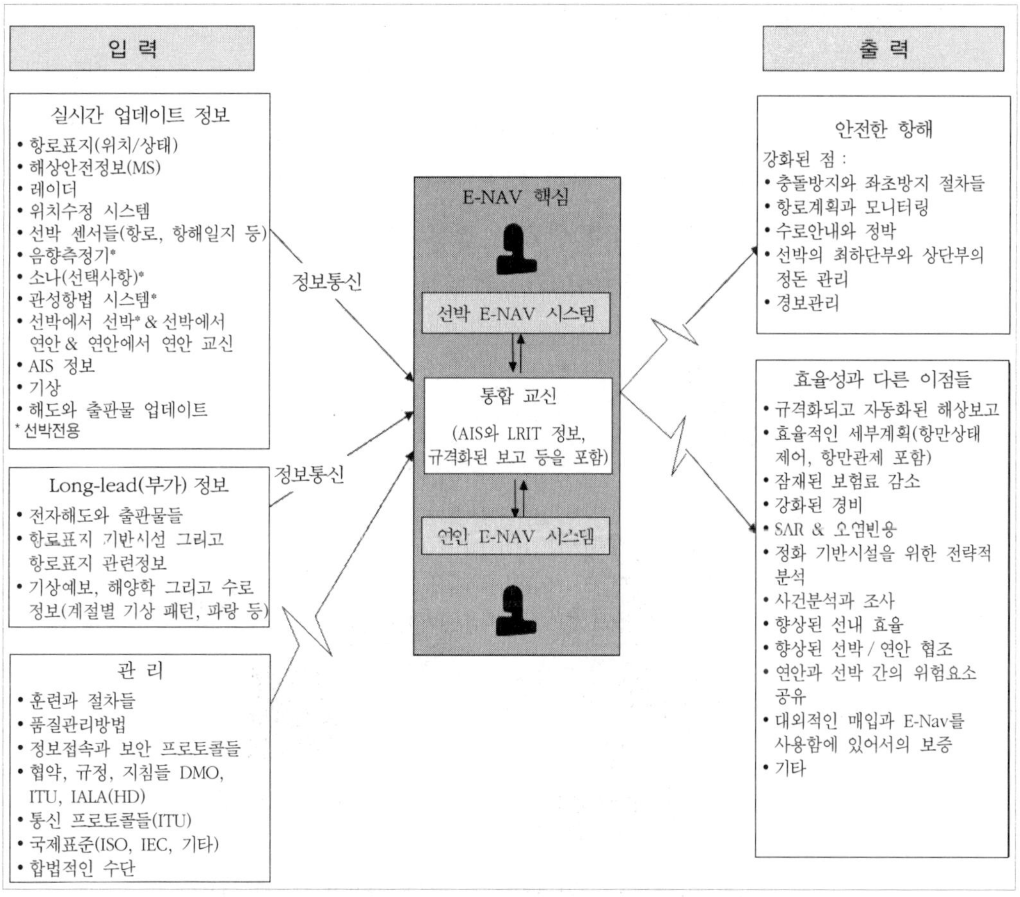

[그림 3-78] E-Navigation 서비스 개념도(IHO, 2007)

3.2 집약관리 시스템의 종류

3.2.1 항로표지시설을 이용한 집약관리 시스템

1) 항로표지시설의 장점

선박의 안전운항에 필요한 부가정보는 항로표지 시설정보(시설위치, 정상작동 현황 등)와 해양 및 기상환경정보 등으로 육상과 달리 관련시설의 인프라는 전적으로 해상 및 연안에 설치된 항로표지시설에 의존해야 하여야 하고 항로표지시설은 단순히 등불을 밝히는 시설에서 발전하여 다양한 해양 및 기상 센서가 설치된 모니터링 기지국의 역할 뿐만 아니라 다양한 정보를 전달하고 중계하는 통신중계국으로서 역할을 한다.

2) 항로표지시설을 이용한 해양 및 기상 모니터링 시스템

기본적으로 해양 및 기상 모니터링 시스템은 무선 인터넷 통신망을 이용하여 센서로부터 관측된 자료를 현장에서 실시간 계산과 관리를 거친 후 지정된 서버에 데이터를 전송한다. 그리고 현장 시스템의 제어(샘플링 주기, 전송주기, 시스템 리셋, 운용효율성 검토 등)가 필요한 경우 관리자가 현장 시스템에 접속하여 제어할 수 있도록 양방향 통신이 가능하도록 설계하는 것이 일반적이다.

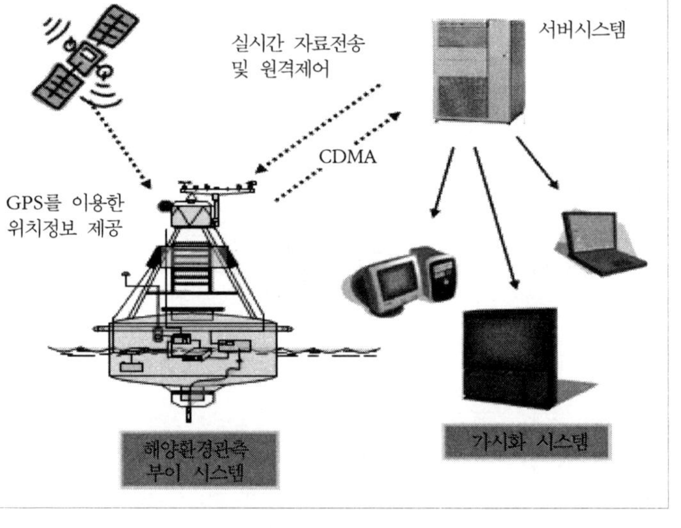

[그림 3-79] 기상 및 해양환경 원격집약관리 시스템 구성도

특히 자연적으로 시공간적 변동성이 큰 해양환경에서 안전운항에 도움을 주는 정보를 제공하기 위해서 그리고 해양환경의 이해와 보전을 위한 자료축적 측면에서도 장기적이고 체계적인 모니터링 시스템의 구축이 필수적이다. 또한 최근 해양환경연구의 세계적 기술방향도 장기적, 체계적이며 비용이 효과적이고 상시 감시가 가능한 해양환경 관측망 시스템을 이용하는 방향으로 추진되고 있다.

3) 항로표지집약관리 시스템의 도입현황

국토해양부는 1999년부터 울산, 목포, 진도, 군산 및 평택과 제주지역의 항로표지시설에 항로표지집약관리 시스템을 설치하여 원격에서 항로표지의 현황을 모니터링하고 무인관리를 시행하고 있다. 이를 통하여 무인표지의 전압, 전류 및 전력상태를 모니터링함으로써 축전지와 태양전지 등 전원공급원의 이상 유무를 즉각적으로 판단할 수 있어 신뢰성이 향상되고, 시간과 공간을 초월하여 원격에서 감시 및 제어가 가능해져 항로표지 관리업무의 질적 향상을 도모하고 있다.

그러나 현재의 항로표지집약관리 시스템은 항로표지의 전원관리와 등명부의 원격관리는 효율적으로 시행하고 있으나, 실제 항로표지의 사용자인 선박에게는 직접적으로 그 정보를 제공하지 못하고 있다.

〈표 3-11〉 항로표지집약관리 시스템 구축현황(국토해양부, 2006년)

구 분	울산	목포	진도	군산	제주	평택
항로표지시설	37	97	79	67	110	55
종합정보센터	1	1	1	1	1	1
집중관리센터	-	4	4	2	5	-
통신방식	VHF	VHF	VHF	VHF	VHF	UHF
구축 연도	1999.12		2005.3		2005.12	

국제항로표지협회에서는 이와 같은 문제점을 극복하고자 AIS 통신 모듈을 항로표지에 설치하고 특정 메시지 번호(MSG 21번)를 부여하여 항로표지 인근을 운항하는 선박에 직접 항로표지의 위치정보와 현황을 제공하도록 권고하고 있다.

또한 항로표지에 부가적으로 설치할 수 있는 기상 및 해양 센서로부터 획득된 자료는 메시지 6번과 8번 규약을 통하여 선박에 제공될 수 있기 때문에 향후

E-Navigation의 성공적인 전개를 위해 AIS 통신망을 활용, 이러한 정보를 선박에 제공하는데 효율적으로 이용될 수 있다하겠다.

3.2.2 디지털 무선 데이터를 이용한 집약관리 시스템

1) 디지털 무선 데이터의 장점

CDMA 데이터 통신방식은 육상뿐 아니라 해양에서도 다양한 활용가치를 보여주고 있는데 비교적 고용량의 환경 모니터링 정보와 영상정보 등을 송수신하는데 활용되고 있다. CDMA 통신방식은 VHF 혹은 UHF와 같은 아날로그 통신방식과 비교하여 안정적이고 고품질의 실시간 데이터 전송이 가능하면서도 소모전류량이 적어 전원공급이 제한적인 등부표 등과 같은 항로표지시설에서 효과적이다.

〈표 3-12〉 일반적인 무선 송수신 방식의 비교

구 분	Radio Frequency Modem	TRS	CDMA	위성통신
통달거리	10~20km (2W출력 제한)	광역 (연안역 제한)	광역	광역 (공해상 가능)
속도	19200pbs	9600bps 이하	2.4Mbps 이하	2400bps
전달지연	없음	없음	없음	15분~수시간
TCP/IP Server-Clients	불가능 (1 : 1)	불가능 (1 : 1)	가능 (Multi-clients)	불가능 (1 : 1)
전송 포맷	ASCII/binary	Batch file	Batch file ASCII/binary	e-mail 중계
연속성	양호	불량 (polling 방식)	보통-양호	불량(polling 방식, 기상/구름 등 영향)
기기가격	100만원/set	50만원 이하	50만원 이하	200~4000만원
유지비용	거의 없음	음성통신방식 통신시간에 좌우, 고가	Packet mode 자료량에 좌우 저렴	매우 고가, 연속 모니터링용으로 부적합
편의성	2개 set로 필요	간단	간단	복잡

디지털 방식의 통신 서비스는 외부 신호의 방해에 대한 저항력이 크기 때문에 자신의 신호와 다른 방해신호가 섞인다고 해도 정확하게 자신의 신호를 재생할 수 있고 에러를 정정할 수 있는 능력을 가지고 있다.

하드웨어를 통한 제어가 아니라 소프트웨어에 의해 제어되는 유연성을 가지고 있으며, 어떤 형태의 신호도 전송할 수 있는 확장성을 가지고 있기 때문에 다양한 환경에서 다양한 정보를 사용자가 원하는 방식으로 제공할 수 있다. 통신의 안정성 및 보안성이 우수하기 때문에 국가전략차원에서 활용되는 해양 및 해운 산업 부분에 적합하다.

유선통신 인프라를 설치하지 않고 초기 단계에서부터 무선이동통신망을 국가적 차원에서 설치하여 활용함으로써 세계 해양 어디에서나 통신이 가능한 인공위성통신 중계국 설치가 가시화됨에 따라 제한 없이 자유로운 광대역 무선 데이터 통신이 가능할 것이다.

2) 디지털 무선 데이터 집약관리 시스템의 도입현황

해양과 해운산업 분야에서도 현재까지는 기존 VHF 통신망이나 한 단계 발전된 AIS 통신망을 세계 공통 통신망으로 사용하고 있으나, 앞으로 E-Navigation 서비스 그리고 고품질의 영상 및 음성(문자)통화 등 다양한 데이터 통신이 확장됨에 따라 기존의 아날로그 통신망으로 제한되었던 한계가 조만간 세계 공통 디지털 통신 서비스의 채택으로 진화되어가고 있다.

이러한 디지털 방식의 무선 데이터 서비스는 비동기식 방식을 사용하는 WCDMA 도입하여 전 세계 어디에서나 공통적으로 사용할 수 있는 디지털 데이터 통신망이 구현되고 있다.

3.2.3 지능형 항로표지를 이용한 집약관리 시스템

1) AIS 기반의 항로표지집약관리 시스템 정의

AIS는 VHF 통신대역을 사용하여 선박과 관리자에게 직접 항로표지의 정보를 제공하는 시스템으로, Self-Organizing Time Division Multiple Access(SOTDMA)를 활용하여 복수의 정보전달이 가능하고 짧은 통신주기를 가지고 있으며 안정적이고 빠른 데이터 정보전달이 가능하다.

2) AIS 기반의 항로표지집약관리 시스템의 장점

AIS 기반의 집약관리 시스템은 주요 항로표지정보와 기상해양 환경정보 등을 인근을 운항하는 선박에 직접 전달할 수 있고, 국제항로표지협회의 표준화 메시지 규약으로 장비간의 호환이 용이한 장점을 가지고 있다.

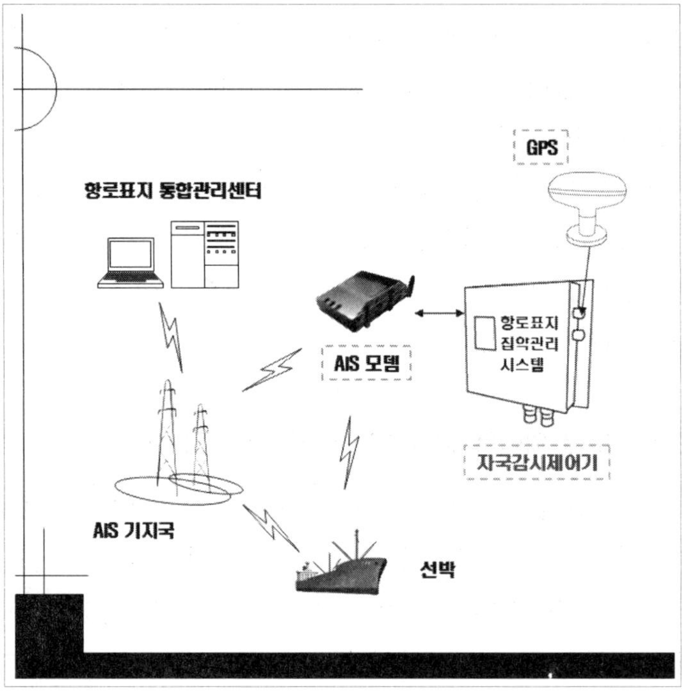

[그림 3-80] AIS 기반 항로표지집약관리 시스템의 개요도

3) AIS 기반의 항로표지집약관리 시스템의 단점

VHF 통신방식을 이용하고 있어 원거리 통신제약이 뒤따르고 해상여건의 기상 및 해수면 변화, 다양한 통신매체와의 혼신, 잡음 등으로 통신장애 요인이 발생할 수 있으며 중계국을 통한 릴레이 다중 경로설정 방식으로 인해 통신장애 가능성이 높다.

AIS를 통하여 항로표지에서 생산되는 정보(항로표지의 현황, 기상 및 해양환경 정보 등)를 운항하는 선박에 직접 연결할 경우 확인되지 않은 정보들이 직접적으로 전달되기 때문에 GPS 오차에 의한 항로표지시설의 위치오차, 기상 및 해양관련 센서들의 오작동으로 인한 잘못된 정보로 인하여 오히려 운항선박에 혼란을 줄 가능성이 있다.

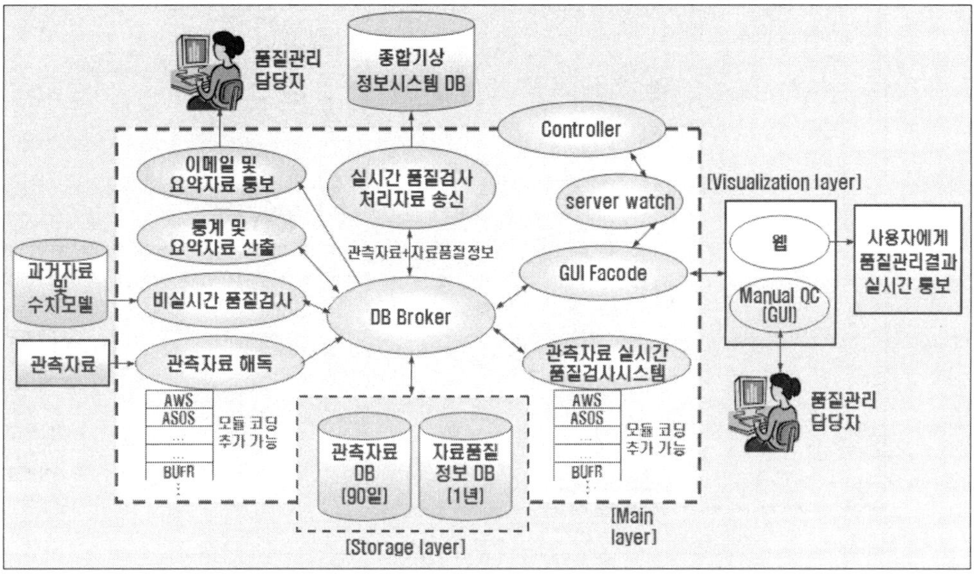

[그림 3-81] AIS 기반 항로표지집약관리 시스템의 개요도

현행 관측자료 수집체계는 실시간으로 품질관리를 수행하기에는 많은 문제점을 내포하고 있다. 품질관리체계가 미흡하고 다양한 센서를 사용함에 따라 통일된 품질검사 기법을 활용할 수 없다. 이에 따라 현장에서 관측된 자료를 수신서버 혹은 DB 서버에서 실시간으로 통계처리 및 해독을 통하여 품질관리를 수행해야 한다.

3.2.4 합성(Synthetic) AIS 기반의 항로표지집약관리 시스템

이와 같은 문제점을 극복하고자 일정한 권역별로 항로표지시설을 구분하여 일종의 섹터(sector)를 설정한 후 등부표 등 항로표지시설에서 전송되는 정보를 비교적 시설이 큰 무인/유인등대 및 육상 센터에서 자료를 전송받아 수신 서버 내에서 자동적으로 기존 자료와의 비교 및 검정처리한 후 선박에게 정보를 제공하는 AIS 전송 기지국으로 활용할 수 있다.

소규모의 무인등대와 등부표의 경우에는 VHF 혹은 CDMA 통신 서비스를 활용하여 항로표지의 주요정보와 기상 및 해양 센서로부터 생산된 자료를 단일 섹터 내의 유인등대로 정보를 전송하고 유인등대에 위치한 서버에서는 이를 받아 각 데이터의 후처리를 통해 검증된 정보를 다시 인접 선박과 관계자에게 전송하는 방식이다.

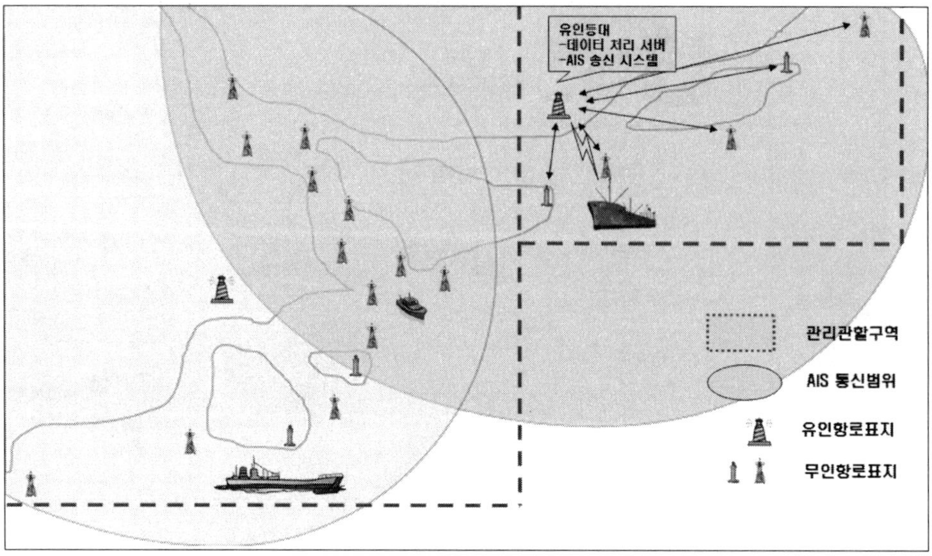

[그림 3-82] 합성 AIS 기반의 항로표지집약관리 시스템 운영 개요도

말단에 위치한 항로표지시설에서 항로표지의 기본정보(항로표지의 위치, 등명기 점소등 정보, 점등주기, 전력현황 등)와 부가적인 기상 및 해양정보(기온, 기압, 풍향, 풍속, 강수량, 조석, 조류 및 기타 해양환경정보 등)는 VHF 통신망이나 CDMA 통신망을 통하여 데이터 처리 서버가 위치한 유인등대 혹은 소규모 센터(가칭 지역집중관리센터)에 전송한 후 데이터 처리 서버에서 데이터의 이상 유무를 확인하고 재처리과정을 통해 선별된 주요 정보를 AIS 송신 모뎀을 통하여 인근 선박에 제공하게 된다.

또한 유인등대에서는 비교적 전력사용량이 자유로워 AIS 전송출력에 제한이 없기 때문에 각각의 항로표지에 설치한 저출력 AIS 기반 시스템에 비해 고출력의 송신이 가능하며 이에 따른 송신범위도 넓어져 비교적 광역의 운항선박에게 정보를 제공할 수 있다.

3.2.5 하이브리드(Hybrid) AIS 기반의 항로표지집약관리 시스템

유인등대 등과 같은 지역집중관리센터의 운용이 여의치 않을 경우 항로표지시설에 복합적으로 다양한 통신 모듈을 설치하여 정보의 후처리를 거친 데이터를 목적 및 대상에 맞게 전송하는 복합통신 기반의 항로표지집약관리 시스템을 적용할 수 있다.

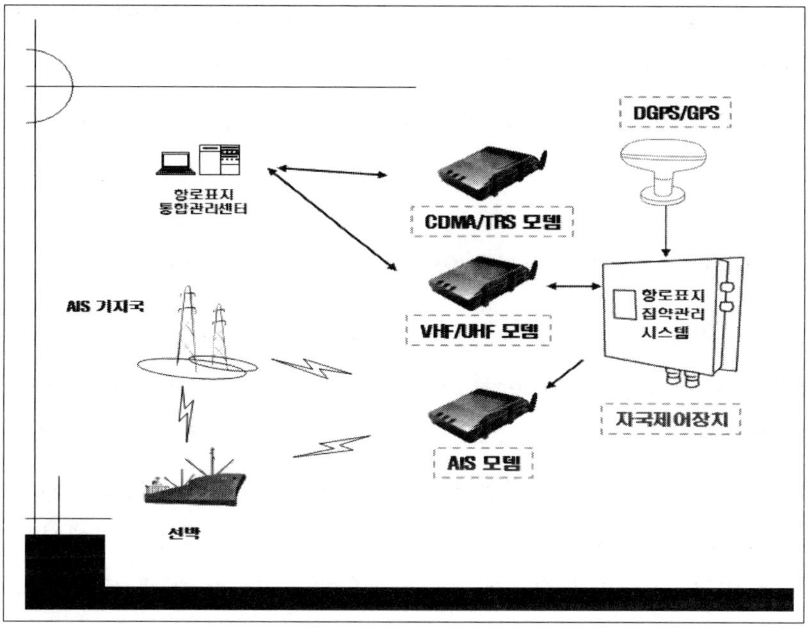

[그림 3-83] 하이브리드 AIS 기반의 항로표지집약관리 시스템

1) 하이브리드 AIS 기반의 집약관리 시스템 장점

AIS 기반의 집약관리 시스템은 주요 항로표지정보와 기상해양 환경정보 등을 인근을 운항하는 선박에 직접 전달할 수 있고, 국제항로표지협회의 표준화 메시지 규약으로 장비간의 호환이 용이한 장점을 가지고 있다.

AIS 전용방식을 활용한 항로표지집약관리 시스템은 항로표지의 주요현황 및 기상 및 해양정보를 선박에 직접 전달 가능하며 선박은 항로표지의 주기적 자동방송에 따라 항행과 동시에 각종 정보의 직접적인 수집이 용이한 장점을 지니고 있다.

CDMA 통신방식의 경우 TCP/IP 프로토콜을 사용한 IP 기반의 안정된 통신 링크를 사용하기 때문에 통신망 구축이 간단하고 TCP/IP 통신이 가능한 다양한 무선 데이터 통신방식(TRS, WCDMA, 와이브로 등)과도 호환이 가능하다.

다른 통신방식과 비교하여 최대 1/10 이하의 저전력 소모로 전원이 한정적인 등부표 등과 같은 항로표지시설의 원격제어 및 모니터링에 적합한 장점이 있다.

2) 하이브리드 AIS 기반의 집약관리 시스템 단점

필터링되지 않은 정보를 무작위로 선박에 제공함으로써 사용자에게 오히려 혼란을 야기할 수 있고 기본적으로 VHF 통신대역을 사용함에 따라 기존 VHF 통신망에서 야기되었던 혼선이나 간섭의 영향이 존재한다.

단점으로는 무선 인터넷 통신 서비스가 국제적으로 표준화가 되어 있지 않아 현재로서는 선박에 직접 정보를 제공하는 것이 불가능하다.

3) 하이브리드 AIS 기반의 집약관리 시스템 향후 방향

즉, 항로표지(자국)에서의 정보는 실시간 모니터링이 가능하고 신뢰성 있는 CDMA 등의 통신망을 통하여 육상센터로 보내진다. 이렇게 보내진 정보는 센터의 데이터 관리 서버에서 후처리된 후 다시 원래의 항로표지 시스템에 선택적으로 정보를 송신하게 되며, 자국은 이 정보를 자체 AIS 송신 모듈을 활용하여 선박에 제공하는 방식이다. 이를 통하여 앞으로 다양한 통신방식에서도 호환성을 가질 수 있고 사용자의 요구에 쉽게 적용해 나갈 수 있게 될 것이다. 이에 따라 음성, 저속통신에 한정된 해상통신의 취약성(협대역)을 극복할 수 있으며, 선박 안전 운항 효율의 증대 및 정보의 전자정보화에 기여할 것으로 판단된다.

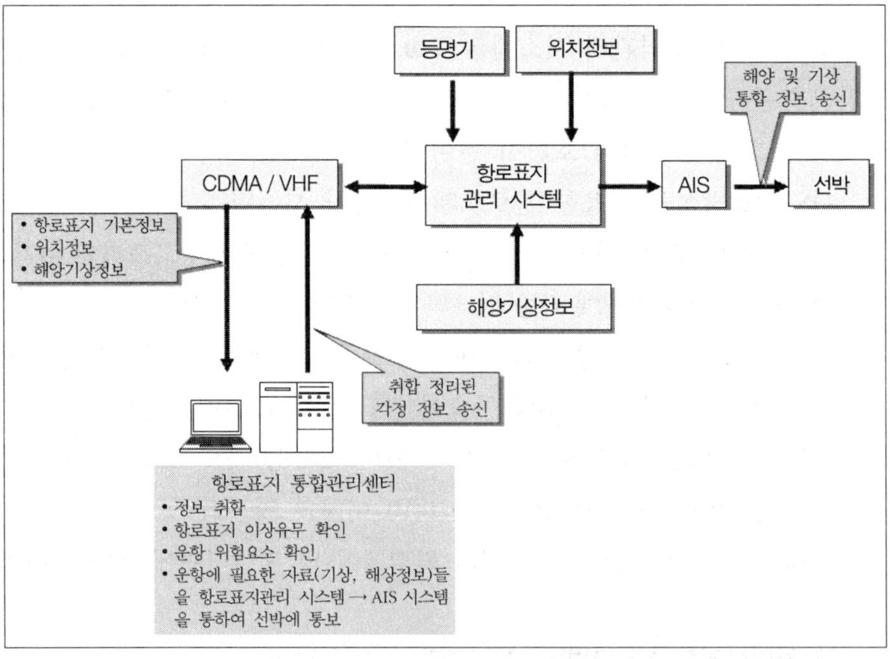

[그림 3-84] 하이브리드 AIS 기반의 항로표지집약관리 시스템 구성도

3.2.6 집약관리 시스템 비교

〈표 3-13〉 각 집약관리 시스템의 비교

구분	단독 AIS 기반	합성 AIS 기반	하이브리드 AIS 기반
개요	AIS 단일통신 모듈에 기반한 항로표지 원격관리	• 권역별로 설정된 해역에서 각각의 항로표지관련정보를 집중관리센터에서 품질관리 처리 후 선박에 전송	각각의 항로표지에 복합 통신 모듈을 탑재하여 원격관리 및 품질관리 처리 후 AIS 모듈을 통하여 선박에 전송
장점	단일통신방식에 따른 원가의 부분적 절감 시스템 운영의 편이성	• 기존의 VHF/CDMA 기반 항로표지집약관리 시스템을 이용가능 • 권역별 AIS 방송으로 효율적인 정보제공 운영 • 유인등대의 운영가치 상승	• 각각의 항로표지시설에서 품질관리된 정보처리 및 인근선박에 직접적인 전달 가능 • 통신장애 발생시 부가통신 모듈로 정보처리 가능
단점	• 다양한 정보의 품질관리 미처리로 인해 직접 인접 선박에 정보제 공시 신뢰도 저하 • 통신장애 발생시 백업통신 방법 부재 • AIS 송신 모듈만 설치시 원격제어 불가능	• 권역별 운영에 따른 업무 중복 발생 가능 • 항로표지에서 바로 인접한 선박으로의 직접적 정보전달 불가능	통신 모듈의 이중투자로 원가상승요인 발생

항로표지시설을 정보의 Infrastructure로 이해하고 그 활용성을 높이려는 관점이 매우 중요하다. 이를 위해 국내의 발전된 전자제어, 정보통신 기술을 활용하여 진보된 항로표지원격집약관리 시스템의 개발과 구축이 필수적이다. 현재 항로표지관리를 위한 시스템에서 정보통신 부분은 아날로그에서 디지털로 발전되는 중간단계로서 향후 완전한 디지털 체제의 무선 데이터 통신을 활용할 경우 더욱 발전된 E-Navigation의 구현이 가능할 것으로 판단된다. 항로표지시설이 E-Navigation의 핵심 인프라로 그 역할을 다하기 위해서는 항로표지집약관리 시스템의 운영전략을 합성 AIS 기반과 하이브리드(Hybrid) AIS 기반을 중심으로 전개할 필요가 있다. 그리고 통신망환경과 각 항로표지시설물들의 구축특성에 따라 합성 AIS 기반과 하이브리드 AIS 기반의 항로표지집약관리 시스템 운영방식을 선택적으로 적용하는 방안 연구가 진행되어야 할 것이다.

4. INS(Integral Navigation System)

4.1 INS의 개요

INS(Integral Navigation System)란 IMO에 의한 ECDIS와 ARPA를 통합한 RADAR과 전자 차트를 제공하는 ECDIS, RADAR 또는 ECDIS에 따라 자동적으로 침로를 변경해주는 AUTO PILOT, 각종 항해계기의 경보 시스템인 BWMS(Bridge Watch Monitoring System), GPS, SPPED LOG, ECHO SOUNDER 등이 연계되어 여러 가지 기기의 통합화를 실현하여 안전항해와 생력화를 실현하는 선교장치이다. 이에 비해서 IBS(Integrated Bridge System)라고 하는 것이 있는데 이것은 INS에 Cargo System을 연계한 것으로 보다 발전전인 시스템이다.

둘의 공통점은 감지된 정보를 중앙 집중화하여 감시하고, 통항의 실행, 통신, 기계의 제어, 안전 및 보안 등과 같은 여러 활동을 통제하기 위하여 내부적으로 서로 연결되었다는 점이다. 결국 INS란 항해기기들 간의 DATA COMMUNICATION을 바탕으로 한 통합항해 시스템이라고 할 수 있다.

선박에 대한 단일한 표준 통합선교 시스템의 설계는 없으며, 통합선교 시스템은 강제적인 요건도 아니다. 선급협회에서 선박에 대한 운영 등급기준을 제안하고 있다. 즉, 영국선급(LR)에서 'NAV1', 노르웨이 선급(DNV)에서 'W1-OC', 독일선급(GL)에서 'NAV-OC', 미국 선급(ABS)에서 'OMBO' 등을 일정 기간에 대한 1인 선교 당직[4])을 지원하는 체제로서 INS와 IBS에 대한 등급으로 제시하고 있다.

---

4) One-man Bridge Operation 지침(Watch Arrangements 부분 발췌)

① The master is bound to ensure that watch keeping arrangements are adequate for maintaining a safe navigational watch and shall take into account the need for maintaining a proper look-out.

② The navigator acting as the officer of the watch during one-man bridge operation at night shall have at least twelve months of sea-going as a qualified officer of navigational watch.

③ The officer of the watch shall be familiar with all equipment in the bridge and with all guidelines and instructions applying to one-man bridge operation and shall have demonstrated such familiarity to the master.

[그림 3-85] 통합선교장치(INS)의 배치 예

선교의 설계에 포함하는 요소와 설치되는 장비의 형식 및 선교 내 장비의 배치 등은 INS 설계에서 자동화되어야 하는 선교 기능을 허용하는 정도를 결정하는 요인이 된다.

4.2 INS의 구성 요소

IBS의 주체가 되는 INS(Intergrated Navigation System)는 선내 여러 곳에 있는 항해계기 및 관측계기의 정보를 조타실 내에 집약시키는 장치이다. 조타실내에 몇 개의 CRT를 설치하고 선내의 필요한 정보를 표시하고, 스위치 조작에 의해 어군탐지기, 항해계기의 모니터, 기관 모니터, 감시 시스템 모니터 등의 CRT를 겸용한다.

또한 정보 및 출력을 집약하고 정보를 가공, 기록하므로 항해사가 조타실, 해도실내를 많이 움직이지 않고 한 장소에서 정보를 얻을 수 있도록 한다. 또 집약화된 정보를 필요한 장소에 모니터를 설치하여 조타실 또는 계기가 있는 곳까지 가지 않고도 얻을 수 있도록 한다. 그리고 자료와 정보를 자기 테이프, 디스크에 수록하여 선내에서 자료처리를 할 수 있도록 한다.

---

④ The master shall ensure that deck ratings to assist the officer of the watch are properly listed and readily available when required.

⑤ Before the commencement of one-man bridge operation another qualified person shall be appointed as beck-up navigator.

⑥ The back-up navigator shall stay in areas provided with a bridge alarm transfer system.

4.2.1 중앙연산, 데이터 처리부

중앙연산, 데이터 처리부는 처리장치, 데이터 인터페이스를 기본구성으로 하여 입출력 데이터 처리를 하는 외에 항해계획, 시스템 위치계산, 항로감시, 항로유지 등의 자동항법에 필요한 기능을 갖고 있다.

1) 입출력 데이터 처리

중앙연산, 데이터 처리부내의 관리 및 입출 데이터의 처리, 제어를 하고 데이터 표시, 기록부나 데이터 출력부에 데이터를 보내는 역할을 한다.

2) 항해계획

이 기능은 항해에 앞서 목적지, 예정항로 기타 항로감시용의 항로폭, 목적지 접근해역을 미리 설정하여 2지점간의 방위, 거리, 소요시간 등 항해계획 단계에서 필요한 계산을 대권항법, 점장위도항법 등 지정항법에 따라 하는 기능이다. 이는 GPS를 이용하여 할 수도 있으나 전자해도표시장치(ECDIS)의 개발로 주로 ECDIS에서 수행하고 있다.

3) 위치계산표시

이 기능은 추측위치나 로란 C, 데카, GPS 등의 항법장치에 의한 위치표시와 하이브리드 위치를 계산하는 기능이다. 천측력, 생성, 천측위치 등의 천문항법 계산기능을 갖고 있다. 또 천측위치를 시스템 위치로 사용하는 것도 가능하다.

4) 항로감시

항로감시 기능은 항해계획에 의해 설정된 예정항로와 시스템 위치와의 편위량 및 목적지에의 접근을 실시간으로 계산함과 동시에 본선이 설정 항로폭에서 이탈한 경우나 목적지 접근 영역내에 진입한 경우에 경보를 발하고 항로상을 계획대로 항해하고 있는지를 감시한다.

5) 항로유지

자동항법의 중심이 되는 기능으로 시스템 위치가 예정항로에서 편위할 때 편위량에 따라 명령방위를 계산하고, 자이로컴퍼스 방위와의 편위신호를 자동조타장치에 보내어 자동적으로 예정항로상을 항행시키는 소위 PID(Proportional Integral Derivative)형의 항로유지를 한다.

4.2.2 데이터 입출력부

입출력 기기가 많으므로 취급하는 데이터도 많지만 항해 데이터, 어로 데이터, 기상 데이터, 기관 데이터, 경보 데이터의 5종류가 나눈다.

1) 데이터 입력부

입력 데이터의 선정에는 그 사용빈도, 필요도를 고려하여 결정된다. 입력기기에는 전자항법계기, 선내 시계, 자이로컴퍼스와 같이 단독 기기에서 직접 아날로그 또는 디지털 형식으로 신호를 입력하고 있고, 레이더, 충돌예방장치, 기상장치, 초음파계 어로계기와 같은 각각의 전용 데이터 처리장치를 가지고 있어 한 개의 시스템을 형성해 거기에서 관련 데이터를 입력하는 것이 있다. 2대의 레이더는 교대로 3cm파, 10cm파 어느 쪽이라도 사용할 수 있고, 그중 1대는 충돌예방 원조장치를 겸용하여 레이더 영상 및 타선정보를 입력한다.

또 기상장치는 수온계, 기압계, 풍향계, 풍속계, 습도계 등의 기상측기에서 신호를 일괄 처리하여 중앙연산, 데이터 처리부에 입력한다. 전자항법장치 중에는 시계장치를 내장하고 있는 것이 있지만 선내 표준시계에서 신호를 입력하여 선내시계의 통일을 하고 있다.

2) 데이터 출력부

초음파 계기 중에는 소나와 같이 항해계기 데이터를 일부 취급하여 독자의 기능을 발휘하는 것이 있지만 종래에 각각 단독 사용이 일반적이었다. 초음파 어로계기 시스템은 인터페이스를 거쳐 중앙연산, 데이터 처리부에서 날짜, 시스템 위치, 선수방위, 수온 데이터를 받음과 함께 어군탐지기, 컬러 스캐닝 소나, 네트 레코더, 조류관측장치, 과학어군탐지기를 통신회선으로 연결하고 컬러 어군탐지기에 이들 데이터를 수집하여 표시시켜 보다 고도의 어업정보수집 시스템으로 되었다.

부속기기에 컬러어탐 영상수록장치, 컬러어탐용 표시 모니터가 있다. 모니터는 연구실과 트롤 윈치 제어실에 설치된다.

기타 중앙연산, 데이터 처리부에서 데이터가 출력되는 기기에는 기상위상 영상수신장치, 기관부 데이터 제어실, CTD(Conductivity Temperature Depth) 측정장치 등이 있다. 또 자동 조타장치에는 편차신호가 출력된다.

〈표 3-14〉 입력 데이터와 기기

데이터 종류	데이터	입력기기
항해 데이터	시간	선내기준시계
	선수방위	자이로컴퍼스
	타각	조타기
	위치, LOP	Loran C, Decca, GPS
	레이더 영상, 타선정보	레이더, ARPA
	속력, 항정	Doppler Log
어로 데이터	조류 벡터	초음파계 어로장치(조류관측장치)
	수심	초음파계 어로장치(어군탐지기)
	트롤 예인선 길이	예인색 측장계
	트롤 예인선 속도	예인색 측장계
	트롤 예인선 장력	예인색 장력계
기관 데이터	프로펠러 축마력	축마력계
	프로펠러 축회전수	축회전계
	프로펠러 피치각	피치각 발신기
기상 데이터	풍향	기상장치 풍향계
	풍속	기상장치 풍속계
	수온	기상장치 수온계
	기온	기상장치 기온계
	기압	기상장치 기압계
	습도	기상장치 습도계
경보 데이터	항로, 변침점정보	항로감시기능
	전자항법계기 이상	Loran C, Decca, GPS
	자이로컴퍼스 이상	자이로컴퍼스
	자동조타장치 이상	자동조타장치
	예인색장력 이상	예인색 장력계
	정밀전원장치 이상	정밀전원장치

4.2.3 데이터 표시, 기록부

1) 제어표시기

제어표시기는 컬러 CRT 표시기, 키보드로 구성되어 선교에 설치된다. CRT에는 선내 각 부에서 수집된 데이터나 계산 처리된 데이터를 그래픽 또는 문자로 표시한다. 그래픽, 문자는 동시표시 가능하고 키조작에 의해 정보화면의 교체나 수치 데이터 변경을 한다. 그래픽으로 항적, 레이더 영상, 예정항로, 타선 벡터, 해안선, 이벤트 마크 등을 표시하지만 각각 중첩하여 표시할 수 있다.

그 밖에 항로감시기능상의 경보나 CTD 측정장치 및 과학어탐용의 정밀전원, 전자항법장치, 자동조타장치, 자이로컴퍼스, 트롤 예인색 장력 등에 이상이 발생하면 경보 메시지를 표시한다.

2) 원격정보 모니터

원격정보 모니터는 제어표시기 표시내용과 동일한 모니터 표시화면을 기본으로 하고, 서택에 의해 항해, 기상, 기관, 어로 데이터마다 각각 그래픽 또는 문자로 표시한다. 그래픽 표시되는 데이터는 침로, 속력, 풍향, 풍속, 프로펠러축 회전수, 프로펠러축 마력, 프로펠러 피치각, 트롤 예인색 장력 등으로 아날로그 표시도 가능하다.

전에는 각 기기가 각각 전용의 원격표시기를 갖고 있는 경우가 많았지만 이 원격정보 모니터로 인해 1대의 CRT에 수집된 전 데이터 표시가 가능하다.

원격정보 모니터는 정보 이용빈도가 비교적 높은 선장실, 연구실, 기관 제어실, 해도실 등에 설치한다. 선장실은 자이로컴퍼스, 선속계, 풍향풍속계, 기관 회전계, CPP 지시계 등의 원격표시기가 설치되는 것이 보통이지만 원격정보 모니터를 설치하므로 이들 원격표시기가 필요없게 되고, 원격정보 모니터 화면에 의해 예정항로, 항적, 다음의 변침점까지의 거리, 해, 기상정보, 기관정보 등도 표시되므로 조타실에 가지 않고도 현재의 상태를 파악할 수 있다.

또 지금까지 기관실에서는 현재 본선이 아닌 부근을 항행하고 있는가 조타실에 가지 않는 한 전혀 알 수가 없었지만 원격정보 모니터에 의해 선장실이나 갑판부와 같은 정보를 얻을 수 있다.

연구실에서는 조사연구 항해시의 예정항로에 각 관측점을 미리 입력하여 놓았으므로 모니터를 보면 다음 관측점까지의 거리를 알 수 있으므로 조타실에 도착 예정 시각을 묻지 않아도 여유를 가지고 관측준비를 할 수 있고, 표류하면서 관측할 때는 Lee way의 방향, 속도를 알 수 있어 관측에 참고할 수 있다.

또 선위, 해상, 기상정보가 항상 화면에 표시되기 때문에 연구실의 원격정보 모니터에 비디오 프로터를 접속하여 기록할 수도 있다.

3) 데이터 수집장치

데이터 수집장치는 연구용 자료수집과 함께 항해 일지의 기능도 갖고 있으며, 개인용 컴퓨터, 데이터 수집 제어기, 자기 테이프 장치, 프린터로 구성되어 있다. 중앙연산, 데이터 처리부에서의 항해, 기상 등 데이터를 개인용 컴퓨터에서 처리하여 하드 디스크 또는 자기 테이프에 기억시켜 놓고 지정형식에 따라 프린트한다.

4.3 INS의 주요 장비

4.3.1 RADAR

1) Power Supply 구성

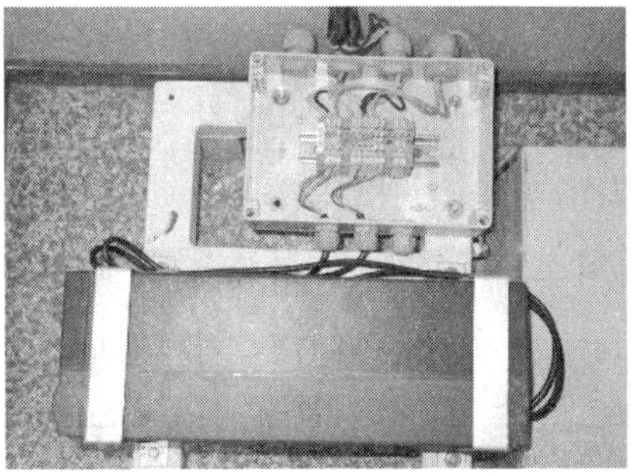

[그림 3-86] UPS for RADAR(외부설치)

[그림 3-87] UPS for RADAR(내부설치)

2) Radar 주요 장비의 기능

(1) Main Computer

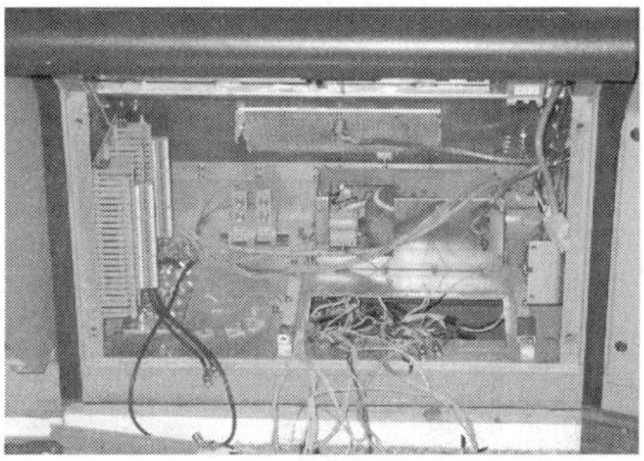

[그림 3-88] Before installation

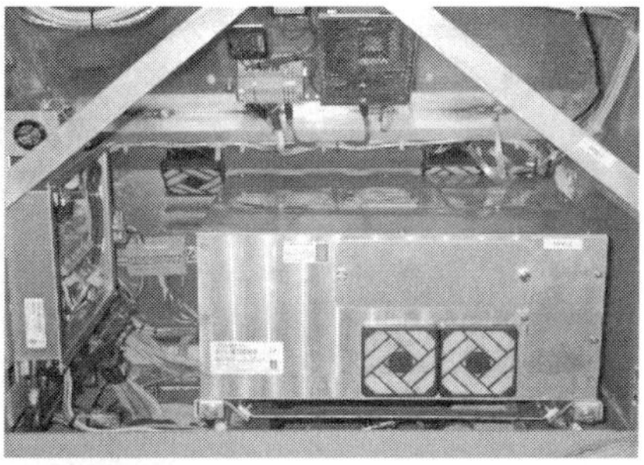

[그림 3-89] After installation

① Operator input processing

② Generation of display image

③ Generation of sound (warning and alarm)

④ Radar video-scan conversion

⑤ Clutter filtering

⑥ Plot extraction, plot correlation and target tracking

⑦ Collision detection and other ARPA calculation

⑧ Communication with navigation sensors and other device via serial line

⑨ Communication with other DCU(display control unit) via local area network

⑩ Communication with central alarm system

⑪ Control of track pilot / auto pilot(if installed)

(2) Operation Pannel and Display

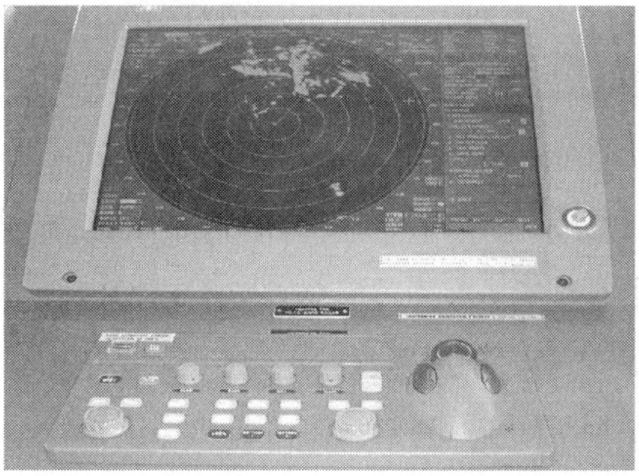

[그림 3-90] Radar Display Unit and Operation pannel

(2) Radar Inter Switch

[그림 3-91] Inter S/W의 내부 모습

이 장치는 Transceiver와 Main Computer 사이를 Interface한다. 주된 기능은 다음과 같다.

① RADAR 화면 신호를 표준화한다. 안테나 Azimuth, Synch. & Heading line을 합성신호로 결합시킨다.
② Main Computer와 Transceiver 사이의 Power on/off를 포함한 Transceiver Control 신호를 중계한다.
③ Master/Slave Control을 제공한다.
④ Radar Inter-switch Capability(용량)를 제공한다.

4.3.2 ECDIS

ECDIS는 IMO와 IHO의 요구조건에 따라 만들어진 전자해도시스템이다. ECDIS의 주요기능이란 현재 Paper Chart에서 행해지는 항해 관련작업을 편리하고도 적절한 시간에 수행할 수 있도록 하는 데 있다.

ECDIS는 Stand Alone System과 INS 또는 IBS의 일부분으로서 사용될 수 있다. 자선의 위치는 GPS 등과 같은 Position Sensor로부터 Signal을 받을 수 있고 Radar로부터는 타선의 Track을 알 수 있다. ECDIS는 Route Planning Mode와 Route Monitoring Mode를 지원한다.

Route Planning Mode에서는 Waypoint, Turn Radius, Speed 등을 입력해서 Route Planning을 할 수 있고 Monitoring Mode에서는 ECDIS의 화면상에 자선

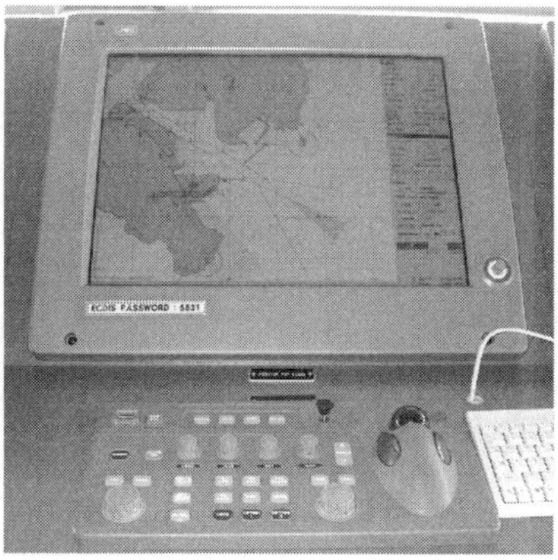

[그림 3-92] ECDIS

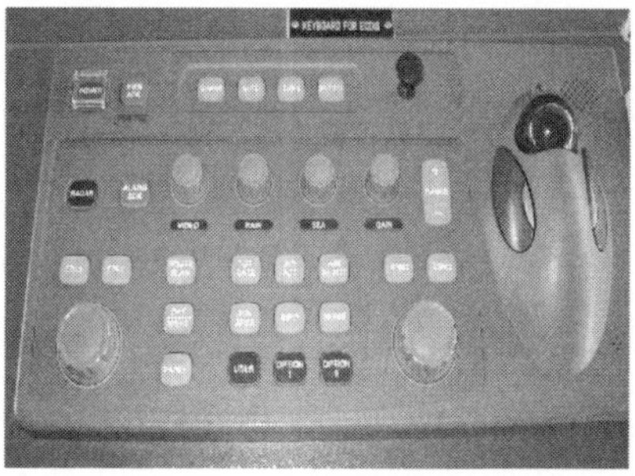

[그림 3-93] ECDIS Operation Pannel

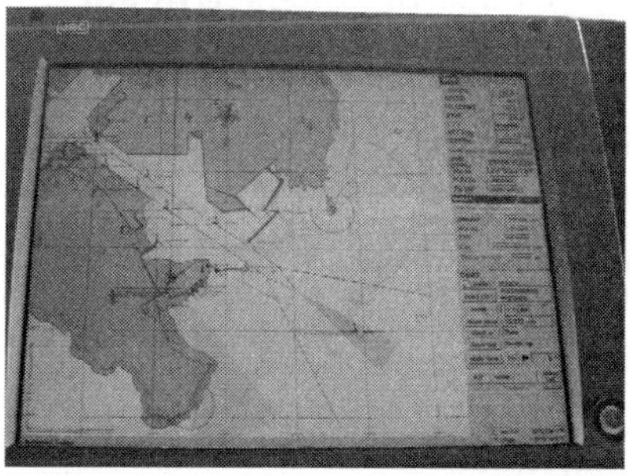

[그림 3-94] ECDIS Display Unit

의 위치가 계속적으로 표시되고 각종 Limit 수치에 따른 Alarm이 발생한다.

Chart Up-Date Service를 통해 전자 차트를 수정할 수 있다. 현재는 ECDIS만으로는 완전한 항해를 수행할 수 없으며 별도의 Back-up 장치를 필요로 하며 Paper Chart가 이 Back-up 장치의 기능을 대신할 수 있다.

4.3.3 BWMS

BWMS(Bridge Watch Monitoring System)의 목적은 Bridge 근무시 당직항해사가 간파하지 못한 비정상적인 일들에 대한 Alarm을 Captian's Room, Back-up 항해사 또는 공공장소로 전달해서 사고를 미연에 방지하는 것이다. 이러한 System은 [ONE MAN BRIDGE]을 위해서 각 선급협회에 의해 설정된 요구사항을 만족시키고 있다. BWMS는 [그림 3-95]와 같이 이루어져 있다.

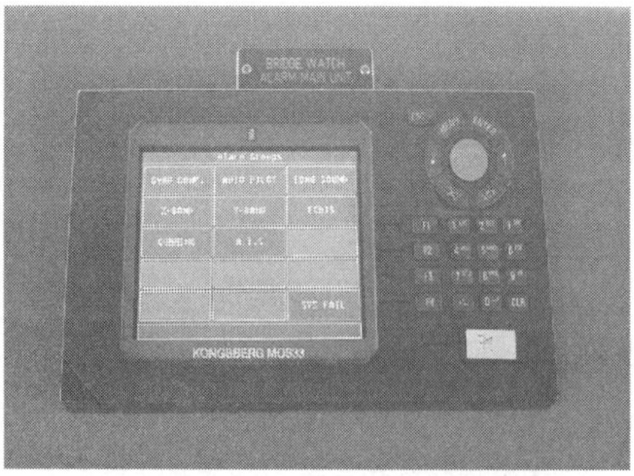

[그림 3-95] BWMS

1) Interval Check System

미리 설정된 시간 안에 수동 인식을 요구하고 T1과 T2가 있는데 Captain's RM에 있는 WTU(Watch Timer Unit)를 사용해서 T1을 조정할 수 있다. T1은 1~12분까지 설정될 수 있다. Switch on하여 카운트다운이 끝나면 15초 동안 Flashing이 Bridge Watch Alarm에 나타나게 되어 Reset하지 않으면 Another Timer인 T2(15초로 설정)이 시작되어 Buzzer를 울리는데 Reset을 하지 않으면 Captain, Public & Back-up Navigator의 장소에 Alarm이 발생한다.

2) Navigation Warning Alarm System

기계의 오작동이나 Grounding, 충돌위험을 알리는 Warning. Nav. Equipment Alarm에 Flashing이 15초 동안 계속되고 Reset하지 않으면 Buzzer가 울리고 Buzzer가 우는 15초 동안에 reset하지 않으면 다른 곳으로 전송된다.

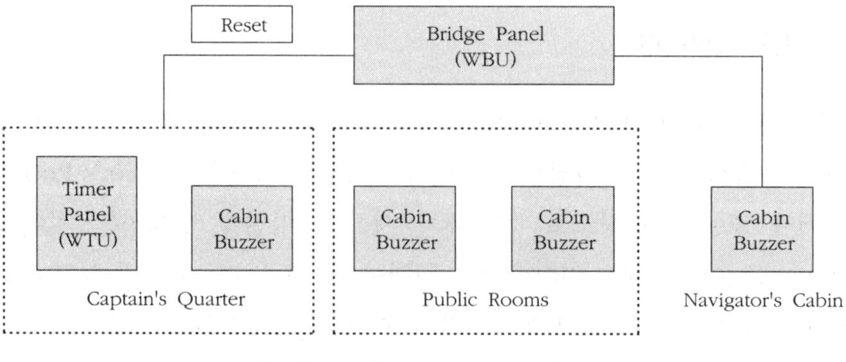

[그림 3-96] BWMS Alarm 계통도

4.3.4 Conning Display

1) Conning Display

Conning Display System의 주요 목적은 자동 항해수행과 침로유지를 효과적으로 하게 하기 위해서 선박의 조종상태에 대한 정보를 표시하는 것이다. 이러한 System은 선속, 침로, 선회와 Route Keeping에 상응하는 명령들과 Sensor 입력 Data를 제공하는 스크린을 바탕으로 하는 정보 시스템이다.

주요 구성 장비로는 모니터, Main Computer, Process Control Unit, Interface to LAN 등이 있다.

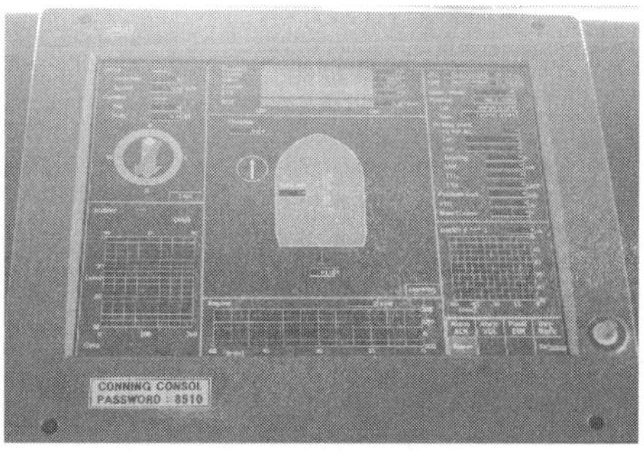

[그림 3-97] Conning Display

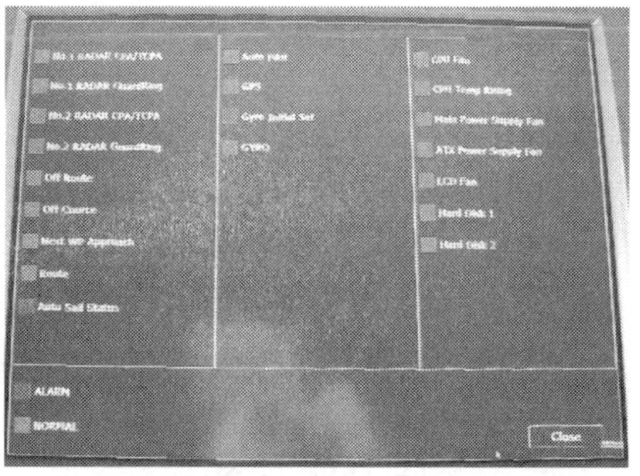

[그림 3-98] Conning Display-Alarm

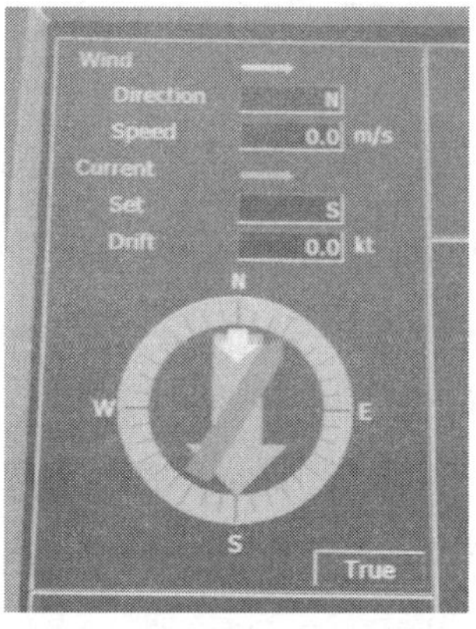

[그림 3-99] 바람, 해류 정보

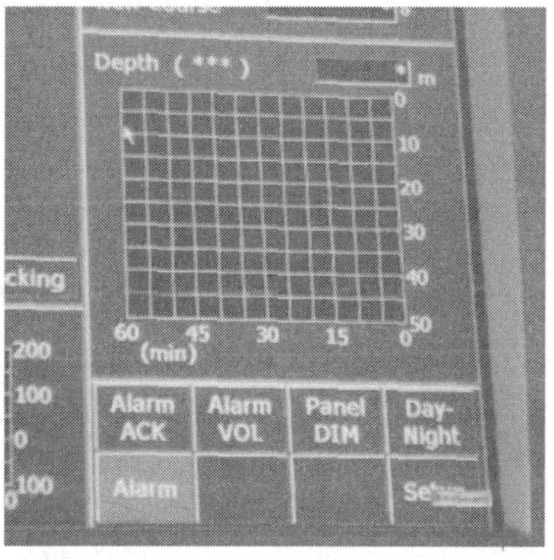

[그림 3-100] Function and 수심 정보

2) Conning Display 계통도

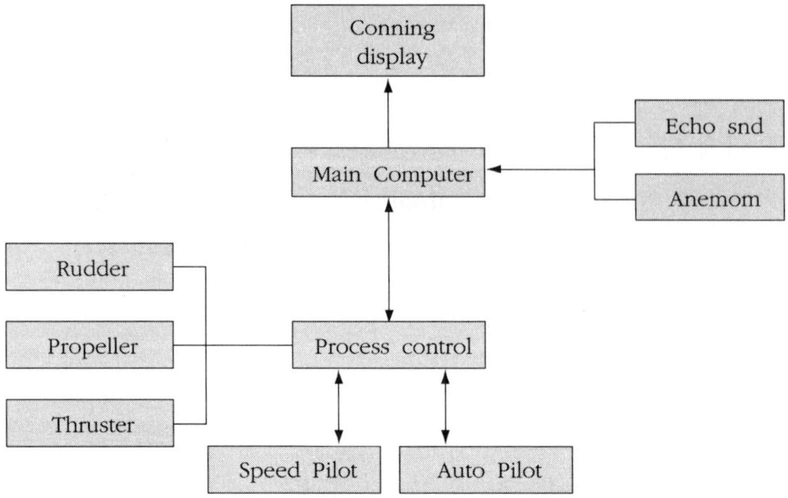

[그림 3-101] Conning Display 계통도

4.3.5 Auto Pilot-자동항해 수행장치

1) 주요 구성

① Control Unit : Auto pilot의 운용과 모든 Setting은 Control Unit에서 이루어진다. 전면의 Panel에 Push Button에 부가하여 3개의 LCD 화면과 회전식 코스 선택 Knob가 있다.

② Main Computer : Steering 연산을 수행하고, Optional Unit(Remote Autopilot station), Route Planning system, Navigators, Serial Output Gyrocompass, Speed Log에 Interface한다.

③ Rudder Feedback Unit : Rudder Angle에 비례해서 2개의 전기신호를 전달한다. 하나의 신호는 Auto pilot을 위한 Feedback으로서 작용하고, 다른 하나는 Rudder Angle Indicator를 위한 구동신호로 작용한다. 이것은 2set의 Limit Switch와 함께 제공된다. 이 장치는 Rudder Stock에 가깝게 설치되어 있으며, Transmission Link(전달장치)에 의해 Rudder와 기계적으로 연결되어 있다.

④ Distribution units : D93은 핵심 상호 연결장치다. 주전원, ALARM 전원,

Steering gear Interface, Rudder Feedback 그리고 외부 Alarm은 이 장치와 연결되어 있다.

[그림 3-102] Auto Pilot

[그림 3-103] Auto Pilot

2) Auto Pilot System Diagram

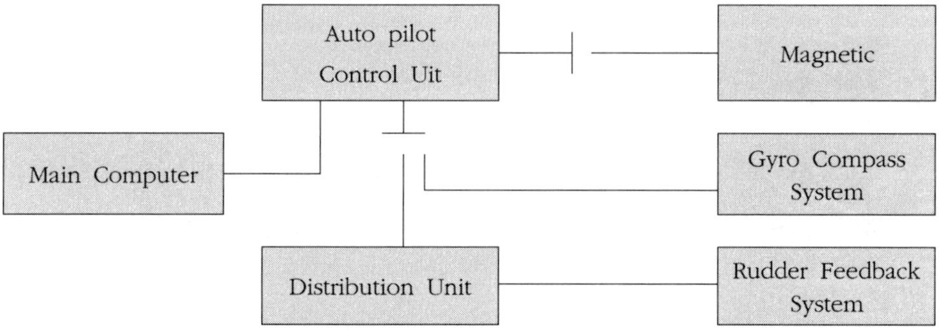

[그림 3-104] Auto Pilot System Diagram

5. 항해자료기록기(VDR)

5.1 목 적

항해자료기록기(VDR : Voyage Data Recorder)의 설치목적은 선박에 피해를 가져오는 사고에 이르는 기간 동안 그리고 사고 후속 기간동안 선박의 위치, 운동, 물리적인 상태, 명령과 제어상태에 관한 정보를 확실하고 복구 가능한 양식으로 저장하기 위한 것이다. VDR에 기록된 정보는 주관청 및 선주 모두에게 이용 가능하도록 만들어져야 한다. 이 정보는 사고의 원인을 찾아내기 위한 사고 후속 조사기간 동안 사용하기 위한 것이다.

5.2 적 용

SOLAS 제5장(항해안전)에 정의된 분류의 선박에는 이들 성능기준에 규정된 것보다 열악하지 아니하는 능력을 가진 VDR을 설치하여야 한다.

5.3 관련규칙

5.3.1 SOLAS

5.3.2 IMO 결의서

① A.662(16) : 비상무선설비의 자동부양장치의 이탈 및 작동에 관한 성능기준
② A.694(17) : GMDSS 및 전자항해설비의 일부를 형성하는 무선설비의 일반요건
: 속도 및 거리를 지시하기 위한 장치의 성능기준
③ A.830(19) : 알람 및 지시기에 관한 코드
④ MSC.64(67) : 선수방위제어장치에 관한 성능기준, 부속서 3
⑤ MSC.64(67) : 레이더 성능 기준, 부속서 4

5.4 정 의

항해자료기록기(VDR)라 함은 캡슐 속에 있는 최종기록매체, 전원공급장치 전용예비전원 및 입력자료원과 연결되어야 하는 모든 장치(items)를 포함하여 그 자료를 편집하고 코딩화하기 위한 전체 시스템(complete system)을 말한다.

① 센서라고 함은 VDR에 외부에서 연결되고 그것으로부터 기록되어야 하는 자료를 VDR에 제공하는 어떤 단위(unit)장비를 말한다.
② 최종기록매체(final recording medium)라 함은 그것에 자료가 기록되어 그것에 접속하면자료를 복구할 수 있고 적절한 장비를 사용하여 재생시킬 수 있는 하드웨어(item of hardware) 장치를 말한다.
③ 재생장비(playback equipment)라 함은 기록매체와 기록하는 동안 사용된 양식에 적합하고 그 자료를 복구하기 위하여 고용된 장비를 말한다. 그 장비는 원본자료원 장비(original data source equipment)에 적합한 재생 또는 표현 하드웨어 및 소프트웨어를 포함할 수도 있다.
④ 전용예비전원(dedicated reserve power)이라 함은 5.3.2항에 의하여 요구되는 바와 같이 VDR을 작동시키는 데 충분한 용량의 그리고 VDR 전용으로 지정된 적절한 자동충전장치를 가진 2차 전지(secondary battery)를 말한다.

재생장비는 통상적으로 선상에 없고 이 성능기준의 목적상 VDR의 일부로 간주되지 않는다.

5.5 작동요건

5.5.1 일반사항

① VDR은 5.4항에 언급된 선박설비의 상태 및 출력, 명령 및 선박의 제어상태 관련 사전에 선택된 자료를 일련의 순차적인 사건을 연속적으로 기록하여야 한다.
② 사고주변상황의 여러 가지 요소들을 추후에 분석할 수 있도록 하기 위하여 여러 가지 자료항목들이 적절한 장비로 재생하는 동안 날짜와 시간에 확실하게 상호연관이 될 수 있는 기록방법이어야 한다.

③ 최종기록매체는 다음의 모든 요건에 만족하는 보호된 캡슐에 설치되어야 한다.
- 사고 후에 접속이 가능하여야 하며 부정하게 조작할 수 없는 구조이어야 한다.
- 사고 후 생존능력 및 최종기록자료의 복구능력을 최대화하여야 한다.
- 잘 보이는 색깔이어야 하며 역반사물질로 표시되어야 한다.
- 위치추적을 도와주는 적절한 장치가 부착되어야 한다.

④ 결의 A.694(17) 및 기구에서 수용 가능한 국제기준2에 적합하며 5.2항 및 5.3항에서 상세하게 규정된 대로 자료의 보안 및 작동의 연속성에 대한 요건을 특별히 고려한 디자인 및 구조이어야 한다.

5.5.2 자료의 선택 및 보안

① VDR에 의하여 기록되어야 할 자료의 최소선택기준은 5.4항 규정에 따른다. 선택사항으로 특정선택사항의 기록 및 저장에 대한 요건이 상호 부합되지 않는다면 다른 항목을 추가적으로 기록할 수 있다.

② 그 장비는 그 장비에 입력될 자료 및 이미 기록된 자료자체를 부당하게 조작할 수 없도록 설계되어야 한다. 자료 또는 기록의 무결성을 손상시키고자 하는 시도가 있었다면 이는 기록되어야 한다.

③ 기록방법은 기록된 자료의 각 항목에 대한 무결성을 확인할 수 있고 수정 불가능한 오류가 탐지될 경우 경고 알람을 줄 수 있는 것이어야 한다.

5.5.3 작동의 연속성

① VDR이 사고기간 동안 사건을 연속적으로 기록할 수 있도록 보장하기 위하여 선박의 비상전원으로 작동할 수 있어야 한다.

② 선박의 비상전원이 고장인 경우 VDR은 전용예비전원으로 2시간 동안 선교의 모든 소리(5.4.5항 참조)를 계속적으로 기록하여야 한다. 2시간의 기간이 끝나면 모든 기록 활동이 자동으로 정지되어야 한다.

③ 제6항에 따라 단시간동안 정지되거나 5.3.2항에 따라 종료되지 않는 한 기록 활동이 계속되어야 한다. 모든 기록된 자료항목(data items)이 유지되는

시간은 최소 12시간 이상이어야 한다. 이시간보다 오래된 자료항목은 새로운 자료로 overwritten될 수 있다.

5.5.4 기록되어야 하는 자료항목

도서 IEC 945 참조할 것－해양항해 및 무선통신 설비 및 장치－일반요건, 시험방법 및 시험결과 요구치

1) 날짜 및 시간

UTC 기준 날짜 및 시간이 선박의 외부에 있는 정보원으로부터 또는 내부시계로부터 얻어져야 한다. 그 기록은 어느 시간정보원을 사용하는 지시하여야 한다. 모든 기타 기록된 자료항목의 기록시간이 사고의 History를 상세하게 재구성하는데 충분한 해결방법으로 재생시킬 수 있는 기록방법이어야 한다.

2) 선박의 위치

위도, 경도 및 사용된 측지계가 전자위치측정장치(EPFS)로부터 제공되어야 한다. 그 기록은 EPFS의 Identity and Status가 항상 재생장치에 Determined 될 수 있음을 보장하여야 한다.

3) 속 력

대수속력 또는 대지속력은 (이 중 어느 것을 사용하였는지를 나타내는 지시를 포함하여) 선박의 속력 및 거리측정 장비로부터 제공되어야 한다.

4) 선수방위

선박의 컴퍼스에 의하여 지시된 선수방위이어야 한다.

5) 선교의 각종 음향(Bridge Audio)

선교에 한 개 또는 두 개 이상의 마이크가 설치되어 조선위치, 레이더 화면, 해도 테이블 등의 장소 또는 그 가까이에서의 대화가 적절히 기록되도록 분산 배치하여야 한다. 실행 가능한 한 마이크는 선교에서 내부자간 통화, 선내방송장

치 방송내용, 각종 가청경보음을 잡을 수 있도록 배치되어야 한다.

6) 통신소리

선박의 운항과 관련된 VHF 통신내용은 기록되어야 한다.

7) Radar Data and Post-display Selection

이것은 기록할 당시에 사용중인 선박의 레이더 설비 중의 한 레이더의 Master display에 실제적으로 표현된 모든 정보를 기록하는 전자신호정보를 포함하여야 한다. 이 정보에 포함되어야 하는 정보는 Range rings or markers, Bearing markers, 전자플로팅심벌, Radar maps(SENC or 기타 전자해도), 항해계획, Navigational data, Navigational alarms 및 디스플레이상에서 볼 수 있는 Radar status data 등이다. 재생하는 방법이 VDR의 작동에 중요한 어떠한 대역폭 압축기술의 범위 내에 있다고 할지라도 기록할 당시에 볼 수 있는 레이더 전체화면의 신뢰할만한 복제품으로 표현 가능한 기록방법이어야 한다.

8) 측심장치

이 정보는 용골하부 수심, 현재 표현되고 있는 수심크기 단위 및 기타 이용 가능한 상태정보를 포함하여야 한다.

9) Main Alarms

이 정보는 선교에서 강제적으로 울려야 하는 모든 알람의 상태를 포함하여야 한다.

10) Rudder Order and Response

이 정보는 자동조타장치가 설치되어 있다면 그 장치의 상태 및 설정값을 포함하여야 한다.

11) 기관사용명령 및 응답

이정보는 전진 또는 후진지시기를 포함하여 engine telegraph의 위치 또는 기관/프로펠러 직접제어장치의 위치 및 피드백 지시기가 설치되어 있다면 그 지시기 상태, Bowthruster가 설치되어 있다면 Thruster의 상태도 포함하여야 한다.

12) 선체개구의 상태

이 정보는 선교에 디스플레이되어야 하는 모든 강제적 선체개구 상태정보를 포함하여야 한다.

13) 수밀문 및 방화문상태

이 정보는 선교에 표시되어야 하는 모든 강제적 상태정보를 포함하여야 한다.

14) 가속도 및 선체응력

선박이 선체응력 및 대응감시장치를 설치하고 있다면 그 장비 안에 사전에 선택되어진 모든 자료항목이 기록되어야 한다.

15) 풍향 및 풍속

선박에 적절한 센서가 부착되어 있는 경우에 적용하여야 한고 상대풍향/풍속 또는 절대풍향/풍속을 기록할 수 있으며 어느 것이 기록되는지 표시되어야 한다.

5.6 작 동

이 장치는 정상적인 작동상태에서는 완전히 자동이어야 한다. 사고발생 후 기록과정에 미치는 장애를 최소화하면서 적절한 방법으로 기록된 자료를 저장시킬 수 있는 수단이 제공되어야 한다.

5.7 상호연결

요구되는 여러 가지 센서에 연결(interfacing)할 경우 가능한 한 인터페이스에 관한 관련 국제기준에 따라야 한다. 선박의 어떤 장비에 연결할 경우 VDR의 고장이 그 장비의 작동에 어떠한 영향도 미치지 않도록 연결되어야 한다.

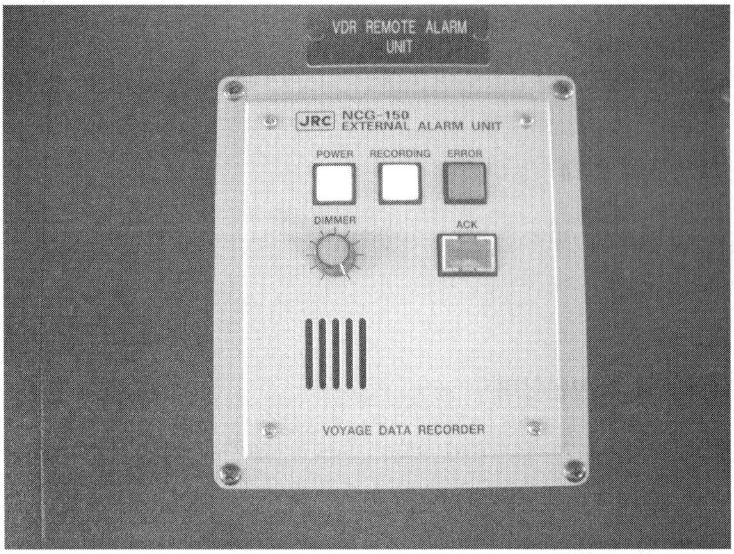

[그림 3-105] VDR Remote Alarm Unit

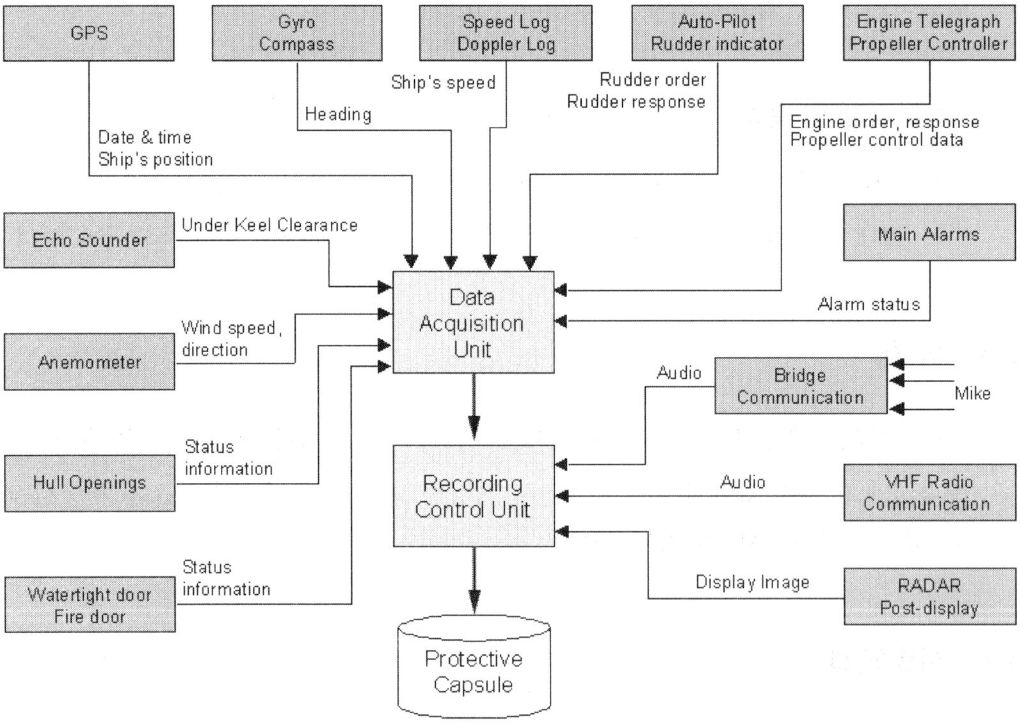

[그림 3-106] Inter-connection Diagram

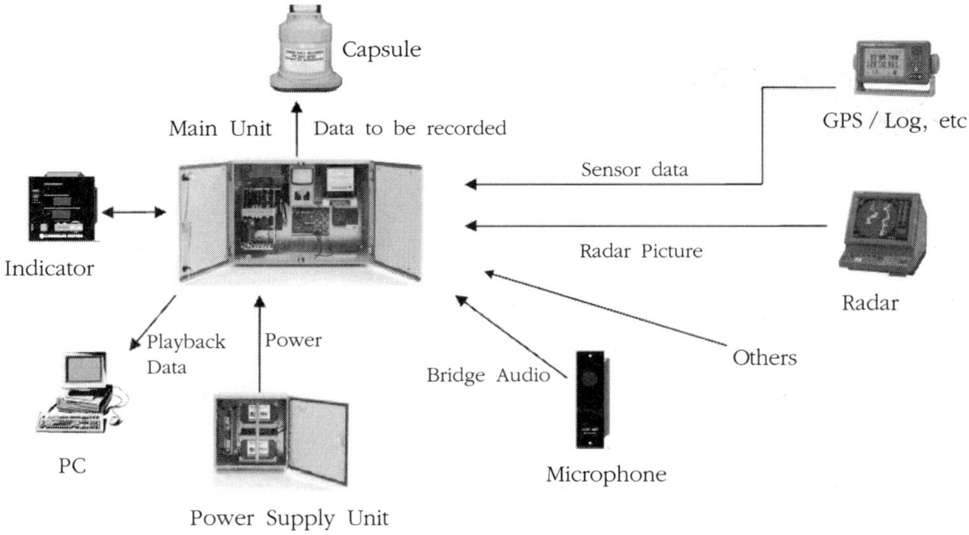

[그림 3-107] VDR System 구성도

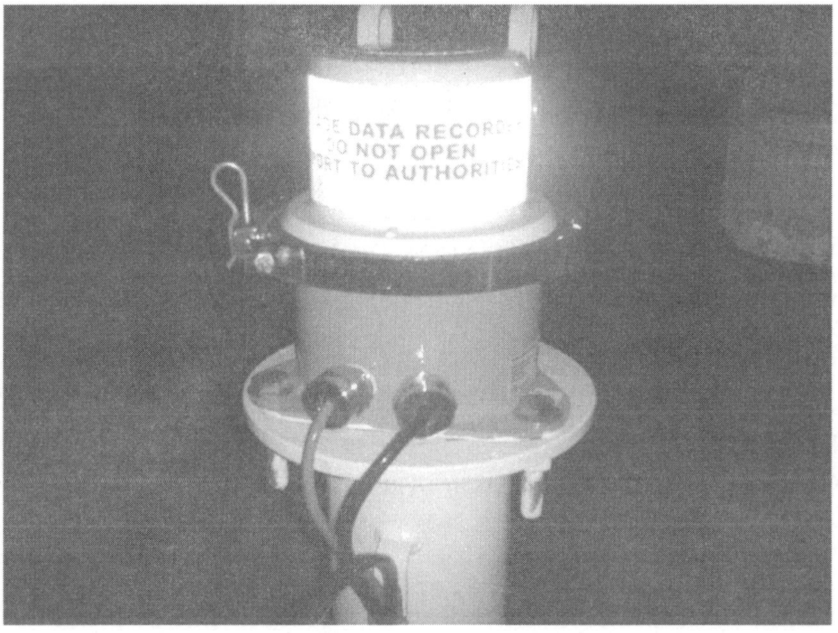

[그림 3-108] VDR Capsule

참고문헌

권기영 외 7, "전기전자공학개론", 한빛미디어, 2007

권혁동, "항로표지 지능화를 통한 E-Navigation 발전 전략"

남기욱 외, "위성항법시스템 및 보강시스템의 구축 현황", 항공우주산업기술동향 제5권 제1호, 2007년 5월 01일

대한전자공학회, "전파공학", 청문각, 2002

飯島幸人, 今津集馬, "電波航法", 成山堂, 2003

송종호, "원거리 선박추적을 위한 AIS에 대한 연구", 한국해양수산연수원, 2006년

이정호, "선박자동식별시스템(AIS) 표준 측정방법". 전파연구소, 2002년 12월 10일

이종락, "전파의 구조", 세화출판, 2003

전자회로 연구회, "전기 · 전자의 기초", 대광서림, 2004

정세모, "전파항법 및 전파수로측량". 2003년 1월 20일

현영창, "전기와 자기", 세화출판, 2005

IMO, "GUIDELINES FOR THE INSTALLATION OF A SHIPBORNE AIS", 2003년 1월 6일

JRC(JAPAN RADIO CO.LTD) / "LR-7700MK II GPS NAVIGATOR INSTRUCTIO-N MANUAL"

KODEC(주), "ECDIS 매뉴얼", 2008

National Imagery and Mapping Agency/ "Radar Navigation and Maneuvering Board Manual"

SAMYUNG ENC CO., LTD., "SI-30 AIS INSTRUCTION"

찾아보기

ㄱ

가변거리마커(VRM) 86
간접(거짓) 반사파 110
갈릴레오(Galileo) 218
감쇠(attenuation) 53
거리 정확성 68
거리분해능 71
고의 오차(S/A) 193
고정된 지시방식 81
공간파 28
교류 13
굴절 47
굴절현상 47
궤도오차(ephemeris error) 186
극초단파 23
기선(base line) 154

ㄴ

녹종국(green slave station) 173

ㄷ

다이폴 안테나 24
다중 반사파 111
다중경로 오차 192
단파 23
대수속도 138
대지속도 138
도파관(waveguide) 62
도파현상(Ducting) 50
등위상선 159

ㄹ

레이더 세도우 109
레이더 수평선 47
레이더 39
레이더 반사기 114
레이더 부표 114
레이더 해상도 151
레이마크 116
레이콘 115
로란족(LORAN family) 160
루프 안테나 25

ㅁ

마이크로파 23
맥스웰 18
맹목구간 113
모노폴 안테나 25
모호정수(ambiguity) 189
무선방위측정기(RDF) 36
밀리파 23

ㅂ

반송주파수(carrier frequency) 55
반송파(carrier wave) 186
방위정확성 74
방위분해능 75
변조기(Modulator) 60
본선 진벡터 104
북두항법 시스템 224
비교선속 122
비콘형 DGPS 199
빔 44
빔폭 45, 66

ㅅ

상대 벡터 104
상대속도 벡터 104
서브밀리파 23
선박 자동식별장치 249
송수신 안테나 61
송수신기(transceiver) 60
송신부(transmitter) 61
수동포착 126
수신기 이득제어 90
수신부 62
수직빔 폭 68
스포킹(spoking) 113
슬롯 안테나 26
시계오차 192
시험항해 146
쌍곡선 해도라 156

ㅇ

아굴절(Sub-refraction) 49

연장선 154
오옴의 법칙 12
원자 11
위성항법 시스템 179
육지 타깃 105
음극선관(CRT) 63
의사거리 188
이중 흔적 반사파 111

ㅈ

자기 14
자동포착 123
자종국 173
재생장비 314
적종국 173
전기 14
전기자기파 17
전자방위커서 86
전자해도(ENC) 236
전파 17
전하 11
중파 22
지상파 27
지시방식 81
지시부 62
직류 13
진속도벡터 104
진운동방식 79

ㅊ

첨두전력 57, 66
초굴절 50
초단파 23
초장파 22
최대 탐지거리 66
최소 탐지거리 67
충격계수(duty cycle) 58
측로브 효과 111
측엽 에코 68

ㅌ

타선 진벡터 104
통합항해 시스템 299
튜닝 조정 91
트랙볼 121
트리거 지연순환 69

ㅍ

파라볼라 안테나 26
패러데이 17
펄스 송신방식 163
펄스반복주파수 66
펄스폭 57
평균전력(average power) 58
평행참조선 86
피드혼 44

ㅎ

하이브리드(Hybrid) AIS 295
합성(Synthetic) AIS 294
항해자료기록기(VDR) 313
해면반사파 68
헤르츠 19
혼 안테나 26
회절 47
휘점 73

영문

AIS 246
ARPA 심볼 127
BWMS 299, 308
CDMA 통신방식 291
DGPS 200
DGPS(Different GPS) 200
E-NAVIGATION 287
ECDIS 307
Fast Time Constant(FTC) 92
GDOP 193
GLONASS 217
GPS 179, 186, 190
Guard Zone 141
IBS(Integrated Bridge System) 299
INS(Intergrated Navigation System) 300
JRANS 225
North-up 지시방식 81
Off-Center 87
Omega(오메가) 방식 161
Parallax Error 75
Purple lane 173
Raster Chart 238
RNSS 225
SAR 284
Sensitivity Time Control(STC) 93
TDMA 251
Trace 63
Vector Chart 238
WGS 84 좌표계 203

기타

1레인(Lane) 171
1주파형 GPS 198
1파장 158
2주파형 GPS 199

■ 저자약력 ■

■ 이 은 방
- 한국해양대학교 교수
- 동경공업대학 공학박사

■ 이 윤 석
- 한국해양대학교 교수
- 고베대학 공학박사

■ 박 영 수
- 한국해양대학교 교수
- 고베대학 공학박사

■ 김 종 성
- 한국해양대학교 교수
- 실습선 선장

전파전자항해학

2026년 3월 10일 1판 11쇄 발행

저 자 이 은 방 · 이 윤 석
박 영 수 · 김 종 성

발행인 남 승 우

발행처 도서출판 상尙 학學 당堂

서울시 동작구 사당로9가길 6(사당동)
TEL : 02) 595-1692~4
FAX : 02) 595-1394
E-mail : shdbooks@naver.com
신고 : 2-155호 (1968. 11. 29)

정가 25,000원

ISBN 978-89-93383-66-9 93500

〈디자인〉 편집 엄해숙 / 표지 토틀컴